UG NX 12.0 中文版机械与产品造型设计实例精讲

麓山文化 编著

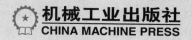

机械工业出版社
CHINA MACHINE PRESS

本书通过35个精讲实例+83个扩展实例+600分钟高清语音视频教学，由浅入深、深入全面地介绍了使用UG NX 12.0中文版进行机械与产品造型设计的方法和技巧。

全书共8章，内容包括UG NX 12.0绘图基础、二维草图设计、3D曲线设计、机械零件设计、工业产品曲面造型设计、电子产品装配设计、机械产品装配设计和工程图设计等。在讲解每个实例之前，首先介绍了相关的知识点，将实例制作和基础讲解完美结合，读者可边学边练，以达到最佳的学习效果。

本书配套资源提供了全书35个精讲实例、共10个小时的高清语音视频教学，以及全书118个实例的源文件，可以帮助读者大幅提高学习兴趣和效率，物超所值。

本书内容丰富，全面实用，可作为机械设计和工业设计专业学生的UG NX 12的案例教材，也可供机械、模具、工业设计等领域的工程技术人员以及CAD/CAM研究与应用人员的学习参考。

图书在版编目（CIP）数据

UG NX 12.0中文版机械与产品造型设计实例精讲/麓山文化编著.—4版.
—北京: 机械工业出版社, 2019.9（2022.1重印）
ISBN 978-7-111-63609-0

Ⅰ.①U… Ⅱ.①麓… Ⅲ.①机械设计－计算机辅助设计－应用软件②工业产品－产品设计－计算机辅助设计－应用软件 Ⅳ.①TH122②TB472-39

中国版本图书馆 CIP 数据核字(2019)第 195244 号

机械工业出版社（北京市百万庄大街 22 号　邮政编码 100037）
责任编辑：曲彩云　责任校对：刘秀华　　责任印制：邹　敏
北京中兴印刷有限公司印刷
2022 年 1 月第 4 版第 2 次印刷
184mm×260mm · 22.5 印张 · 558 千字
标准书号：ISBN 978-7-111-63609-0
定价：79.00 元

电话服务　　　　　　　　网络服务
客服电话：010-88361066　机 工 官 网：www.cmpbook.com
　　　　　010-88379833　机 工 官 博：weibo.com/cmp1952
　　　　　010-68326294　金　书　网：www.golden-book.com
封底无防伪标均为盗版　机工教育服务网：www.cmpedu.com

关于 UG

随着信息技术在各领域的迅速渗透发展，CAD/CAM/CAE 技术已经得到了广泛的应用，从根本上改变了传统的设计、生产、组织模式，对推动现有企业的技术改造、带动整个产业结构的变革、发展新兴技术。促进经济增长都具有十分重要的意义。

UG 是当今应用广泛、最具竞争力的 CAE/CAD/CAM 大型集成软件之一。其囊括了产品设计、零件装配、模具设计、NC 加工、工程图设计、模流分析、自动测量和机构仿真等多种功能。该软件完全能够改善整体流程，提高该流程中每个步骤的效率，它广泛应用于航空、航天、汽车、通用机械和造船等工业领域。

本书内容

为了让读者更好地学习本书的知识，在编写时特地对本书采取了分章渐进的写法，将本书的内容划分为了 8 个章节，具体编排如下。

章 名	内容安排
第 1 章 UG NX 12.0 绘图基础	介绍 UG NX12.0 基本界面的组成与视图、布局、图层以及常用建模辅助工具的使用
第 2 章 二维草图设计	介绍 UG NX12.0 中草图的绘制与修改方法
第 3 章 3D 曲线设计	介绍 UG NX12.0 中三维曲线命令以及在此基础之上的曲线创建方法
第 4 章 机械零件设计	介绍 UG NX12.0 中各项实体建模命令的使用方法与机械零件的设计过程
第 5 章 工业产品曲面造型设计	介绍复杂的曲面设计，涉及许多非常规的工业产品造型曲面设计方法
第 6 章 电子产品装配设计	介绍 UG NX12.0 在装配模块下的命令与使用方法以及电子类产品的装配过程
第 7 章 机械产品装配设计	介绍 UG NX12.0 在装配模块下的命令与使用方法以及机械类产品的装配过程
第 8 章 机械产品工程图设计	介绍 UG NX12.0 在制图模块下的命令与使用方法

本书配套资源

　　本书物超所值，除了书本之外，还附赠以下资源（扫描"资源下载"二维码即可获得下载方式）。

　　配套教学视频：配套 35 集高清语音教学视频，总时长近 600 分钟。读者可以先像看电影一样轻松愉悦地通过教学视频学习本书内容，然后对照书本加以实践和练习，以提高学习效率。

　　实例文件和完成素材：书中所有实例均提供了源文件和素材，读者可以使用 UG NX 12.0 打开或访问。

资源下载

本书编者

　　本书由麓山文化编著，参加编写的有陈志民、江凡、张洁、马梅桂、戴京京、骆天、胡丹、陈运炳、申玉秀、李红萍、李红艺、李红术、陈云香、陈文香、陈军云、彭斌全、林小群、刘清平、钟睦、刘里锋、朱海涛、廖博、喻文明、易盛、陈晶、张绍华、黄柯、何凯、黄华、陈文轶、杨少波、杨芳、刘有良、刘珊、赵祖欣。

　　由于编者水平有限，书中错误、疏漏之处在所难免。在感谢您选择本书的同时，也希望您能够把对本书的意见和建议告诉我们。

读者交流

　　读者服务邮箱：lushanbook@qq.com

　　读者 QQ 群：327209040

麓山文化

前言

第1章　UG NX12.0 绘图基础

第2章　二维草图设计

第3章　3D 曲线设计

第4章　机械零件设计

第5章　工业产品曲面造型设计

第6章　电子产品装配设计

第7章　机械产品装配设计

第8章 机械产品工程图设计

第①章

UG NX12.0
绘图基础

UG NX12.0 软件将 CAD/CAM/CAE 三大系统紧密集成，用户在使用 UG 强大的实体造型、曲面造型、虚拟装配及创建工程图等功能时，可以使用 CAE 模块进行有限元分析、运动分析和仿真模拟，以提高设计的可靠性。根据建立的三维模型，还可由 CAM 模块直接生成数控代码，用于产品加工。UG NX12.0 是知识驱动自动化技术领域的领先者，在汽车与交通、航空航天、日用消费品、通用机械、医疗器械、电子工业以及其他高科技应用领域的机械设计和模具加工自动化的市场上得到了广泛的利用。

本章主要介绍利用 UG NX12.0 软件绘制图形时的基础操作、有关二维图形和三维图形的绘图基础和一般绘图步骤，为本书后面内容的学习打下坚实的基础。

1.1 绘图基础知识及方法

计算机辅助设计类软件绘制的图形总体可以分为二维图形和三维图形两大类。其中二维图形又可分为创建三维图形所绘制的截面草图，以及用于技术交流和制造加工的工程图。本章将对截面草图、工程图中的尺寸标注、参照、约束等绘制原则，以及有关三维造型的基础知识和构造特点等内容进行简单介绍。

1.1.1 草图绘制基础

草图是三维造型设计的基础，是由直线、圆弧、曲线等基本几何元素组成的几何图形，任何模型都是从草图开始生成的。草图一般为一个或几个封闭的二维平面几何图形，能够表现出零件实体某一部分的形状特征，然后在截面草图的基础上进行实体的拉伸、回转等操作，从而完成零件的设计。

1. 草图设计意图

AutoCAD等二维计算机辅助设计软件的用户，习惯为几何元素输入精确的数值，而UG NX中的很多草绘工具与二维软件中的草图选项相似，但对于UG来说，精确绘制一个截面并不是非常重要，只要绘制与手绘效果差不多的几何图形就可以，再通过尺寸标注和几何约束来设计精确图形，如图1-1所示。当绘制截面草图时，以下几个意图是很重要的。

◆ 绘制截面单个图元时，重要的是形状，而不是尺寸。

◆ 创建截面时，尺寸标注方案要符合设计意图。

◆ 创建截面时，几何约束要结合图元形状符合设计意图。

◆ 绘制截面草图并标注尺寸和约束，它的尺寸可能不符合设计要求。UG NX12.0的草绘环境提供多种方式修改参数值。当修改截面尺寸后产生约束冲突时，UG NX12.0均会给予提示。

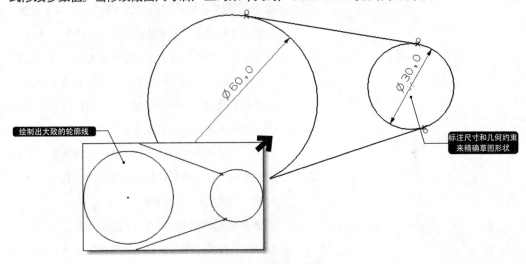

绘制出大致的轮廓线

标注尺寸和几何约束
来精确草图形状

图1-1 草图设计意图

2. 草图表达工具

在绘制草图之前，首先要了解都有哪些元素决定设计的最终结果，如何才能快速表达出来，如何使用尺寸标注与约束、参照、关系等。在绘制草图时，通常是先绘制草图大致形状，然后对草图进行标注和约束，最后根据工程设计要求，修改尺寸标注和约束。

◆ 尺寸标注：尺寸标注是捕捉设计意图最主要的工具。在截面图元中，尺寸标注用于描述图元的尺寸和位置。

◆ 约束：约束用于定义截面图元和其他图元间的关系。例如，约束可能是使两条直线的长度相等或者是相互垂直。

◆ 参照：在UG NX中，绘制的草图均是通过正投影法绘制图形轮廓的。草图截面可以参照某个零件或装配体的特征。参照包括零件表面、基准、边或轴。让一个草绘图元的端点与一个特征的某条边对齐就是一个参照。

◆ 关系：在两个尺寸标注间可以建立关系。大部分代数和三角方程都可以用来建立数学表达式。

3. 草图绘制截面类型

利用截面草图并配合相应的建模工具，可以一次性地创建出形状较为复杂的拉伸体、回转体、扫掠体等类型的实体模型，从而大幅度地减少绘图步骤，提高工作效率。草图可以看作是模型中的一个基本视图。基本视图就是模型向基本投影面投影所得的视图。

》拉伸体截面

拉伸体大致可以分为平面拉伸体和曲面拉伸体两种类型。在绘制这两种拉伸体的截面草图时，都是以拉伸方向的法向方向所在平面为基本投影面进行绘制的，如图1-2所示。

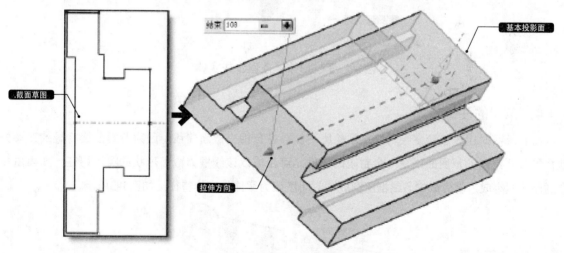

图1-2 通过拉伸体截面生成实体

》回转体截面

根据结构分析可以看出，回转体类模型都具有中心对称的特点，因此在绘制此类实体草图截面时，可以以中心线所在平面为视图投影面，以中心线为视图界限，绘制出模型一侧的截面草图，如图1-3所示。

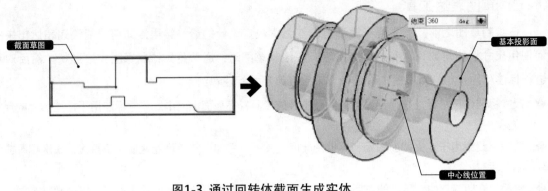

图1-3 通过回转体截面生成实体

》扫掠体截面

扫掠体可以看作是特殊情况的拉伸体，二者的区别是，拉伸体的拉伸方向都是简单一个矢量方向，而扫掠体的拉伸方向可以由比较复杂的引导曲线定义。此类实体的草图选择一般都是以引导曲线的法向方向为投影平面绘制的，如图1-4所示。

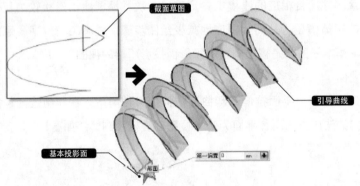

图1-4 通过扫掠体截面生成实体

4. 草绘的注意事项

绘制草图时应该注意：绘制的草图轮廓不能存在自相交截面曲线，因为此类曲线将导致建模失败；如果所绘制的草图曲线是一个封闭的线框，可生成以该线框为截面形状的实体特征；如果由多个封闭线框组成，将生成由各线框所围成的封闭区域为实体的实体特征，如图1-5所示。

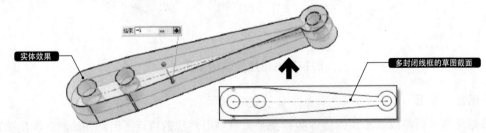

图1-5 通过多个封闭线框草图生成实体

如果截面由单个非封闭的曲线组成，将生成以曲线为截面的片体特征，如图1-6所示。

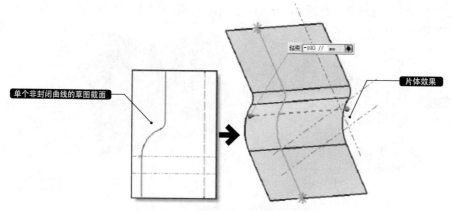

图1-6 通过单个非封闭曲线截面生成片体

1.1.2 几何建模基础

物体的形状是多种多样的，但从形体角度来看，都可以认为是由若干基本实体所组成的，此类实体即是组合体。在实际的工作生产中，大部分零件的实际模型都是以组合体的形式出现，少部分零件会出现比较复杂的形状，这就需要采用曲面和实体相结合的综合分析方法。

1. 组合体的分解

形体分析法是解决组合体问题的基本方法。所谓形体分析就是将组合体按照其组成方式分解为若干基本形体，以便弄清楚各基本形体的形状和它们之间的相对位置关系。工程上的各种零件原型都可以看作是组合体，组合体的组成方式有叠加式、切割式和综合式3种，具体如下。

》叠加式

由两个或两个以上的基本形体叠加而得到的组合体称为叠加式组合体。如图1-7所示，该组合体是由长方体和圆柱体叠加而成的。

》切割式

由一个完整的基本实体切去若干个基本形体而得到的组合体称为切割式组合体。如图1-8所示，该组合体是由圆柱体切去两个基本形体后得到的。

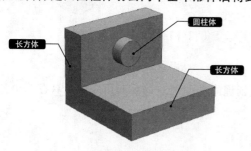

图1-7 叠加式组合体

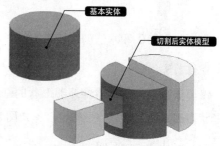

图1-8 切割式组合体

》综合式

若组合体的构成中既有叠加、又有切割，则称为综合式组合体。如图1-9所示，该组合体是由一个钻有四个通孔的长方体板与一个开有沉头孔的圆柱体组合而成的综合式组合体。

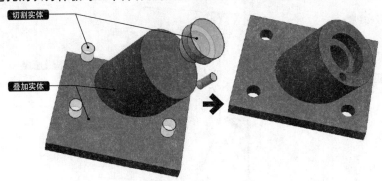

切割实体

叠加实体

图1-9 综合式组合体

2. 三维实体的创建方法

在创建实体的三维模型时,可以将各类结构较为复杂的实体,按上述的形体分析法分解为若干个基本体,然后利用积木法、曲面转换实体法和修剪法创建出实体的三维模型。

》积木法

积木法就是先创建一个反映零件主要形状的基础特征,然后在这个基础特征上添加一些其他特征,如孔、凸台、键槽、割槽、倒角等,如图1-10所示。此方法也是大部分机械零件三维模型的创建方法。

》曲面转换实体法

在创建具有曲面特征的实体模型时,可以先利用相应的曲面工具创建出构成模型轮廓表面的片体结构,然后再通过偏置与缩放工具将其转换为具有实体特征的三维模型,如图1-11所示。

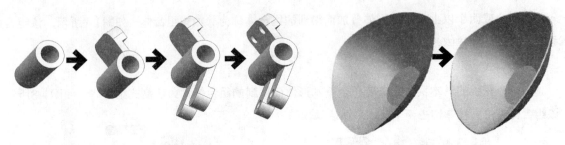

图1-10 积木法创建三维实体   图1-11 曲面转换为实体

》修剪法

修剪法就是先创建零件外部形状的基础特征,然后创建修剪曲面,最后利用修剪工具在这个外部形状基础特征上修剪掉一些特征,如图1-12所示。

3. 三维曲面的创建方法

三维曲面的构造方法很多,但都必须先定义或者选择构造几何体,如点、曲线、片体或其他物体,然后生成三维曲面。一般有以下3种主要的三维曲面生成方法。

》由点集生成曲面

这种方法是通过指定点集文件或者通过点构造器创建点集来创建自由曲面，创建的自由曲面可以通过点集也可以以点集为极点，这种方法在UG NX中主要包括"通过点""从极点"和"从点云"。由点集生成的自由曲面比较简单、直观，但它生成的曲面是非参数化的，如图1-13所示。

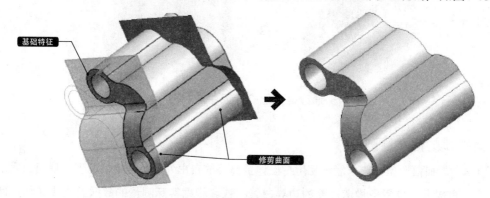

图1-12 修剪法创建实体

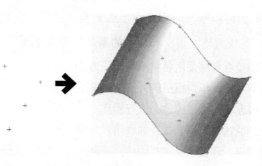

图1-13 由点集生成曲面

》由截面曲线生成曲面

这种方法是通过指定截面曲线来创建自由曲面，这种方法在UG NX中主要包括"直纹面""通过曲线""通过曲线网格"和"扫掠"，这种方法和由点集生成的曲面相比，最大的不同是它所创建的曲面是全参数曲面，即创建的曲面和曲线是相关联的，当构造曲面的曲线被编辑修改后，曲面会自动更新，如图1-14所示。

图1-14 通过扫掠生成曲面

》由已有曲面生成曲面

这种方法是通过对已有的曲面进行桥接、延伸、偏置等来创建新的曲面，这种曲面创建的前提是必须有参考面。另外，这种方法创建的曲面基本都是参数化的，当参考曲面被编辑时，生成曲面会自动更新，如图1-15所示。

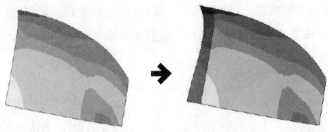

图1-15 通过延伸已有曲面生成曲面

4. 曲面建模的基本原则

使用UG NX中的曲面造型模块，能够使用户设计更高级的自由外形。通常情况下，使用曲面功能构造产品外形，首先要建立用于构造曲面的边界曲线，或者根据实际测量的数据点生成曲线，使用UG NX提供的各种曲面构造方法构造曲面。对于简单的曲面，可以一次完成建模，而对于复杂的曲面，首先应该采用曲线构造方法生成主要或大面积的片体，然后执行曲面的过渡连接、光顺处理、曲面编辑等操作，完成整体造型，其建模的基本原则如下所述。

◆ 根据不同曲面的特点合理使用各种曲面构造方法。
◆ 尽可能采用修剪实体，再用挖空的方法建立薄壳零件。
◆ 面之间的圆角过渡尽可能在实体上进行操作。
◆ 用于构造曲面的曲线尽可能简单，曲线阶次应小于3。
◆ 如有测量的数据点，建议可先生成曲线，再利用曲线构造曲面。
◆ 内圆角半径应略大于标准刀具半径。
◆ 用于构造曲面的曲线要保证光顺连续，避免产生尖角、交叉和重叠。
◆ 曲面的曲率半径尽可能大，否则会造成加工困难和复杂。
◆ 曲面的阶次应小于3，尽可能避免使用高阶次曲面。
◆ 避免构造非参数化特性。

1.1.3 装配设计基础

1. UG NX装配概念

UG NX装配就是在该软件装配环境下，将现有组件或新建组件设置定位约束，从而将各组件定位在当前环境中。这样操作的目的是检验各新建组件是否符合产品形状和尺寸等设计要求，而且便于查看产品内部各组件之间的位置关系和约束关系。在UG NX中的装配基本概念包括组件、组件特性、多个装载部件和保持关联性等。

» 子装配

子装配是在高一级装配中被用作组件的装配，也拥有自己的组件。子装配是一个相对的概念，任何一个装配部件都可在更高级装配中用作子装配。

≫装配部件

装配部件是由零件和子装配构成的部件，其中零件和部件不必严格区分。在UG NX中允许向任何一个Part文件中添加部件构成装配，因此任何一个part文件都可以作为装配部件。需要注意的是：当存储一个装配时，各部件的实际几何数据并不是存储在相应的部件（即零件文件）中。

≫组件及组件成员

组件是装配部件文件指向下属部件的几何体及特征，它具有特定的位置和方位。一个组件可以是包含低一级组件的子装配。装配中的每个组件只包括一个指向该组件主模型几何体的指针，当一个组件的主模型几何体被修改时，则在作业中使用该主模型的所有其他组件会自动更新修改。在装配中，一个特定部件可以使用在多处，而每次使用都称之为组件，含有组件的实际几何体的文件就称为组件部件，如图1-16所示。

组件成员是组件部件中的几何对象，并在装配中显示。如果使用引用集，则组件成员可以是组件部件中的所有几何体的某个子集。组件成员也称为组件几何体。

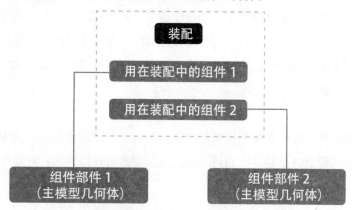

图1-16 装配部件、组件及组件部件的关系

≫显示部件和工作部件

显示部件指当前在图形窗口里显示的部件。工作部件指用户正在创建或编辑的部件，它可以是显示部件或包含在显示的装配部件里的任何组件部件。当显示单个部件时，工作部件也就是显示部件。

≫多个装载部件

任何时候都可以同时装载多个部件，这些部件可以是显示地被装载（如用装配导航器上的Open选项打开），也可以是隐藏式装载（如正在由另外的加载装配部件使用），装载的部件不一定属于同一个装配。

≫上下文设计

所谓上下文设计就是在装配设计中显示的装配文件，该装配文件包含各个零部件文件。在装配中进行任何操作都是针对工作装配文件的，如果修改工作装配体中的一个零部件，则该零部件将随之更新。在上下文设计中，也可以利用零部件之间的链接几何体，即用一个部件上的有关几何体作为创建另一个部件特征的基础。

» 保持关联性

在装配内任一级上的几何体的修改都会导致整个装配中所有其他级上相关数据的更新。对个别零部件的修改，则使用那个部件的所有装配图都会相应地更新，反之，在装配上下文中对某个组件的修改，也会更新相关的装配图以及组件部件的其他相关对象（如刀具轨迹）。

» 约束条件

约束条件又称配对条件，即是一个装配中定位组件。通常规定在装配中两个组件间约束关系完成配对。例如，规定在一个组件上的圆柱面与在另一个组件的圆柱面同轴。

可以使用不同的约束组合去完全固定一个组件在装配中的位置。系统认为其中一个组件在装配中的位置是被固定在一个恒定位置中，然后对另一组件计算一个满足规定约束的位置。两个组件之间的关系是相关的，如果移动固定组件的位置，当更新时，与它约束的组件也会移动。例如，如果约束一个螺栓到螺栓孔，若螺栓孔移动，则螺栓也随之移动。

» 引用集

可以通过使用引用集，过滤用于表示一个给定组件或子装配的数据量，来简化大装配或复杂装配图形显示。引用集的使用可以大大减少（甚至完全消除）部分装配的部分图形显示，而无需修改其实际的装配结构或下属几何体模型。每个组件可以有不同的引用集，因此在一个单个装配中同一个部件允许有不同的表示。

» 装配顺序

装配顺序指可以由用户控制装配或拆装的次序，用户可以建立装配顺序模型并回放装配顺序信息，可以用一步装配或拆装一个组件，也可以建立运动步去仿真组件怎样移动的过程。一个装配可以有多个装配顺序。

2. 自底向上装配

自底向上装配的设计方法是比较常用的装配方法，即先逐一设计好装配中所需的部件，再将部件添加到装配体中，由底向上逐级进行装配。使用这个方法的前提条件是完成所有组件的建模操作。使用这种装配方法执行逐级装配顺序清晰，便于准确定位各个组件在装配体的位置。

在实际的装配过程中，多数情况都是将已经创建好的零部件通过常用方式调入装配环境中，然后设置约束方式限制组件在装配体中的自由度，从而获得组件定位效果。为方便管理复杂装配体组件，可创建并编辑引用集，以便有效管理组件数据。

3. 自顶向下装配

自顶向下装配的方法指在上下文设计中进行装配，即在装配过程中参照其他部件对当前工作部件进行设计。例如，在一个组件中定义孔时需要引用其他组件中的几何对象进行定位，当工作部件是未设计完成的组件而显示部件是装配部件时，自顶向下装配方法非常有用。

当装配建模在上下文设计中，可以利用链接关系建立从其他部件到工作部件的几何关联。利用这种关联，可引用其他部件中的几何对象到当前工作部件中，再用这些几何对象生成几何体。这样，一方面提高了设计效率，另一方面保证了部件之间的关联性，便于参数化设计。

» 装配方法一

该方法是先建立装配关系，但不建立任何几何模型，然后使其中的组件成为工作部件，并在其中设计几何模型，即在上下文中进行设计，边设计边装配。

» 装配方法二

这种装配方法指在装配件中建立几何模型，然后建立组件，即建立装配关系，并将几何模型添加到组件中去。与上一种装配方法不同之处在于：该装配方法打开一个不包含任何部件和组件的新文件，并且使用链接器将对象链接到当前装配环境中。

1.1.4 工程图绘制基础

在实际的工作生产中，零件的加工制造一般都需要二维工程图来辅助设计。UG NX的工程图主要是为了满足二维出图需要。在绘制工程图时，需要先确定所绘制图形要表达的内容；然后根据需要并按照视图的选择原则，绘制工程图的主视图、其他视图以及某些特殊视图；最后标注图形的尺寸、技术说明等信息，即可完成工程图的绘制。

1. 视图选择原则

工程图合理的表达方案要综合运用各种表达方法，清晰完整地表达出零件的结构形状，并便于看图。确定工程图表达方案的一般步骤如下。

» 分析零件结构形状

由于零件的结构形状以及加工位置或工作位置的不同，视图的选择也不同。因此，在选择零件的视图之前，应首先对零件进行形体分析和结构分析，并了解零件的加工、工作情况，以便准确地表达出零件的结构形状，反映出零件的设计和工艺要求。

» 零件主视图的选择

主视图是表达零件结构形状最重要的视图，画图和看图都是先从主视图开始的。因此，在全面分析零件结构形状的基础上，选择零件主视图应遵循如下原则：零件在机器中工作时的位置，以及尽量选择最能反映零件结构形状的方向作为主视图的主视方向。

» 其他视图的选择

主视图确定后，应根据零件结构形状的复杂程度，选取其他视图，确定合适的表达方案，完整清晰地表达出零件的结构形状。其他视图的选择一般要注意优先选用基本视图；在完整清晰地表达出零件结构的前提下，尽量减少视图数量；并且所确定的表达方案不是唯一的，一般可以拟出几种不同的表达方案进行比较，以确定一种较好的表达方案。

2. 尺寸标注原则

图形只能表示零件的形状，而零件上各部分大小和相对位置则必须由图上所注的尺寸来确定。所以工程图中的尺寸是加工零件的重要依据。标注尺寸时，必须认真细致，尽量避免遗漏或错误，否则将会给生产带来困难和损失。

工程图中的尺寸由尺寸界线、尺寸线、箭头和尺寸数字组成。为了将图样中的尺寸标注得清晰、正确，需要注意以下几点。

》正确选用尺寸基准

在标注尺寸时，除了符合完整、正确的要求外，还要考虑怎样把零件的尺寸标注得比较合理，符合生产的实际要求，要满足这些要求，必须正确地选择尺寸基准。所谓基准，就是标注尺寸的起点，尺寸基准分为如下两类：零件在设计时标注尺寸的起点，即设计基准；零件在加工、测量时使用的基准，即工艺基准。

零件在长、宽、高三个方向上至少各有一个主要基准，但是根据设计、加工、测量的要求，一般还要附加一些辅助基准，主要基准和辅助基准之间要有尺寸链联系。如图1-17所示，夹紧座的底面为高度方向的主要基准，也是设计基准，由此出发，标注夹紧座孔中心高59和总高105；再以顶面作为高度方向的辅助基准，也是工艺基准，由此标注顶面到孔中心的高度尺寸8。

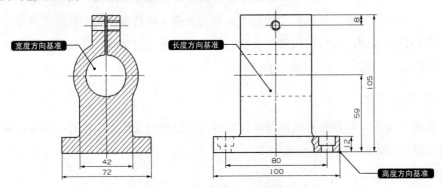

图1-17 主要基准和辅助基准

》主要尺寸必须直接标出

主要尺寸指直接影响零件在机器中工作性能和准确位置的尺寸，如零件间的配合尺寸、重要的安装定位尺寸等。如图1-18a所示的夹紧座，夹紧座的中心和安装孔的间距尺寸必须直接标注，而不能像图1-18b所示间接标注，从而造成尺寸误差的积累。

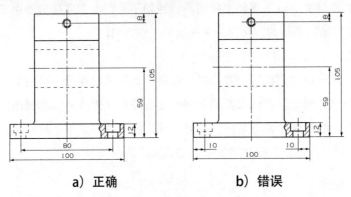

a）正确   b）错误

图1-18 主要尺寸的标注

》不能标注成封闭尺寸链

如图1-19b所示，在轴的长度方向上，除了标注总长尺寸外，又对轴上各段尺寸逐次进行了标注，由此形成封闭尺寸链。这种标注，轴上的各段尺寸精度都可以得到保证，而总长尺寸的尺寸精度则得不到保证。各段尺寸的误差累积起来，最后都集中反映到总长尺寸上。因此，在标注尺寸时，应将次要的轴段空出，不标注尺寸，如图1-19a所示。该轴段由于不标注尺寸，是尺寸链留有的开口，成为开口环，开口环尺寸是在加工中自然形成的。

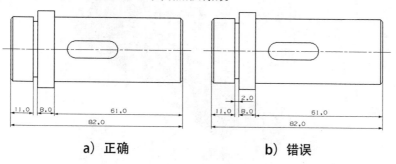

a）正确   b）错误

图1-19 尺寸链

1.2 UG NX12.0 新增功能

UG NX12.0在功能方面有多项革新，现将UG NX12.0的主要新增功能简单介绍如下，之后的章节中会分别进行讲解。

1.2.1 从窗口界面就可以自由切换模型

在日常的工作中经常会出现使用UG NX同时打开多个模型文件的情况，也需要在不同的模型之间进行切换。在以前的版本中，都需要通过快速访问工具栏中的"窗口"来进行切换，如图1-20所示。

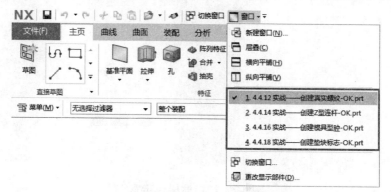

图1-20 通过"窗口"来切换文件

而在UG NX12.0中，在窗口界面新增了文件标签，需要切换哪个文件，只需单击其标签即可，非常方便，如图1-21所示。

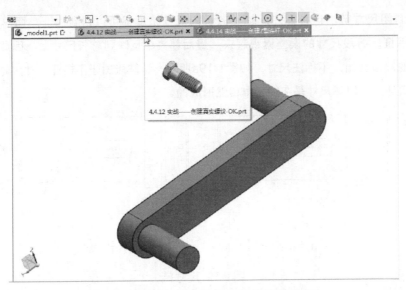

图1-21 单击窗口上的标签进行切换文件

1.2.2 新增"扫掠体"命令

"扫掠"是一个很常用的功能，但以前都是线、面扫掠，而UG NX12.0新增的"扫掠体"命令可以直接用来扫掠实体，这样在创建一些螺旋、管道类的特征时，可以节省非常多的时间，特别是一些非圆槽特征的模型。

选择"曲面"→"曲面"→"更多"→"扫掠体"选项 ᵞ，或在菜单按钮中选择"插入"→"扫掠"→"扫掠"选项，打开"扫掠体"对话框，按系统提示选择工具体和刀轨便可以创建扫掠体，如图1-22所示。

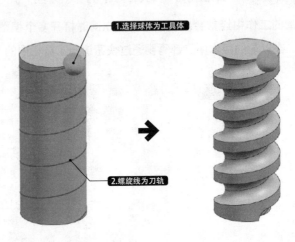

图1-22 扫掠体操作示意

任何具有旋转特征的实体对象（表面不得有凹陷）都可以进行扫掠体操作，因此将图1-22中的工具体换成非球体的其他形状后，则可以得到如图1-23所示的带有各种开槽特征的模型。

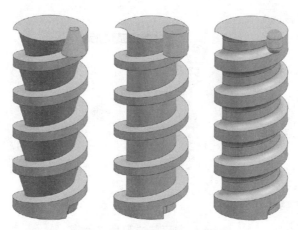

图1-23 扫掠体操作示意

1.2.3 >> 新增曲面展平功能

曲面展平后是什么形状一直以来都是曲面设计中的难题，在实际的工作中也只能通过测量曲面面积来进行推算，而其具体的展平形状却很难确定。在UG NX旧版本的钣金模块中，虽然提供了"伸直"和"展平图样"等工具，但仅限于同样使用钣金工具创建的模型，而对于曲面模块下创建的各种自由曲面，却无能为力。

而在UG NX12.0中新增了"展平和成形"命令，可以将各种曲面沿用户所指定的方向进行展开、拉平，从而得到准确的平面。如图1-24所示，虾米弯管是一种用铁皮折弯、拼接在一起的外管，在管道作业中非常常见。

图1-24 虾米弯管

在实际工作中，要计算制作虾米弯管所需的用料，只能通过较复杂的经验公式来进行计算轮廓与面积，然后在板料上进行裁剪，这样仍然不能避免材料损失。而在UG NX12.0中，用户可以直接根据需要创建出虾米弯管的模型，然后使用"展平和成形"命令将其展平，这样便能得到极为准确的平面形状，按此形状在板料上进行裁剪，则可以极大地减少浪费。

选择"曲面"→"编辑曲面"→"更多"→"展平和成形"选项 ，打开"展平和成形"对话框，按系统提示选择源面和展平方位，便可以展平曲面，如图1-25所示。

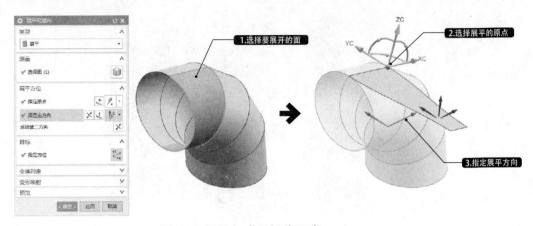

图1-25 展平与成形操作示意

最终再配合移动对象等命令，即可得到完整的虾米弯管展开平面，如图1-26所示。

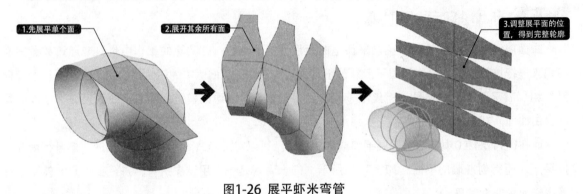

图1-26 展平虾米弯管

1.2.4 增加从体生成小平面功能

在UG NX12.0版本的"小平面建模"中新增加了一个"从体生成小平面体"功能，可以把现有的曲面片体、实体等一键转换成小平面体。

在菜单按钮中选择"插入"→"小平面建模"→"从体生成小平面体"选项，打开"从体生成小平面体"对话框，按系统提示选择要转换的体再单击"确定"按钮即可，如图1-27所示。

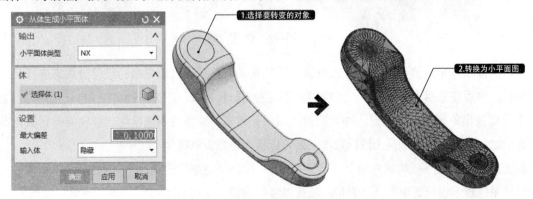

图1-27 从体生成小平面体操作示意

1.2.5 其他杂项

UG NX12.0其他部分新增功能介绍如下。

◆ UG NX12.0在草图模式下，"派生曲线"中新增一项功能——"缩放曲线" ⭐。该功能与建模中的"缩放体"、变换中的"比例"命令原理是一样的，只不过"缩放体"是针对实体缩放，变换命令里的"比例"命令是针对建模曲线缩放，而新增的"缩放曲线"是针对草图曲线缩放，如图1-28所示。

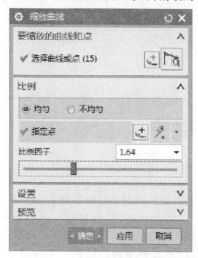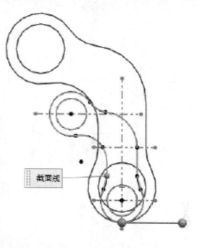

图1-28 对草图曲线进行缩放

◆ "修剪片体"命令中增加了"延伸边界对象至目标体边"功能，这样在使用以曲面为边界对另一曲面执行修剪操作时，即使边界曲面没有接触到目标曲面，也能自行通过延伸计算进行修剪，如图1-29所示。而这在以往的旧版本中是无法实现的。

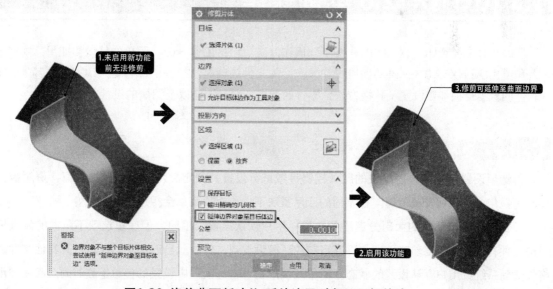

图1-29 修剪曲面新功能-延伸边界对象至目标体边

◆ UG NX12.0的创意塑型模块中新增加了"拆分体""合并体""镜像框架"和"偏置框架"等命令，能更方便地进行创意塑型设计。

◆ **UG NX12.0完美支持4K屏幕。**以前的UG版本用在4K屏上图标会变得很小，看不清楚，而UG NX12.0完美支持4K屏幕，只需在初始面板的"角色"菜单中选择"高清"即可，如图1-30所示。选择启用后，图标会瞬间变大好几倍，即使在4K屏幕中也能看到超清晰的细节。

图1-30 "高清"角色可以满足4K屏幕的需要

1.3 UG NX12.0 基础操作

　　本节介主要绍UG NX12.0的一些基础操作方法，包括工作界面、菜单的认识和使用，如何进入和退出UG NX12.0。文件的各种操作方法，如文件的创建、打开、保存等，UG NX与其他CAD软件的数据交换参数设置及转换方法；零件的选择、显示方法以及图层的设置方法等。

1.3.1 首选项设置

　　首选项设置用来对一些模块的默认控制参数进行设置，如定义新对象、用户界面、资源板、选择、可视化、调色板及背景等。在不同的应用模块下，首选项菜单会相应地发生改变。

　　"首选项"菜单中的大部分选项参数与"用户默认设置"相同，但在首选项下所做的设置只对当前文件有效，保存当前文件即会保存当前的环境设置到文件中。当退出UG NX再打开其他文件时，将恢复到系统或用户默认设置的状态。简单地说，在"首选项"中设置的参数是临时的，而在"用户默认设置"中设置的参数是永久的。下面仅对区别于"用户默认设置"内容的一些常用设置进行简单介绍。

1. 对象参数设置

选择菜单按钮中的"首选项"→"对象"选项（或者用快捷键Ctrl+Shift+J），弹出"对象首选项"对话框。该对话框包含"常规""分析"和"线宽"三个选项卡，用于预设置对象的属性及分析的显示颜色等相关参数，本小节只对"常规"选项卡进行介绍，如图1-31所示。其中各选项的含义见表1-1。

表1-1 "常规"选项卡中各选项的含义

选项	选项参数含义
工作层	指新对象的工作层，即用于设置新对象的存储层，系统默认的工作层是1，当输入新的图层序号时，系统会自动将新创建的对象存储在新的工作层中
类型	指对象的类型，单击按钮 会打开"类型"下拉列表，其中包含了默认、直线、圆弧、二次曲线、样条、实体、片体等，用户可以根据需要选取不同的类型
颜色	指对对象的颜色进行设置，单击"颜色"右侧的图标 ，系统会弹出如图1-32所示"颜色"对话框。在其中选择需要的颜色再单击"确定"按钮即可
线型	指对对象线型的设置，单击"线型"右边的按钮 会弹出"线型"下拉列表，其中包含了实体、虚线、双点划线、中心线、点线、长划线和点划线，用户可根据需要选取不同的线型
宽度	用于对对象线宽进行设置，单击"宽度"右边的按钮 会弹出"宽度"下拉列表，其中包含了细线宽度、正常宽度、粗线宽度等，用户可根据需要选取不同的线宽

图1-31 "常规"选项卡

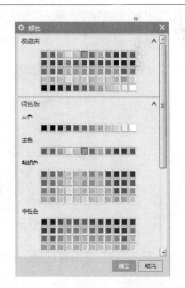

图1-32 "颜色"对话框

2. 用户界面设置

选择"首选项"→"用户界面"选项，弹出"用户界面首选项"对话框，如图1-33所示。该对话框中共有7个选项卡，即布局、主题、资源条、触控、角色、选项和工具，选项卡的含义见表1-2。

表1-2 "用户界面首选项"各选项卡含义

选项卡	含义
布局	对在工作窗口中进行设置后的布局进行保存。可以在此将功能区恢复到以前的经典模式
主题	选择NX工作界面风格，可将浅绿色的Windows风格转换为以前的经典黑色风格
资源条	对资源条的显示位置进行调整，可以设置对话框在工作状态下的显示效果
触控	UG NX 10.0开始支持触摸屏操作，通过该选项卡可是设置触摸板类型
角色	替代之前版本中资源条中的"角色"选项卡
选项	在此选项卡中可以对显示的小数位数进行设置，包括对话框内容显示范围、跟踪条、信息窗口、确认或取消重置切换开关等
工具	包括3个子选项卡："操作记录"可以对操作记录语言、操作记录文件格式等进行设置；"宏"可以对录制和回放操作进行设置；"用户工具"用来设置加载用户工具的相关参数

图1-33 "用户界面首选项"对话框

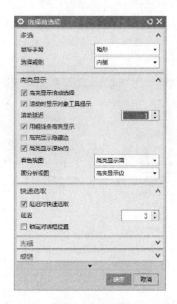

图1-34 "选择首选项"对话框

3. 选择设置

选择"首选项"→"选择"选项（快捷键Ctrl+Shift+T），弹出"选择首选项"对话框，如图1-34所示。其中各选项组的含义见表1-3。

表1-3 "选择首选项"对话框中各选项组的含义

选项卡	含义
多选	"鼠标手势"选项表示指定框选时用矩形还是多边形;"选择规则"选项表示指定框选时哪部分的对象将被选中
高亮显示	"高亮显示滚动选择"选项用于设置是否高亮显示滚动选择;"滚动延迟"选项用于设定延迟时间;"用粗线条高亮显示"用于设置是否用粗线条高亮显示对象;"高亮显示隐藏边"用于设置是否高亮显示隐藏边;"着色视图"用于指定着色视图时是否高亮显示面还是高亮显示边;"面分析视图"用于指定分析显示时是高亮显示面还是高亮显示边
快速选取	"延迟时快速选取"用于决定鼠标选择延迟时是否进行快速选择;"延迟"用于设定延迟多长时间时进行快速选择
光标	"选择半径"用于设置选择球的半径大小,分为大、中、小3个等级;勾选"显示十字准线"复选框,将显示十字光标
成链	用于成链选择的设置。"公差"用于设置链接曲线时,彼此相邻的曲线端点都允许的最大间隙;"方法"用于设定链的链接方式,包括简单、WCS、WCS左侧、WCS右侧4种方式

4. 背景设置

背景设置经常要用到,UG NX12.0将其从"可视化"选项中独立到"首选项"菜单中,方便了用户的使用。选择菜单按钮中的"首选项"→"背景"选项,弹出"编辑背景"对话框,如图1-35所示。

该对话框分为两个视图色设置,分别是"着色视图"和"线框视图"的设置。着色视图指对着色视图工作区背景的设置,背景有两种模式,分别为纯色和渐变。纯色指背景单颜色显示,渐变指背景在两种颜色间渐变,当选择了"渐变"单选按钮后,"顶部"和"底部"选项会被激活,在其中单击"顶部"或"底部"右侧的图标,弹出如图1-36所示的"颜色"对话框。在其中选择颜色来设置顶部和底部的颜色,背景的颜色就在顶部和底部颜色之间逐渐变化。线框视图指对线框视图工作区的背景进行设置,也有两种模式,分别为纯色和渐变。它的设置与"着色视图"相同,在此不再介绍。

此外,在"普通颜色"选项中单击右侧的图标▭,也可弹出"颜色"对话框,可以设置不是渐变的普通背景颜色。在对话框的最下端单击"默认渐变颜色"按钮,可以将当前的着色视图和线框视图设置为默认的渐变颜色,即是在浅蓝色和白色间渐变的颜色。

图1-35 "编辑背景"对话框

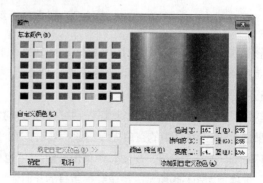

图1-36 "颜色"对话框

1.3.2 巧用鼠标和键盘

鼠标和键盘操作的熟练程度直接关系到作图的准确性和速度，熟悉鼠标和键盘操作，有利于提高作图的质量和效率。

1. 鼠标操作

在工作区单击右键，弹出快捷菜单，从中选择相应的选项，或者选择"视图"→"操作"选项，在打开的"操作"子菜单中选择相应的选项，对视图进行观察即可完成观察视图操作，其操作方法和作用予上述各种按钮相同，这里就不再阐述。

在UG NX12.0中还可利用鼠标对视图进行缩放、平移、旋转和全部显示等操作，便于进行视图的观察。

◆ 缩放视图：利用鼠标进行视图的缩放操作包括3种方法：将鼠标置于工作区中，滚动鼠标滚轮；同时按下鼠标的左键和鼠标滚轮并任意拖动；或者按下Ctrl键的同时按下鼠标滚轮并上下拖动鼠标。这里需要注意的是，UG NX12.0鼠标操作视图放大、缩小时与以前的版本正好相反，向下滚动滚轮是缩小，向上滚动滚轮是放大。还可以在快速访问工具栏中选择"文件"→"实用工具"→"用户默认设置"→"基本环境"→"视图操作"→"方向"下拉列表中选择调整，如图1-37所示。

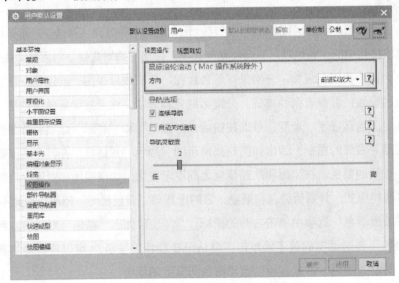

图1-37 利用鼠标缩放视图方法

◆ 平移视图：利用鼠标进行视图平移的操作包括2种方法，在工作区中同时按下鼠标滚轮和右键，或者按下Shift键的同时按下鼠标滚轮，并在任意方向拖动鼠标，此时视图将随鼠标移动的方向进行平移。

◆ 旋转视图：在工作区中按下鼠标滚轮，并在各个方向拖动鼠标，即可旋转对象到任意角度和位置。

◆ 全部显示：在工作区中的空白处单击鼠标右键，在"视图"快捷菜单中选择"适合窗口"选项，如图1-38所示；或在功能区"视图"中单击按钮 ⊠，也可以在菜单栏选择"视图"→"操作"→"适合窗口"选项，如图1-39所示。系统会把所有的几何体完全显示在工作窗口中。

图1-38 "视图"快捷菜单

图1-39 选择"适合窗口"选项

> **提 示**
>
> 当光标放在工作区左侧或右侧，按住滚轮不放并轻微移动鼠标，光标变成 ⊕，对象将沿X轴旋转；当光标放在工作区下方，按住滚轮不放并轻微移动鼠标，光标变成 ⊕，对象将沿Y轴旋转；当光标放在工作区上方，按住滚轮不放并轻微移动鼠标，光标变成 ℃，对象将沿Z轴旋转。

2. 使用键盘快捷键

在UG NX12.0中，可利用键盘控制窗口操作，键盘控制及键盘功能见表1-4。利用键盘不但可以进行输入操作，还可以在对象间进行切换。

表1-4 键盘控制及键盘功能

键盘控制	键盘功能
Tab	在对话框中的不同控件上切换，被选中的对象将高亮显示
Shift+Tab	与Tab操作的顺序正好相反，用来反向选择对象，被选中的对象将高亮显示
方向键	在同一控件内的不同元素间切换
Enter键	确认操作，一般相当于单击"确定"按钮
空格键	在对应的对话框中激活"接受"按钮
Shift+Ctrl+L	中断交互

3. 定制键盘

可对常用工具设置自定义快捷键，这样能够快速提高设计的效率和速度。在工程设计过程中，可通过设置快捷键的方式，快速执行选项操作。

要定制键盘，可选择菜单按钮中的"工具"→"定制"选项，打开"定制"对话框。单击该对话框中的"键盘"按钮，打开"定制键盘"对话框，如图1-40所示。

图1-40 "定制键盘"对话框

在该对话框中选择适合的类别，右侧的"命令"列表框中将显示对应的命令选项，指定选项，即可在下方的"按新的快捷键"文本框中输入新的快捷键，单击"指派"按钮即可将快捷键赋予该选项，这样在操作过程中可直接使用快捷键执行相应操作。

1.3.3 零件显示和隐藏

在创建复杂的模型时，一个文件中往往存在多个实体造型，造成各实体之间的位置关系互相错叠，这样在大多数观察角度上将无法看到被遮挡的实体，或是各个部件不容易分辨。这时，将当前不操作的对象隐藏起来，或者将每个部分用不同的颜色、线型等表示，即可对其覆盖的对象进行方便的操作。

1. 编辑对象显示

通过对象显示方式的编辑，可以修改对象的颜色、线型、透明度等属性，特别适用于创建复杂实体模型时对各部分的观察、选取以及分析、修改等操作。

选择"菜单栏"→"编辑"→"对象显示"选项，打开"类选择"对话框。在工作区中选择所需对象并单击"确定"按钮，打开如图1-41所示的"编辑对象显示"对话框。

该对话框包括2个选项卡，在"分析"选项卡中可以设置所选对象各类特征的颜色和线型，通常情况下不必修改，"常规"选项卡中的各主要选项的含义见表1-5。

表 1-5 "常规"选项卡中各选项的含义

选项	含义
图层	该文本框用于指定对象所属的图层，一般情况下为了便于管理，常将同一类对象放置在同一个图层中
颜色	该选项用于设置对象的颜色。对不同的对象设置不同的颜色将有助于图形的观察及对各部分的选择及操作
线型和宽度	通过这两个选项，可以根据需要设置实体模型边框、曲线、曲面边缘的线型和宽度
透明度	通过拖动透明度滑块调整实体模型的透明度，默认情况下透明度为0，即不透明；向右拖动滑块透明度将随之增加

(续)

选项	含义
局部着色	该复选框可以用来控制模型是否进行局部着色。启用时可以进行局部着色，这时为了增加模型的层次感，可以为模型实体的各个表面设置不同的颜色
面分析	该复选框可以用来控制是否进行面分析，启用该复选框，表示进行面分析
线框显示	该选项组用于曲面的网格化显示。当所选择的对象为曲面时，该选项将被激活，此时可以启用"显示点"和"显示结点"复选框，控制曲面极点和终点的显示状态
继承	将所选对象的属性赋予正在编辑的对象。单击该按钮，将打开"继承"对话框，然后在工作区中选择一个对象，并单击"确定"按钮，系统将把所选对象的属性赋予正在编辑的对象

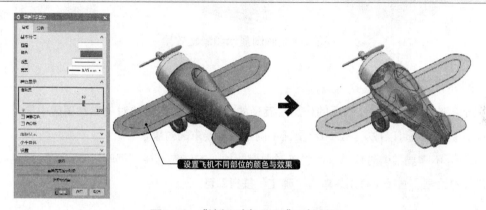

图1-41 "编辑对象显示"对话框

2. 显示和隐藏

该选项用于控制工作区中所有图形元素的显示或隐藏状态。选择该选项后，将打开如图1-42所示的"显示和隐藏"对话框。

在该对话框的"类型"中列出了当前图形中所包含的各类型名称，通过单击类型名称右侧"显示"列中的按钮 **+** 或"隐藏"列中的按钮 **—**，即可控制该名称类型所对应图形的显示和隐藏状态。

也可以使选定的对象在工作区中隐藏，方法是：首先选择需要隐藏的对象，然后选择该选项，此时被选择的对象将被隐藏。

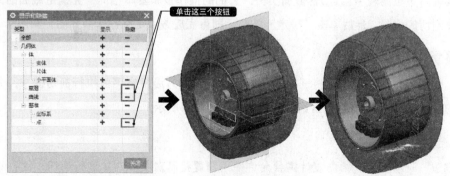

图1-42 "显示和隐藏"对话框

3. 颠倒显示和隐藏

该选项可以互换显示和隐藏对象，即将当前显示的对象隐藏，将隐藏的对象显示，效果如图1-43所示。

全显示状态　　隐藏状态　　颠倒显示状态

图1-43 颠倒显示和隐藏效果

4. 显示所有此类型

"显示"选项与"隐藏"选项的作用是互逆的，即可以使选定的对象在绘图区中显示，而"显示所有此类型"选项可以按类型显示绘图区中满足过滤要求的对象。

提　示：当不需要某个对象时，可将该对象删除掉，方法是选择"编辑"→"删除"选项，弹出"类选择"对话框，选择该对象并单击"确定"按钮即可。

1.3.4 ▶ 截面观察操作

当观察或创建比较复杂的腔体类或轴孔类零件时，要将实体模型进行剖切操作，去除实体的多余部分，以便对内部结构进行观察或进一步操作。在UG NX12.0中，可以利用"新建截面"工具在工作视图中通过假想的平面剖切实体，从而达到观察实体内部结构的目的。

要进行视图截面的剖切，可单击功能区"视图"中的"新建截面"按钮　，打开如图1-44所示的"视图剖切"对话框。

1. 定义截面的类型

在"类型"下拉列表中包含3种截面类型，它们的操作步骤基本相同：先确定截面的方位，然后确定其具体剖切的位置，最后单击"确定"按钮，即可完成截面定义操作，如图1-44所示。

2. 设置截面

在"剖切平面"选项组中可将任意一个剖切类型设置为沿指定平面执行剖切操作，分别单击该选项组中的按钮　、　、　，设置剖切平面效果如图1-45所示。

3. 设置截面距离

在"偏置"选项组中，根据设计需要允许使用偏置距离对实体对象进行剖切。图1-46所示为设置平面方向为X时偏置距离所获得的不同效果。

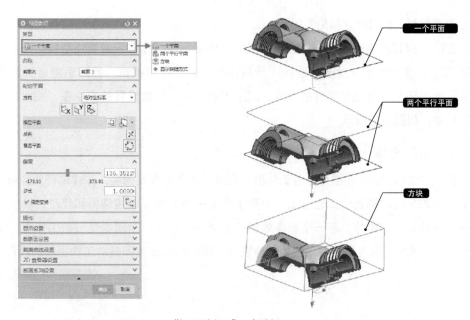

图1-44 "视图剖切"对话框

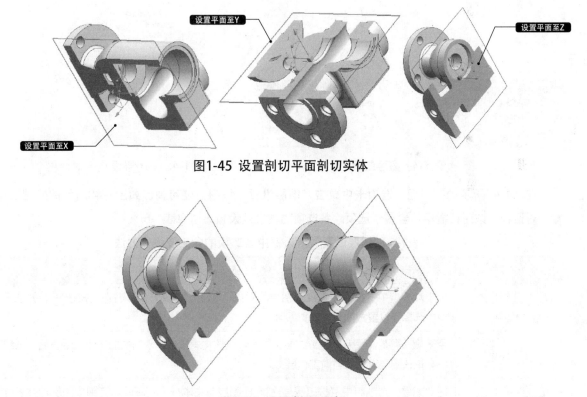

图1-45 设置剖切平面剖切实体

图1-46 设置剖切距离

1.3.5 零件图层操作

层类似于透明的图纸，每个层可放置各种类型的对象，通过层可以将对象进行显示或隐藏，而不会影响模型的空间位置和相互关系。

在UG NX12.0建模过程中，图层可以很好地将不同的几何元素和成型特征进行分类，不同的内容放置在不同的图层，便于对设计的产品进行分类查找和编辑。熟练运用层工具不仅能提高设计速度，而且还能提高模型零件的质量，减小出错几率。图层设置的命令在"视图"面板中的"可见性"组中，如图1-47所示。

1. 图层设置

在UG NX12.0中，图层可分为工作层、可见图层和不可见图层。工作层即为当前正在操作的层，当前建立的几何体都位于工作层上，只有工作层中的对象可以被编辑和修改，其他的层只能进行可见性、可选择性的操作。在一个部件的所有图层中，只有一个图层是当前工作层。要对指定层进行设置和编辑操作，首先要将其设置为工作图层，因而图层设置即是对工作图层的设置。

图1-47 图层工具　　　　　　　　　　　　图1-48 "图层设置"对话框

在图1-47所示的"视图"选项卡中单击"图层设置"按钮，便可弹出如图1-48所示的"图层设置"对话框。该对话框中包含多个选项，各选项的含义及设置方法见表1-6。

表1-6 "图层设置"对话框中各选项的含义及设置方法

选项	含义及设置方法
查找以下对象所在的图层	用于从模型中选择需要设置成图层的对象，单击"选择对象"右边的按钮◈，并从模型中选择要设置成图层的对象即可
工作图层	用于输入需要设置为当前工作层的层号，在该文本框中输入所需的工作层层号后，系统将会把该图层设置为当前工作层
按范围/类别选择图层	指"图层"选项组中"按范围/类别选择图层"文本框，用来输入范围或图层种类名称以便进行筛选操作。当输入种类的名称并按Enter键后，系统会自动将所有属于该类的图层选中，并自动改变其状态
类别过滤器	指"图层"选项组中"类别过滤器"下拉列表，该选项右侧的文本框中默认的"*"符号表示接受所有的图层种类；下方的列表框用于显示各种类的名称及相关描述

（续）

选项	含义及设置方法
"图层"列表框	用来显示当前图层的状态、所属的图层种类和对象的数目等。双击需要更改的图层，系统会自动切换其显示状态。在列表框中选择一个或多个图层，通过选择下方的选项可以设置当前图层的状态
图层显示	用于控制"图层"列表框中图层的显示类别。其下拉列表中包括3个选项："所有图层"指图层状态列表框中显示所有图层；"含有对象的层"指图层列表中仅显示含有对象的图层；"所有可选图层"指仅显示可选择的图层；"所有可见图层"指仅显示可见的图层
添加类别	指用于添加新的图层类别到"图层"列表框中，建立新的图层类别
图层控制	用于控制"图层"列表框中图层的状态，选择"图层"列表框中的图层即可激活，可以控制图层的可选、工作图层，仅可见，不可见等状态
显示前全部适合	用于在更新显示前符合所有过滤类型的视图，启用该复选框，使对象充满显示区域

2. 在图层中可见

若在视图中有很多图层显示，则有助于图层的元素定位等操作，但是若图层过多，尤其是不需要的非工作图层对象也显示的话，则会使整个界面显得非常零乱，直接影响绘图的速度和效率。因此，有必要在视图中设置可见层，用于设置绘图区中图层的显示和隐藏参数。

在创建比较复杂的实体模型时，可隐藏一部分在同一图层中与该模型创建暂时无关的几何元素，或者在打开的视图布局中隐藏某个方位的视图，以达到便于观察的效果。

要进行图层显示设置，可选择"菜单"→"格式"→"视图中可见图层"选项，打开如图1-49所示的"视图中可见图层"对话框。在该对话框的"图层"列表框中选择设置可见性的图层，然后单击"可见"或"不可见"按钮，从而实现可见或不可见的图层设置，视图中的可见图层效果如图1-50所示。

图1-49 "视图中可见图层"对话框

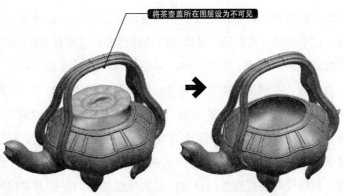

将茶壶盖所在图层设为不可见

图1-50 视图中的可见图层效果

3. 图层分组

划分图层的范围、对其进行层组操作，有利于分类管理，提高操作效率，快速地进行图层管理、查找等。选择"菜单"→"格式"→"图层类别"选项,打开"图层类别"对话框,如图1-51所示。

在"类别"文本框内输入新类别的名称,单击"创建/编辑"按钮,在弹出的对话框中的"范围或类别"文本框内输入所包括的图层范围,或者在图层列表框中选择。例如,创建Sketch层组时,可在"图层"列表框中选中40~60(可以按住Shift键进行连续选择),单击"添加"按钮,则图层40~60就被划分到了Sketch层组下。此时若选择Sketch层组,图层40~60就会被一起选中,利用"过滤"下方的层组列表框可快速按类选择所需的层组,如图1-52所示。

图1-51 "图层类别"对话框

图1-52 创建Sketch层组

4. 移动或复制图层

在创建实体时,如果在创建对象前没有设置图层,或者由于设计者的误操作把一些不相关的元素放在了一个图层,此时就需要用到本节介绍的移动或复制图层功能。

》移动至图层

移动至图层用于改变图素或特征所在图层的位置。利用该工具可将对象从一个图层移动至另一个图层。这个功能非常有用,可以及时地将创建的对象归类至相应的图层,方便了对象的管理。

要移动图层,选择"视图"→"可见性"中的"移动至图层"选项,弹出如图1-53所示的"类选择"对话框。在绘图区中选择需要移动至另一图层的对象,选择完后单击"确定"按钮,弹出如图1-54所示的"图层移动"对话框。可以在"目标图层或类别"文本框中输入想要移动至的图层序号,也可以在"类别过滤"列表框中选择一种图层类型。在选择了一种图层类别的同时,在"目标图层或类别"的文本框里会出现相应的图层序号,如图1-55所示。选择完后单击"确定"按钮或"应用"按钮便可完成图层的移动,如果还想接着对新的对象进行移动,可在图1-54所示的对话框中单击"选择新对象"按钮,然后再进行一次移动。

》复制至图层

复制至图层用于将绘制的对象复制到指定的图层中。这个功能在建模中非常有用,在不知是否需要对当前对象进行编辑时，可以先将其复制到另一个图层，然后再进行编辑，如果编辑失误还可以调用复制对象，不会对模型造成影响。

选择"菜单"→"格式"→"复制至图层"选项，弹出如图1-53所示的"类选择"对话框。接下来的操作与"移动至图层"类似，在此就不加以详细说明了。两者的不同点在于，利用该工具复制的对象将同时存在于原图层和目标图层中。

图1-53 "类选择"对话框　　　图1-54 "图层移动"对话框　　　图1-55 选择图层类别

1.4 UG NX12.0 常用工具

本节主要介绍UG NX12.0一些比较常用的工具，如截面观察工具、点捕捉工具、基准构造器、信息查询工具、对象分析工具、表达式等，熟练掌握这些常用工具会使建模变得更方便、快捷，在后续章节中介绍的许多命令都离不开这些常用工具。可以说，不掌握这些常用工具，就不能掌握UG NX12.0的建模功能。

1.4.1 点构造器

在UG NX12.0建模过程中，经常需要指定一个点的位置（如指定直线的中点、指定圆心位置等），在这种情况下，使用"捕捉点"工具栏可以满足捕捉要求，如果需要的点不是上面的对象捕捉点，而是空间的点，可使用"点"对话框定义点。在"主页"面板中单击"特征"组中的"基准"下拉菜单，在下拉菜单中选择"点"选项，将打开"点"对话框，这个"点"对话框又称之为"点构造器"，如图1-56所示。其"类型"下拉列表如图1-57所示。点构造器常与上边框条中的"捕捉点"工具配合使用，如图1-58所示。

图1-56 "点"对话框　　　图1-57 "类型"下拉列表　　　图1-58 "捕捉点"工具

1. 点构造类型

图1-57所示的下拉列表中列出了点的构造方法，这些方法通过在模型中捕捉现有的特征来捕捉点，如圆心、端点、节点和中心点等特征来创建点。表1-7列出了常用点的类型和创建方法。

表1-7 常用点的类型和创建方法

点的类型	创建方法
自动判断的点 ⚹	根据光标所在的位置，系统自动捕捉对象上现有的关键点（如端点、交点和控制点等），它包含了所有点的选择方式
光标位置 ╬	该捕捉方式通过定位光标的当前位置来构造一个点，该点即为XY面上的点
现有点 ＋	在某个已存在的点上创建新的点，或通过某个已存在点来规定新点的位置
端点 ／	在鼠标选择的特征上所选的端点处创建点，如果选择的特征为圆，那么端点为零象限点
控制点 ↳	以所有存在的直线中点和端点、二次曲线的端点、圆弧的中点、端点和圆心或者样条曲线的端点极点为基点，创建新的点或指定新点的位置
交点 ↟	以曲线与曲线或者线与面的交点为基点，创建一个点或指定新点的位置
圆弧中心/椭圆中心/球心 ⊙	该捕捉方式是在选取圆弧、椭圆或球的中心创建一个点或规定新点的位置
圆弧/椭圆上的角度 ⌂	在与坐标轴XC正向成一定角度的圆弧或椭圆上构造一个点或指定新点的位置
象限点 ◯	在圆或椭圆的四分点处创建点或者指定新点的位置
曲线/边上的点 ／	通过在特征曲线或边缘上设置U参数来创建点
面上的点 ⬢	通过在特征面上设置U参数和V参数来创建点
两点之间 ／	先确定两点，再通过位置百分比来确定新建点的位置
按表达式 ＝	通过表达式来确定点的位置

2. 构造方法举例

≫交点 ↑

"交点"指在模型中通过选择曲线的交点来创建新点。在选择了↑交点后，"点"对话框变为如图1-59所示。在其中单击"曲线、曲面或平面"栏中的"选择对象"选项，然后在模型中选择曲线、曲面或平面，再单击"要与其相交的曲线"栏中的"选择曲线"选项，然后在模型中选择与前一步选择的曲线、曲面或平面相交的曲线，这时工作区中交点以绿色方块高亮显示，然后单击"确定"或者"应用"选项创建新点，如图1-60所示。

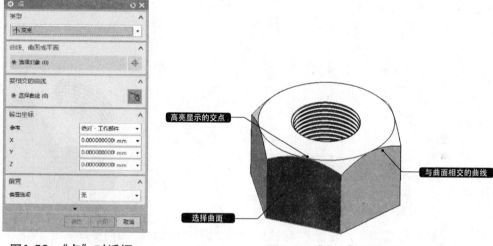

图1-59 "点"对话框　　　　　　　图1-60 "交点"示意图

≫曲线/边上的点 ╱

"曲线/边上的点"指根据在指定的曲线或边上的点来创建点，新点的坐标和指定的点一样，在"类型"栏选择了"曲线/边上的点" ╱后，"点"对话框变为图1-61所示。在其中"曲线"栏里单击"选择曲线"选项，在模型里选择曲线或边缘，然后在"曲线上的位置"栏里设置"参数百分比"。"参数百分比"指想要创建的点到选中边缘起始点长度a和被选中的曲线或边缘的长度b的比值，如图1-62所示。设置完后在对话框中单击"确定"或"应用"按钮便可以完成点的创建。

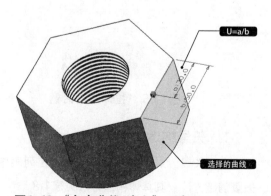

图1-61 选择"点在曲线/边上"类型　　　　图1-62 "点在曲线/边上"示意图

》面上的点 📎

"面上的点"是通过在指定面上选择的点来创建点。在"类型"下拉列表中选择"点在面上"选项，如图1-63所示。在"面"栏里单击"选择对象"选项，在模型里选择面，然后在"面上的位置"栏里设置"U向参数"和"V向参数"。下面介绍一下"U向参数"和"V向参数"。

在选择平面后系统会在平面上创建一个临时坐标系，"U向参数"就是指定点的U坐标值和平面长度的比值，即U=a/c；"V向参数"是指定点的V坐标值和平面宽度的比值，即V=b/d，如图1-64所示。

图1-63 选择"点在面上"类型

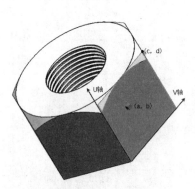

图1-64 设置"U向参数"和"V向参数"

1.4.2 》矢量构造器

在实际建模过程中，常需要通过指定基准轴来定义方向，这个基准轴在UG NX中被称作矢量。例如，在"拉伸"对话框的"方向"选项组中，单击"矢量对话框"按钮📑，如图1-65所示，系统弹出"矢量"对话框，如图1-66所示。这个"矢量"对话框又称为"矢量构造器"。

图1-65 "拉伸"对话框

图1-66 "矢量"对话框

1. 矢量构造类型

在"矢量"对话框的"类型"下拉列表中有9种方法可以创建矢量，为用户提供了全面、方便的矢量创建方法。其具体构造方法见表1-8。

表1-8 "矢量"对话框中矢量的具体构造方法

矢量类型	构造方法
自动判断 ↳	系统根据选择对象的类型和选择的位置自动确定矢量的方向
交点 ⬚	沿两个平的面、基准平面或平面的相交处创建基准轴
曲线/面轴 ⬚	沿线性曲线或线性边、圆柱面、圆锥面或圆环的轴创建基准轴。
曲线上矢量 ↳	用以确定曲线上任意指定点的切向矢量、法向矢量和面法向矢量的方向
正向矢量 ᴬᶜ ᵞᶜ ᶻᶜ	分别指定XC、YC、ZC正方向矢量方向
点和方向 ↳	通过指定一个点和指向方向确定一个矢量
两点 ↗	通过两个点构成一个矢量。矢量的方向是从第一点指向第二点。这两个点可以通过被激活的"通过点"选项组中的"点构造器"或"自动判断点"工具确定

2. 构造方法举例

» 交点 ⬚

"交点"是创建两平面相交处的矢量，两平面可以在外观上不相交，执行该命令时会自动为其延伸方向，并在相交处进行创建。在"类型"下拉列表中选择"交点"选项，如图1-67所示。在"要相交的对象"栏中选择"选择对象"选项，然后在模型中选择平面或基准面，系统会自动生成矢量，如图1-68所示。如果矢量的方向和预想的相反，则可以在如图1-67所示对话框的"矢量方向"栏中单击⊠选项来反向矢量。

图1-67 选择"交点"类型

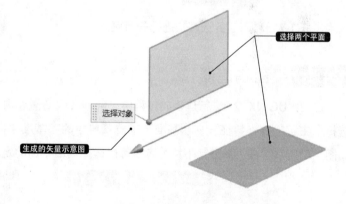

图1-68 通过"交点"创建矢量

» 曲线上矢量 ↳

"曲线上矢量"指在指定曲线上以曲线上某一指定点为起始点，以切线方向/曲线法向/曲线所在平面法向为矢量方向创建矢量。在"类型"下拉列表中选择"曲线上矢量"选项，如图1-69所示。在"截曲线"栏中选择"选择曲线"选项，然后在模型中选择曲线或边缘，在"位置"下拉列表中选择"弧长"，或者在"%圆弧长"文本框中输入参数值，系统会自动生成矢量，如图1-70所示。

图1-69 选择"曲线上矢量"类型

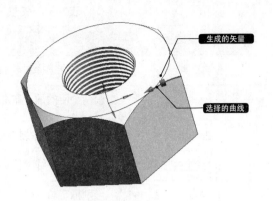

图1-70 创建矢量

如果创建的矢量和预想不同，可单击"矢量方位"选项组"备选解"右侧的按钮进行变换，如图1-71所示。如果创建的矢量的方向和预想的相反，可在图1-69所示的"矢量方位"选项组中单击按钮来反向矢量，如图1-72所示。确定矢量无误后，可在对话框中单击"确定"按钮，完成矢量的创建。

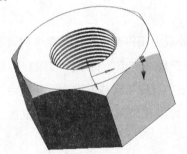

图1-71 利用"备选解"进行矢量变换

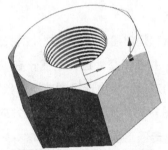

图1-72 "反向"生成矢量

1.4.3 平面构造器

在使用UG NX12.0进行建模的过程中，经常会遇到需要构造平面的情况。要构造基准平面，可以选择"主页"→"特征"→"基准"下拉菜单中的"基准平面"选项，打开"基准平面"对话框，如图1-73所示。在"类型"下拉列表中可以选择基准平面的定义方式。

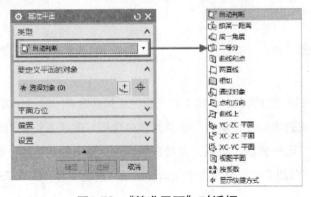

图1-73 "基准平面"对话框

1. 平面构造类型

在"平面"对话框中，可以选择"类型"下拉表中的选项来选择构造平面的方法，见表1-9。

表1-9 "基准平面"对话框中构造平面的方法

类型	构造方法
自动判断	根据选择对象的构造属性，系统智能地筛选可能的构造方法，当达到坐标系构造器的唯一性要求时，系统将自动产生一个新的平面
按某一距离	用以确定参考平面按某一距离形成新的平面，该距离可以通过激活的"偏置"文本框设置
成一角度	用以确定参考平面绕通过轴某一角度形成的新平面，该角度可以通过激活的"角度"文本框设置
二等分	创建的平面为到两个指定平行平面的距离相等的平面或两个指定相交平面的角平分面
曲线和点	以一个点、两个点、三个点、点和曲线或点和平面为参考来创建新的平面
两直线	以两条指定直线为参考创建新平面。如果两条指定的直线在同一平面内，则创建的平面与两条指定直线组成的面重合；如果两条指定直线不再同一平面内，则创建的平面过第一条指定直线与第二条指定直线垂直
相切	指以点、线和平面为参考来创建新的平面
通过对象	指以指定的对象作为参考来创建平面。如果指定的对象是直线，则创建的平面与直线垂直；如果指定的对象是平面，则创建的平面与平面重合
点和方向	以指定点和指定方向为参考来创建平面，创建的平面过指定点且法向为指定的方向
曲线上	是指以某一指定曲线为参考来创建平面，这个平面通过曲线上的一个指定点，法向可以沿曲线切线方向或垂直于切线方向，也可以另外指定一个矢量方向
YC-ZC平面	是指创建的平面与YC-ZC平面平行且重合或相隔一定的距离
XC-ZC平面	是指创建的平面与XC-ZC平面平行且重合或相隔一定的距离
XC-YC平面	是指创建的平面与XC-YC平面平行且重合或相隔一定的距离
视图平面	是指创建的平面与视图平面平行且重合或相隔一定的距离
按系数	是指通过指定系数来创建平面，系数之间关系为aX+bY+cZ=d

2. 平面构造方法举例

》二等分

"二等分"创建基准平面是UG NX建模中应用极多的一种方法。此方法可以创建包括夹角平面在内的多种平面，而且创建方法非常简单，仅需指定两对象平面即可，两平面可以是平行关系。

》两直线

"两直线"指以两条指定直线为参考创建平面，如果两条指定直线在同一平面内，则创建的平面与两条指定直线组成重合面；如果两条指定直线不在同一平面内，则创建的平面过第一条指定直线且与第二条指定直线垂直。在"类型"下拉列表中选择"两直线"选项，如图1-74所示。在"第一条直线"栏里选择"选择线性对象"，并在模型里选择第一条参考直线，然后在"第二条直线"栏里选择"选择线性对象"，并在模型中选择第二条参考直线，与此同时系统会自动生成平面，如图1-75所示。如果平面矢量的方向和预想的相反，可在对话框的"平面方位"栏中单击按钮⊠来反向平面矢量。确定平面无误后，可在对话框中单击"确定"按钮，完成平面的创建。

上面介绍的是两条指定直线在同一平面的情况，图1-76所示为两条指定直线不在同一平面时生成的平面。

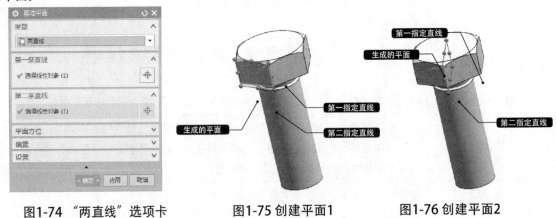

图1-74 "两直线"选项卡　　图1-75 创建平面1　　图1-76 创建平面2

》相切 📖

"相切"指以点、线和平面为参考来创建新的平面。在"类型"下拉列表中选择"相切"选项，如图1-77所示。在"相切子类型"栏的"子类型"右侧单击按钮☑，弹出如图1-78所示的"子类型"下拉列表。每种子类型代表一种不同的平面创建方式，下面以"一个面"类型为例，介绍其使用方法。

图1-77 选择"相切"类型　　　　　图1-78 "子类型"下拉列表

"一个面"指以一指定曲面作为参考来创建平面，创建的平面与指定曲面相切。在"子类型"

下拉列表中选择"一个面"选项，如图1-79所示。在"参考几何体"栏里选择"选择对象"，并在模型中选择参考面（不能为平面），系统会自动生成平面，如图1-80所示。

图1-79 选择"一个面"类型

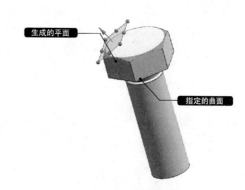

图1-80 创建平面

》通过对象 🔊

"通过对象"指以指定的对象作为参考来创建平面，如果指定的对象是直线，则创建的平面与直线垂直；如果指定的对象是平面，则创建的平面与平面重合，在"类型"下拉列表中选择"通过对象"选项，如图1-81所示。在"通过对象"栏里选择"选择对象（1）"，并在模型里选择参考平面或参考直线/边缘，系统会自动生成平面，如图1-82所示。

上面介绍的是当"选择对象"为平面的情况。当"选择对象"为直线时，生成的平面如图1-83所示。

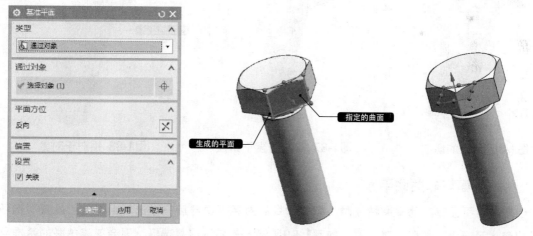

图1-81 "基准平面"对话框   图1-82 创建平面1   图1-83 创建平面2

》曲线上 🔊

"曲线上"指以某一指定曲线为参考来创建平面，这个平面通过曲线上的一个指定点，法向可以沿曲线切线方向或垂直于切线方向，也可以另外指定一个矢量方向。在"类型"下拉列表中选择"曲线上"选项，如图1-84所示。在"曲线"栏选择"选择曲线（1）"，并在模型中选择曲线，然后在"曲线上的位置"栏里单击"位置"右侧的按钮▼，选择位置方式，然后在"弧长"文本框中输入弧长值，在"曲线上的方位"栏里单击"方向"右侧的按钮，选择方向确定方法，系统会自动生成平面，如图1-85所示。

图1-84 选择"曲线上"类型

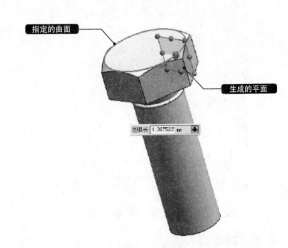

图1-85 创建平面

上面介绍的是"方向"为"垂直于轨迹"的情况，图1-86~图1-88分别给出了"方向"为"路径的切向""双向垂直于路径"和"相对于对象"情况下对应的生成平面。

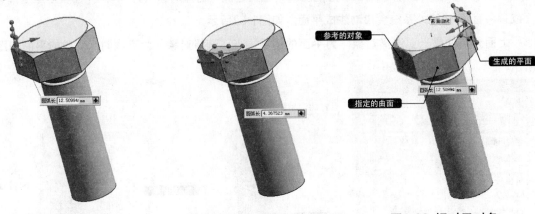

图1-86 路径的切向　　　　图1-87 双向垂直于路径　　　　图1-88 相对于对象

3. 关联平面与非关联平面

在创建基准平面或其他基准特征时，相关命令的对话框中最后一个选项组都是"设置"选项组，其中包含了一个"关联"复选框，如图1-89所示。若勾选该复选框，则会创建关联的基准平面，反之则是非关联的基准平面，两者区别介绍如下。

◆ 关联基准平面：关联基准平面可参考曲线、面、边、点和其他基准。可以创建跨多个体的关联基准平面。简而言之，关联基准平面可以随着模型的参数变化而变化，如图1-90所示。

◆ 非关联基准平面：非关联基准平面不会参考其他几何体。通过清除"基准平面"对话框中的"关联"复选框，可以使用任何基准平面方法来创建非关联基准平面。非关联基准平面的尺寸是固定的，不能随着参数的变化而变化，如图1-91所示。

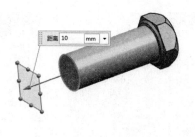

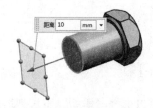

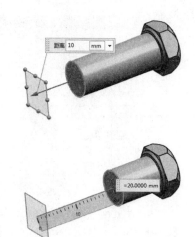

图1-89 "关联"复选框　　　图1-90 关联基准平面始终与　　图1-91 非关联基准平面不会随
模型保持固定距离　　　　　　模型变化而变化

1.4.4 ▶坐标系构造器

在UG NX12.0中，常用的坐标系有三种，一是系统的绝对坐标系，该坐标系有固定的位置和方向，但是不可见，其他类型的坐标系都是以绝对坐标系为定位基准，在工作区左下方有该坐标系的示意图，如图1-92所示。第二种是工作坐标系（WCS），工作坐标系是显示在工作区的临时坐标系，一个文件中只有一个工作坐标系，但可以不断地改变其位置。第三种是用户自定义的坐标系，即基准CSYS，这种坐标系一旦创建就固定在某一位置，并且一个文件中可以创建多个基准CSYS。工作坐标系（WCS）和基准CSYS在工作区中显示的图标不同，如图1-93所示。本节接下来分别介绍基准CSYS和工作坐标系（WCS）的构造方法。

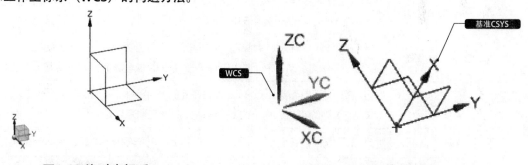

图1-92 绝对坐标系　　　　　　　　图1-93 WCS和基准CSYS

坐标系与点和矢量一样，都是允许构造。利用坐标系构造工具，可以在创建图纸的过程中根据不同的需要创建或平移坐标系，并利用新建的坐标系在原有的实体模型上创建线的实体。

选择"主页"→"特征"面板中的"基准"下拉菜单，选择"基准CSYS"选项，打开"基准CSYS"对话框，如图1-94所示。在该对话框的"类型"选项组中单击按钮▣，弹出如图1-95所示的"类型"下拉列表。

图1-94 "基准坐标系"对话框   图1-95 "类型"下拉列表

在"基准坐标系"对话框中，可以选择"类型"下拉列表中选项来选择构造新坐标系的方法，见表1-10。

表1-10 基准坐标系的类型和构造方法

坐标系类型	构造方法
动态	用于对现有的坐标系进行任意的移动和旋转，选择该类型，坐标系将处于激活状态。此时拖动方块形手柄可任意移动，拖动极轴圆锥手柄可沿轴移动，拖动球形手柄可旋转坐标系
自动判断	根据选择对象的构造属性，系统智能地筛选可能的构造方法，当达到坐标系构造器的唯一性要求时，系统将自动产生一个新的坐标系
原点、X点、Y点	用于在工作区中确定3个点来定义一个坐标系。第一点为原点，第一点指向第二点的方向为X轴的正向，从第二点到第三点按右手定则来确定Y轴正方向
X轴、Y轴、原点	用于在工作区中确定原点和X、Y轴来定义一个坐标系。第一点为原点，然后依次指定X轴与Y轴的正向，剩下的Z轴自动按右手定则来确定，即可定义一个坐标系
Z轴、X轴、原点	用于在工作区中确定原点和Z、X轴来定义一个坐标系。第一点为原点，然后依次指定Z轴与X轴的正向，剩下的Y轴自动按右手定则来确定，即可定义一个坐标系
Z轴、Y轴、原点	用于在工作区中确定原点和Z、Y轴来定义一个坐标系。第一点为原点，然后依次指定Z轴与Y轴的正向，剩下的Y轴自动按右手定则来确定，即可定义一个坐标系
平面、X轴、点	用于在工作区中选定一个平面以及该面上的一条轴和一个点来定义一个坐标系
三平面	通过制定的3个平面来定义一个坐标系。第一个面的法向为X轴，第一个面与第二个面的交线为Z轴，三个平面的交点为坐标系的原点
绝对CSYS	可以在绝对坐标（0，0，0）处定义一个新的工作坐标系
当前视图的CSYS	利用当前视图的方位定义一个新的工作坐标系。其中XOY平面为当前视图所在的平面，X轴为水平方向向右，Y轴为垂直方向向上，Z轴为视图的法向方向向外
偏置CSYS	通过输入X、Y、Z坐标轴方向相对于原坐标系的偏置距离和旋转角度来定义坐标系

1.5 对象分析工具

对象和模型分析与信息查询获得部件中已存在数据不同的是，对象分析功能是依赖于被分析的对象，通过临时计算获得所需的结果。在机械零件设计过程中，应用UG NX12.0软件中的分析工具，可及时对三维模型进行几何计算或物理特性分析，及时发现设计过程中的问题，根据分析结果修改设计参数，以提高设计的可靠性和设计效率。UG NX12.0中的分析工具集中在"分析"面板中，如图1-96所示。下面将介绍常用的分析功能。

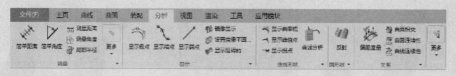

图1-96 "分析"面板

1.5.1 距离分析

距离分析指对指定两点、两面之间的距离进行测量，在功能区中选择"分析"→"测量"→"测量距离"选项，或者单击上边框条中的"测量距离"按钮，便可打开如图1-97所示的"测量距离"对话框。在"类型"选项组中单击按钮 ▼，即可弹出如图1-98所示的"类型"下拉列表。距离的测量类型共有9种，下面介绍其中常用的几种。

图1-97 "测量距离"对话框

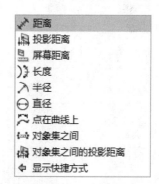

图1-98 "类型"下拉列表

1. 距离

该类型可以测量两指定点、两指定平面或者一指定点和一指定平面之间的距离，在"测量距离"对话框"起点"选项组中选择"选择点或对象"选项，在模型中选择起点或起始平面；然后在"终点"选项组中选择"选择点或对象"选项，在模型中选择终点或终止平面；最后单击"确定"按钮或"应用"按钮，便可完成距离的测量，如图1-99所示。

2. 投影距离

该类型可以测量两指定点、两指定平面或一指定点和一指定平面在指定矢量方向上的投影距离。在"类型"下拉列表中选择"投影距离"选项，如图1-100所示，在"矢量"栏里选择"指定矢量"选项，然后在模型中选择投影矢量，最后依次选择"起点"和"终点"的测量对象，即可完成距离测量，如图1-101所示。

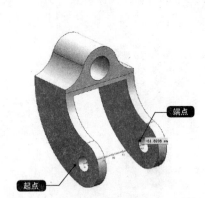  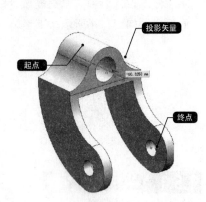

图1-99 "距离"测量示意图　　图1-100 选择"投影距离"类型　　图1-101 "投影距离"测量距离

3. 屏幕距离

该类型用于测量两指定点、两指定平面或一指定点和一指定平面之间的屏幕距离。在"类型"下拉列表中选择"屏幕距离"选项，如图1-102所示。其操作方法与"距离"类型选项类似，在此不加以介绍，如图1-103所示。

 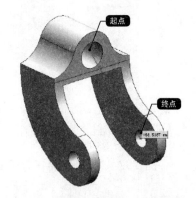

图1-102 选择"屏幕距离"类型　　　　图1-103 "屏幕距离"测量距离

4. 长度

该类型可以测量指定边缘或曲线的长度，在"类型"下拉列表中选择"长度"选项，如图1-104所示，在其中选择"选择曲线"选项，然后在模型中选择曲线或边缘，单击"确定"按钮或

"应用"按钮，便可完成长度的测量，如图1-105所示。

图1-104 选择"长度"类型

图1-105 "长度"测量示意图

5. 半径 ✓

该类型可以测量指定圆形边缘或者曲线的半径，在"类型"下拉列表框里选择"半径"选项✓，弹出如图1-106所示的对话框，在其中"径向对象"栏里选择"选择对象"选项，然后在模型中选择圆形曲线或者边缘，单击"确定"选项或者"应用"选项便可完成"半径"的测量，"半径"测量示意图如图1-107所示。

图1-106 选择"半径"类型

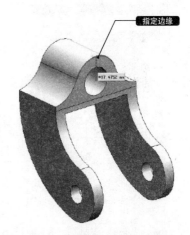

图1-107 "半径"测量示意图

6. 点在曲线上 ⋈

该类型可以测量曲线上指定两点间的距离。在"类型"下拉列表中选择"点在曲线上"选项⋈，如图1-108所示，在其中"起点"选项组中选择"指定点"选项，在模型的曲线中选择起点，然后在"终点"选项组中选择"指定点"选项，在模型的曲线中选择终止点，即可完成距离测量，如图1-109所示。

图1-108 选择"点在曲线上"类型

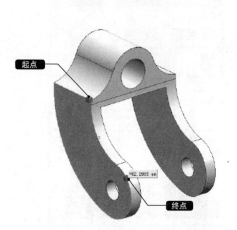

图1-109 "点在曲线上"测量示意图

1.5.2 角度分析

使用角度分析可精确计算两对象之间（两曲线间、两平面间、直线和平面间）的角度值。在功能区中选择"分析"→"测量"→"测量角度"选项，弹出如图1-110所示的"测量角度"对话框。在"类型"选项组中单击按钮▼，便可弹出如图1-111所示的"类型"下拉列表。角度的测量类型共有3种，下面分别进行介绍。

图1-110 "测量角度"对话框

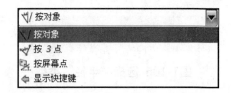

图1-111 "类型"下拉列表

1. 按对象 ⩗

该类型可以测量两指定对象之间的角度，对象可以是两直线、两平面、两矢量或者它们的组合。在图1-112所示的对话框中的"第一个参考"选项组中选择"选择对象"选项，然后选择第二个参考对象，即可完成角度测量，如图1-113所示。

图1-112 选择"按对象"类型

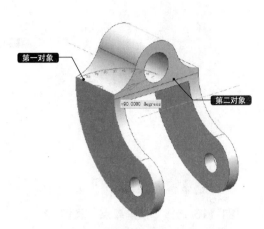

图1-113 按对象测量角度示意图

2. 按3点

该类型可以测量指定三点之间连线的角度。在"类型"下拉列表中选择"按3点"选项，如图1-114所示。在"基点"选项组中选择"指定点"，在模型中选择一个点作为基点（被测角的顶点），然后在"基线的终点"选项组中选择"指定点"，在模型中选择一个点作为基线的终点，最后在"量角器的终点"选项组中选择"指定点"，在模型中再选择一个点作为量角器的终点，即可完成角度测量，如图1-115所示。

图1-114 选择"按3点"类型

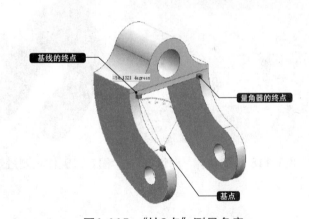

图1-115 "按3点"测量角度

3. 按屏幕点

该类型可以测量指定三点之间连线的屏幕角度。在"类型"下拉列表中选择"按屏幕点"选项，如图1-116所示。在"基点"选项组中选择"指定点"，在模型中选择一个点作为基点（被测角的顶点），然后在"基线的终点"选项组中选择"指定点"，在模型中选择一个点作为基线的终点，最后在"量角器的终点"选项组中选择"指定点"，在模型中再选择一个点作为量角器的终点，即可完成角度测量，如图1-117所示。

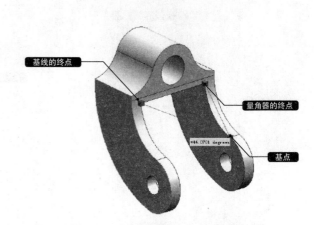

图1-116 选择"按屏幕点"类型　　　图1-117 "按屏幕点"法测量角度

1.5.3 测量体

体的测量是对指定的对象测量其体积、质量和回转半径等物理属性。在功能区中选择"分析"→"测量"→"更多"→"测量体"选项,弹出如图1-118所示的"测量体"对话框。在"对象"选项组中选择"选择体",然后在模型中选择需要分析的体,如图1-119所示,如果想知道质量、回转半径等相关信息,可以单击其中的按钮▼,弹出如图1-120所示的"测量结果"下拉列表,然后根据需要选择不同的选项进行查看。

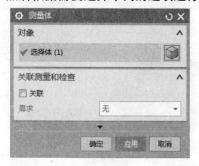

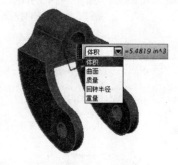

图1-118 "测量体"对话框　　　图1-119 体积测量效果图　　　图1-120 测量结果下拉列表

第②章

二维
草图设计

　　绘制草图是实现 UG NX 软件参数化特征建模的基础，通过它可以快速绘制出大概的形状，在添加尺寸和约束后完成轮廓的设计，能够较好地表达设计意图。草图建模是高端 CAD 软件的一个重要建模方法，一般情况下，零件的设计都是从草图开始的，掌握好草图的绘制是创建复杂三维模型的基础。

　　本章通过 7 个典型的实例，对 UG NX 中创建和编辑二维草图的方法进行详细的讲解。

2.1 绘制垫片的平面草图

最终文件：素材\第2章\2.1垫片草图.prt
视频文件：视频教程\第2章\2.1绘制垫片的平面草图.avi

本例将绘制一个如图2-1所示的垫片。垫片主要用在机械零件的连接处，可以使零件之间连接得更为紧密，防止缝隙之间漏水或漏气。此垫片在绘制过程中主要用到的工具有"轮廓""直线""圆""圆角""快速修剪""派生直线"等工具。其中"轮廓"对话框可以快速地创建直线和圆弧，熟练地运用该工具对提高草图的绘制速度大有裨益。

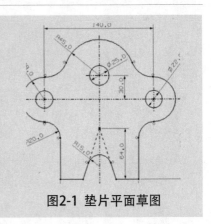

图2-1 垫片平面草图

2.1.1 相关知识点

1. 轮廓对话框

利用该工具可以使用直线和圆弧进行草图连续绘制，当需要绘制的草图对象是直线与圆弧首尾相接时，可以利用该工具快速绘制。选择"主页"→"直接草图"→"轮廓"选项 ⌐，弹出"轮廓"对话框。在绘图区中将显示光标的位置信息。选择"直线"和"圆弧"选项，在绘图区内绘制需要的草图，如图2-2所示。

2. 创建直线

» 直接创建直线

以约束推断的方式创建直线，每次都需指定两个点。选择"主页"→"直接草图"→"直线"选项 ╱，弹出"直线"对话框，如图2-3所示。其使用方法与"轮廓"中的直线输入模式相同。可以在XC、YC文本框中输入坐标值，或者应用自动捕捉来定义起点。确定起点后，将激活直线的参数模式，此时可以通过在"长度""角度"文本框中输入，或者应用自动捕捉来定义直线的终点。

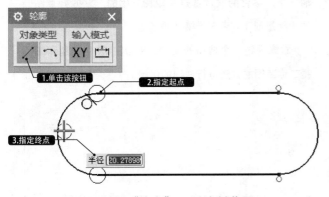

图2-2 利用"轮廓"工具绘制草图

图2-3 "直线"对话框

》派生创建直线

"派生直线"工具可以在两条平行直线中间绘制一条与两条直线平行的直线，或者绘制两条不平行直线所夹角度尺寸的平分线，并且还可以偏置某一条直线。

绘制平行线之间的直线：该方式可以绘制两条平行线之间的直线，并且该直线与这两条平行直线平行。在创建派生直线的过程中，需要通过输入长度值来确定直线长度。选择"派生直线"选项，并依次选择第一条和第二条直线，然后在文本框中输入长度值即可完成绘制，如图2-4所示。

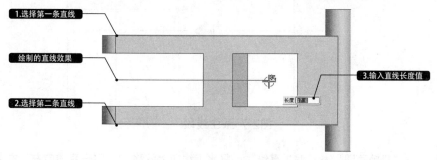

图2-4 绘制平行线之间的直线

绘制两条不平行线的平分线：该方式可以绘制两条不平行直线所角度尺寸的平分线，并通过输入长度数值确定平分线的长度。选择"派生直线"选项，并依次选取第一条和第二条直线，然后在文本框中输入长度值即可完成绘制，如图2-5所示。

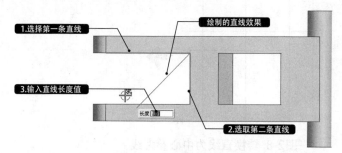

图2-5 绘制不平行线之间的平分线

偏置直线：该方式可以绘制现有直线的偏置直线，并通过输入偏置值确定偏置直线与原直线的距离。偏置直线产生后，原直线依然存在。选择"派生直线"选项，并选择所需偏置的直线，然后在文本框中输入偏置值即可完成绘制，如图2-6所示。

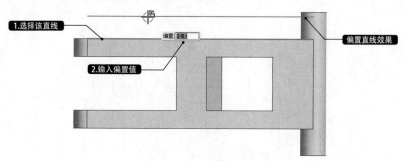

图2-6 绘制偏置直线

2.1.2 >> 绘制步骤

1. 绘制中心线

01 进入草绘环境后，系统自动弹出"轮廓"对话框。在草图平面中绘制相互垂直的两条直线线，如图2-7所示。

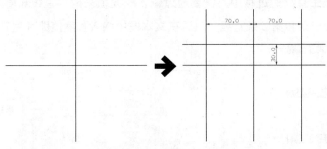

图2-7 派生线段

02 选择"主页"→"直接草图"→"派生直线"，将水平线向上偏移30，将垂直线向左、右各偏移70，如图2-7所示。

03 选择"主页"→"直接草图"→"更多"→"转换至/自参考对象"选项 [ll]，弹出"转换至/自参考对象"对话框。将草图中的曲线全部选中，单击"确定"按钮，完成中心线参考对象设置，如图2-8所示。

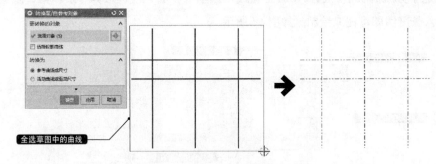

图2-8 转换直线为中心参考线

2. 绘制圆轮廓线

01 选择"主页"→"直接草图"→"圆"选项 ◎，分别以派生线段和中线的交点为圆心，参照图2-9所示的尺寸绘制圆轮廓线。

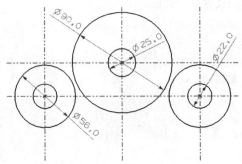

图2-9 圆轮廓线尺寸

02 选择"圆角"选项 ▓，弹出"圆角"对话框。分别选择Φ90和Φ56的圆，绘制相切的圆角，如图2-10所示。

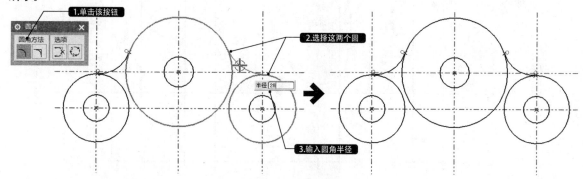

图2-10 绘制圆角

03 选择"快速修剪"选项 ▧，弹出"快速修剪"对话框。在对话框中先选择"边界曲线"一栏，在草图平面中依次选择Φ56的圆角作为边界，将Φ90的下半部修剪掉，如图2-11所示。

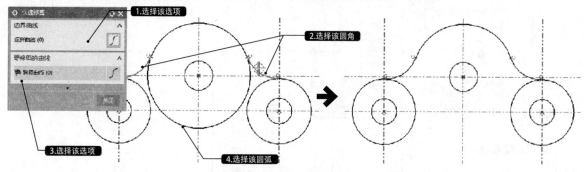

图2-11 快速修剪曲线

3. 绘制连接线段

01 选择"主页"→"直接草图"→"派生直线"，将水平中心线向下偏移36和100，垂直中心线向左、右分别偏移21和50，如图2-12所示。

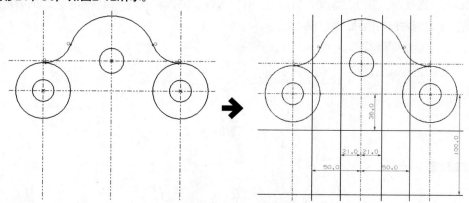

图2-12 派生线段

02 选择"直接草图"→"直线"选项 ▨，依次绘制如图2-13所示的两条直线。

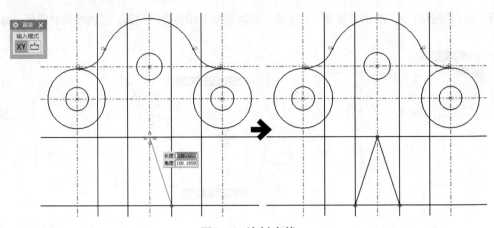

图2-13 绘制直线

03 选择"快速修剪"选项 ，弹出"快速修剪"对话框。在草图平面中修剪掉多余的线段，如图2-14所示。

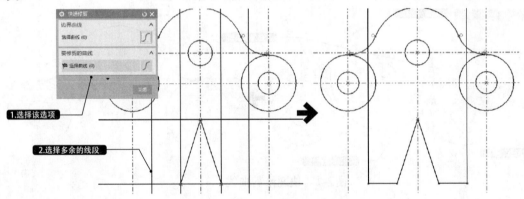

图2-14 快速修剪曲线

4. 绘制圆角

01 选择"圆角"选项 ，弹出"圆角"对话框，分别选择Φ56圆和直线，绘制半径为20的圆角，然后再按照同样的方法绘制右侧的圆角，如图2-15所示。

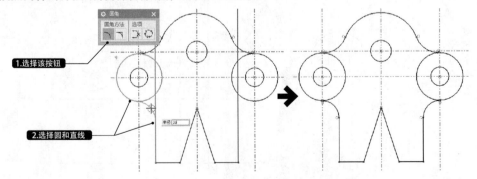

图2-15 绘制圆角1

02 选择草图底部的两条斜线，绘制半径为15的圆角，如图2-16所示。

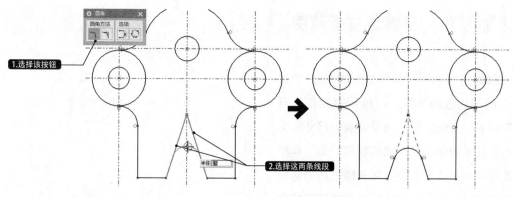

图2-16 绘制圆角2

03 选择"快速修剪"选项 ，弹出"快速修剪"对话框。在草图平面中修剪掉多余的线段，如图2-17所示。垫片平面草图绘制完成。

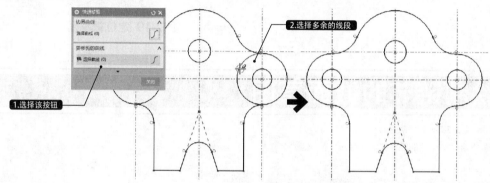

图2-17 快速修剪曲线

2.1.3 ▶ 扩展实例：绘制连杆平面草图

最终文件：素材\第2章\ch2-example1-1.prt

本实例绘制连杆草图，如图2-18所示。连杆在连杆机构中主要起运动方式的转换和传递力的作用。在绘制该连杆草图时，可以先利用"轮廓""直线"以及"水平"尺寸工具，绘制出水平中心线和处于中心线两端的大圆轮廓线；然后利用"偏置曲线"工具偏移复制出两端的圆孔轮廓线，并利用"直线"和"派生直线"等工具绘制出链接两端圆轮廓线的中部肋板等轮廓线；最后利用"快速修剪"工具去除图中多余的线段即可。

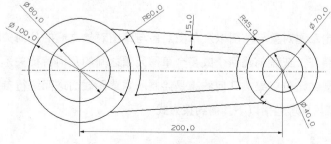

图2-18 连杆草图

2.1.4 扩展实例：绘制定位板草图

最终文件：素材\第2章\ch2-example1-2.prt

本实例绘制定位板草图，如图2-19所示。定位板用于零件之间的定位和支撑。在绘制该定位板草图时，可以先利用"直线"和"自动判断的尺寸"工具，绘制出各圆孔处的中心线；然后利用"圆"和相应的约束工具绘制出定位板各圆孔和长槽孔两端圆轮廓线，并利用"直线"工具连接肋板和长槽孔处轮廓线；最后利用"快速修剪"工具修剪掉多余的线段即可。

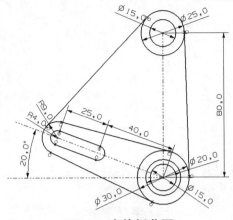

图2-19 定位板草图

2.2 绘制链节的截面草图

最终文件：素材\第2章\2.2链节截面草图.prt

视频文件：视频教程\第2章\2.2绘制链节截面草图.avi

本例绘制一个链节的截面草图，如图2-20所示。链节是由两个圆和四个圆弧组成的对称几何图形，但本例不是沿XC和YC方向对称，所以首先应该定位中心线。首先绘制中心线，利用"成一定角度"草图定位工具将中心线定位成30°；然后利用"圆"工具绘制两对斜角的四个圆和上下两侧的圆，通过"相切"几何约束工具将两侧的圆与圆环相切；最后修剪掉多余的线条，即可绘制出完整的截面草图。

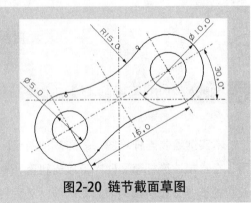

图2-20 链节截面草图

2.2.1 相关知识点

1. 几何约束

几何约束用于确定草图对象与草图以及草图对象与草图对象之间的几何关系。它可以用于确定单一草图元素的几何特征，或者创建两个或多个草图元素之间的几何特征关系。各种草图元素之间通过几何约束得到需要的定位效果，几何约束是绘制所需草图截面进而进行参数化建模所必不可少的工具。UG NX12.0草绘环境包括以下几何约束方式。

>> 约束

此类型的几何约束随所选取草图元素的不同而不同。绘制草图过程中可以根据具体情况添加不同的几何约束类型。在UG NX12.0草图环境中，根据草图元素间的不同关系可以分为20种几何约束，各种几何约束的含义见表2-1。

表2-1 草图几何约束的类型和含义

约束类型	含义
固定	根据所选几何体的类型定义几何体的固定特性，如点固定位置、直线固定角度等
完全固定	约束对象所有自由度
重合	定义两个或两个以上的点具有同一位置
同心	定义两个或两个以上的圆弧和椭圆弧具有同一中心
共线	定义两条或两条以上的直线落在或通过同一直线
中点	定义点的位置与直线或圆弧的两个端点等距
水平	将直线定义为水平
竖直	将直线定义为竖直
平行	定义两条或两条以上的直线或椭圆彼此平行
垂直	定义两条直线或两个椭圆彼此垂直
相切	定义两个对象彼此相切
等长度	定义两条或两条以上的直线具有相同的长度
等半径	定义两个或两个以上的弧具有相同的半径
恒定长度	定义直线具有恒定的长度
恒定角度	定义直线具有恒定的角度
点在曲线上	定义点位置落在曲线上
曲线的斜率	定义样条曲线过一点与一条曲线相切
均匀比例	当移动样条的两个端点时（即更改在两个端点之间建立的水平约束的值），样条将按比例伸缩，以保持原先的形状
非均匀比例	当移动样条的两个端点时（即更改在两个端点之间建立的水平约束的值），样条将在水平方向上按比例伸缩，而在竖直方向上保持原先的尺寸，样条将表现出拉伸效果
镜像	定义对象间彼此成镜像关系，该约束由"镜像"工具产生

» 自动约束

自动约束是由系统根据草图元素相互间的几何位置关系自动判断并添加到草图对象上的约束方法，主要用于所需添加约束较多且已经确定位置关系的草图元素。选择"主页"→"直接草图"→"自动约束"选项 ，弹出"自动约束"对话框；然后选择约束的草图对象，并在"要施加的约束"选项组中勾选所需约束的复选框；最后在"设置"选项组中设置公差参数，并单击"确定"按钮，完成自动约束操作，效果如图2-21所示。

2. 绘制圆

在UG NX12.0中，圆常用于创建基础特征的剖截面，由它生成的实体特征包括多种类型，如球体、圆柱体、圆台、球面等。圆又可以看作是圆弧的圆心角为360°时的圆弧，因此在利用"圆"工具绘制圆时，既可以利用"圆"工具绘制圆，也可以用"圆弧"工具绘制圆。选择"主页"→"直接草图"→"圆"选项○，弹出"圆"对话框。此时可以利用指定圆心和直径定圆与指定三点定圆两种方法绘制圆。

》圆心和直径定圆

以圆心和直径（或圆上一点）的方法绘制圆。单击"圆"对话框中的"圆心和直径定圆"按钮⊙，并在绘图区指定圆心，然后输入直径数值，即可完成绘制圆的操作，如图2-22所示。

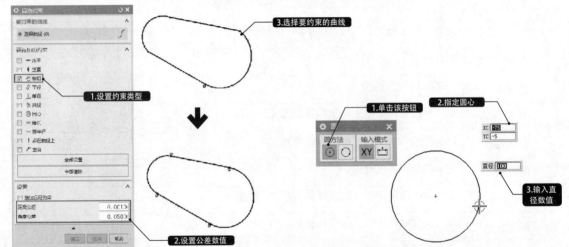

图 2-21 创建自动约束　　　　　　图 2-22 利用"圆心和直径定圆"绘制圆

技巧

在指定中心点后，在直径文本框中输入圆的直径，并按Enter键，即可完成第一个圆的创建，并出现一个以光标为中心，与第一个圆等直径的可移动的预览状态的圆，此时单击鼠标指定一个点，即可创建一个同直径的圆，连续指定多个点，可创建多个相同直径的圆。

》三点定圆

该方法通过依次选择草图几何对象的3个点，作为圆通过的3个点来创建圆；或者通过选择圆上的两个点，并输入直径数值创建圆。单击"三点定圆"按钮⊙，依次选择图中的3个端点，即可绘制圆，如图2-23所示。

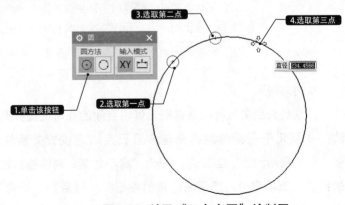

图2-23 利用"三点定圆"绘制圆

2.2.2 绘制步骤

1. 绘制中心线

01 进入草绘环境后，选择"主页"→"直接草图"→"直线"选项 ✐，在草图平面中绘制在坐标中心相交的两条直线。

02 将草图中的直线全部选中，单击鼠标右键，在弹出的快捷菜单中选择"转换为参考"选项，如图2-24所示。

图2-24 绘制两相交直线

03 选择"主页"→"直接草图"→"角度尺寸"选项 △，选择两条直线，设置它们的夹角为30°，如图2-25所示。

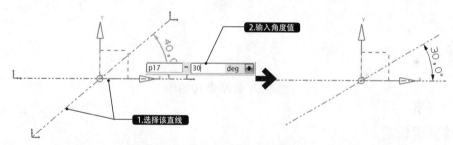

图2-25 定位两条直线的夹角为30°

04 按照同样的方法绘制垂直的中心线，利用"派生直线"工具，将垂直中心线向左、右各偏移8，如图2-26所示。

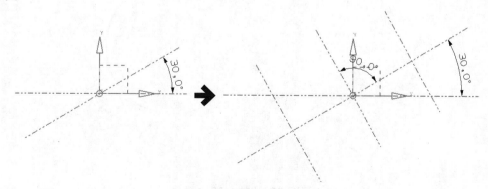

图2-26 绘制3条垂直中心线

2. 绘制圆轮廓线

01 选择"主页"→"直接草图"→"圆"选项◯，分别以派生线段和中线的交点为圆心，绘制Φ5的两个圆，如图2-27所示。

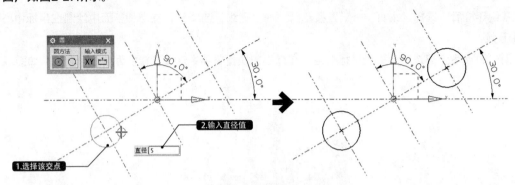

图2-27 绘制Φ5的圆

02 选择"主页"→"直接草图"→"圆"选项◯，分别以Φ5的圆心为圆心，绘制Φ10的两个圆，如图2-28所示。

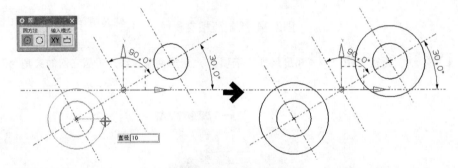

图2-28 绘制Φ10的圆

3. 绘制相切圆

01 选择"主页"→"直接草图"→"圆"选项◯，在草图平面中左上方空白处绘制Φ30的圆，如图2-29所示。

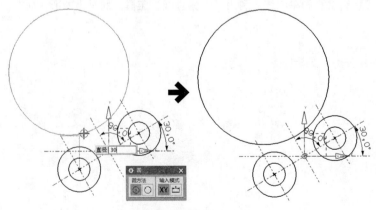

图2-29 绘制Φ30的圆

02 选择"主页"→"直接草图"→"几何约束"选项 ，分别单击左侧Φ10的圆和直径为30的圆，然后选择"约束"对话框中的"相切"选项 。按同样的方法定位右侧Φ10的圆和Φ30的圆相切，如图2-30所示。

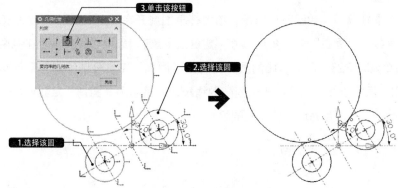

图2-30 创建相切约束

03 重复步骤 **01** 和步骤 **02**，绘制下方Φ30的相切圆。

4. 修剪多余线段

选择"主页"→"直接草图"→"快速修剪"选项 ，弹出"快速修剪"对话框。在草图平面中修剪掉Φ30和Φ10圆的多余线段，如图2-31所示，从而完成链节的截面草图绘制。

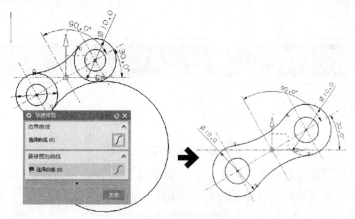

图2-31 修剪多余线段

2.2.3 扩展实例：绘制汤匙投影平面图

最终文件：素材\第2章\ch2-example2-1.prt

本实例绘制一个汤匙投影平面图，如图2-32所示。汤匙的投影图为以YC方向对称的图形，所以部分曲线可以通过"镜像"工具获得。首先利用"直线"和"水平"定位工具绘制水平和垂直的3条中心线，分别以竖直和水平中心线的交点绘制R7和R18的圆；然后利用"直线"和"角度"定位工具绘制柄部的直线与R7的圆相切，并与竖直中心线成87.5°；再利用"圆弧"工具绘制R26的圆弧分别与柄部直线和R18的圆相切，也可以先绘制R26的圆，通过定位工具约束其与直线和R18的圆相切；最后利用"镜像"工具镜像柄部直线和圆弧，并用"快速修剪"工具去除图中多余的线段即可。

2.2.4 〉 扩展实例：绘制滑杆草图

最终文件：素材\第2章\ch2-example2-2.prt

本实例绘制一个滑杆草图，如图2-33所示。该滑杆草图展开在一个R130，角度为50°的扇形圆面上。首先通过"直线""圆弧"和"角度尺寸"定位工具绘制4条中心线；然后在各中心线的交点处分别绘制Φ26、Φ20、R23、R8和R16的圆，再利用"圆弧"工具分别绘制与R16和R8两个圆相切的4条圆弧，利用"派生直线"工具派生中间杆的线段；最后利用"圆角"工具创建各连接处的圆角，并修剪掉多余的线段，即可完成滑杆草图的绘制。

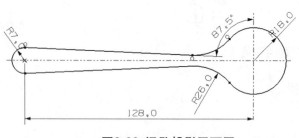

图2-32 汤匙投影平面图

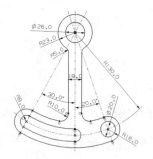

图2-33 滑杆草图

2.3 │ 绘制泵体平面草图

最终文件：素材\第2章\2.3泵体平面草图.prt

视频文件：视频教程\第2章\2.3 绘制泵体平面草图.avi

本例将绘制一个如图2-34所示的齿轮泵泵体平面草图。齿轮泵在各类液压设备中应用非常广泛，该泵体零件结构比较特殊，可以看作是以竖直中心为对称中心线的对称图形。本例在绘制过程中主要用到的工具有"矩形""直线""圆""圆角""圆弧""快速修剪""派生直线""角度尺寸"等工具。重点介绍如何熟练运用"矩形""镜像"和"快速修剪"工具。

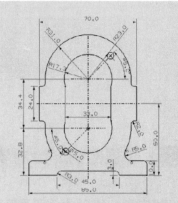

图2-34 齿轮泵泵体平面草图

2.3.1 〉 相关知识点

1. 绘制矩形

矩形可以用来作为特征创建的辅助平面，也可以直接作为特征生成的草绘截面。利用该工具既可以绘制与草图方向垂直的矩形，也可以绘制与草图方向成一定角度的矩形。

选择"主页"→"直接草图"→"矩形"选项 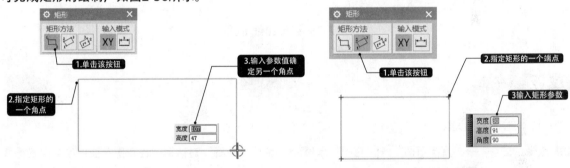，弹出"矩形"对话框。该对话框提供了以下3种绘制矩形的方法。

》两点绘制矩形

该方法以矩形对角线上的两点创建矩形。此方法绘制的矩形只能和草图的方向垂直。单击"用两点"按钮 ，在绘图区任意选取一点作为矩形的一个角点，输入宽度和高度数值确定矩形的另一个角点来绘制图形，如图2-35所示。

提 示：草图工具对话框最右边均有"输入模式"选项组，UG NX12.0提供了"坐标模式"和"参数模式"两种输入模式。在利用工具创建草图的过程中，可以单击 和 进行切换。

》三点绘制矩形

该方法用3点来定义矩形的形状和大小，第一点为起始点，第二点确定矩形的宽度和角度，第三点确定矩形的高度。该方法可以绘制与草图的水平方向成一定倾斜角度的矩形。单击"按三点"按钮 ，并在绘图区指定矩形的一个端点，然后分别输入所要创建矩形的宽度、高度和角度数值，即可完成矩形的绘制，如图2-36所示。

图2-35 利用两点绘制矩形　　　　　　　　图2-36 利用3点绘制矩形

》从中心绘制矩形

此方法也是用3点来创建矩形，第一点为矩形的中心；第二点为矩形的宽度和角度，它和第一点的距离为所创建的矩形宽度的一半；第三点确定矩形的高度，它与第二点的距离等于矩形高度的一半。单击"从中心"按钮 ，并在绘图区指定矩形的中心点，然后分别输入所要创建矩形的宽度、高度和角度数值，即可完成矩形的绘制，如图2-37所示。

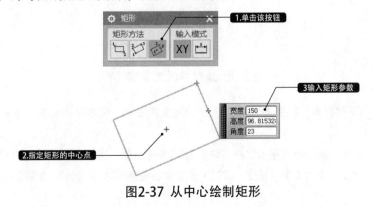

图2-37 从中心绘制矩形

2. 镜像曲线

利用"镜像曲线"工具可通过以现有的草图直线为对称中心线，创建草图几何图形的镜像副本，并且所创建的镜像副本与原草图对象间具有关联性。当所绘制的草图对象为对称图形时，使用该工具可以极大地提高绘图效率。

选择"主页"→"直接草图"→"镜像曲线"选项 ᵬ，弹出"镜像曲线"对话框；然后依次选择镜像中心线和原草图对象，并单击"应用"按钮，即可完成镜像操作，效果如图2-38所示。

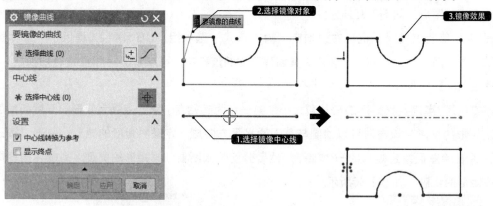

图2-38 镜像曲线效果

2.3.2 绘制步骤

1. 绘制中心线

01 选择"主页"→"直接草图"→"轮廓"选项 ᵕ，弹出"轮廓"对话框，在草图平面中绘制相互垂直的两条中心线，如图2-39所示。

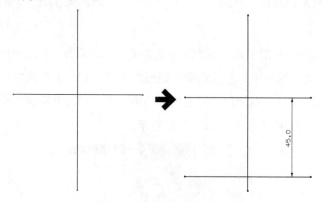

图2-39 绘制并派生直线

02 选择"直接草图"下拉列表中的更多曲线，选择"派生直线"，将水平中心线向下偏移45，如图2-39右所示。

03 选择"主页"→"直接草图"→"更多"→"转换至/自参考对象"选项 ᵬ，弹出"转换至/自参考对象"对话框，将草图中的曲线全选中，单击"确定"按钮，完成中心线参考对象的转换，如图2-40所示。

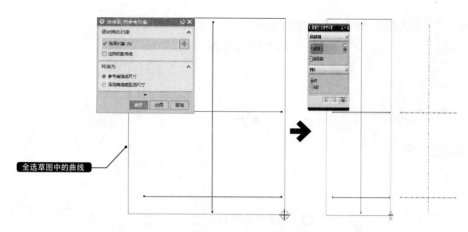

图2-40 转换直线为中心参考线

2. 绘制内腔轮廓

01 选择"主页"→"直接草图"→"矩形"选项 ▢，弹出"矩形"对话框。单击"从中心"按钮 ▦，在草图平面中选择中心线的交点，绘制如图2-41所示的矩形。

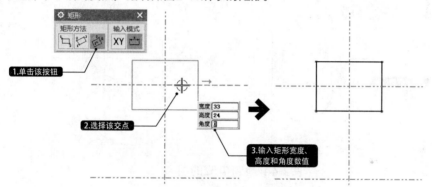

图2-41 从中心绘制矩形

02 选择"直接草图"→"圆弧"选项 ⌒，弹出"圆弧"对话框。单击"三点定圆弧"按钮 ▦，在草图中选中矩形的上、下两对端点创建圆弧，如图2-42所示。

03 选择"快速修剪"选项 ✂，弹出"快速修剪"对话框。在草图平面中选择矩形左右两条边为边界，修剪掉上下两条边，如图2-43所示。

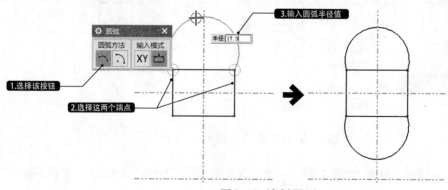

图2-42 绘制圆弧

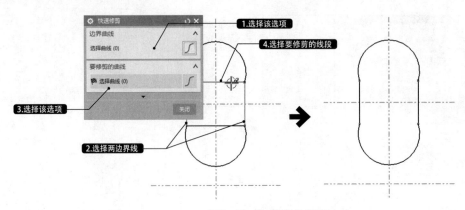

图2-43 快速修剪线段

3. 绘制上部外轮廓

01 选择内腔轮廓线的两个圆弧的圆心，分别绘制Φ62的圆，如图2-44所示。

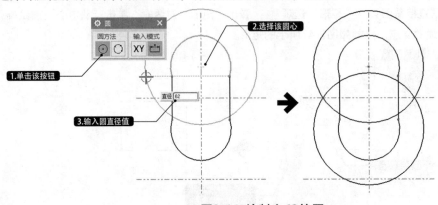

图2-44 绘制Φ62的圆

02 选择"主页"→"直接草图"→"矩形"选项□，弹出"矩形"对话框。单击"从中心"按钮▥。在草图平面中选择中心线的交点，绘制如图2-45所示的矩形。

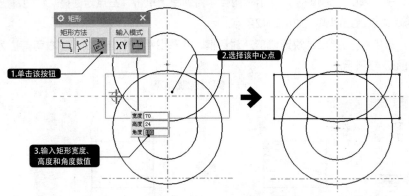

图2-45 从中心绘制矩形

03 选择"快速修剪"选项，弹出"快速修剪"对话框。在草图平面中修剪掉多余的曲线，如图2-46所示。

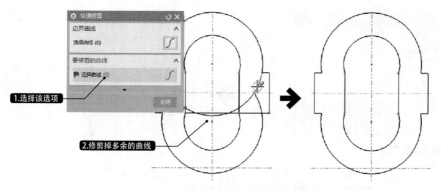

图2-46 快速修剪曲线

04 选择"圆角"选项 ▧ ，弹出"圆角"对话框。选择矩形与两个圆弧相交的4个交点，绘制R2的圆角，如图2-47所示。

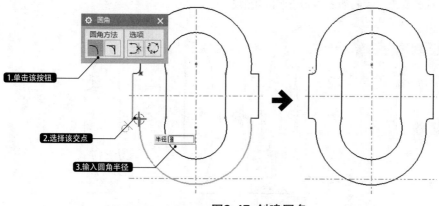

图2-47 创建圆角

4. 绘制底座

01 选择"主页"→"直接草图"→"矩形"选项 ▢ ，弹出"矩形"对话框。单击"从中心"按钮 ▨ ，在草图平面中选择中心线的交点，绘制如图2-48所示的矩形1。

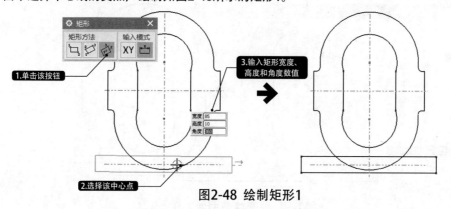

图2-48 绘制矩形1

02 选择"快速修剪"选项 ▧ ，弹出"快速修剪"对话框.在草图平面中修剪掉多余的线段，如图2-49所示。

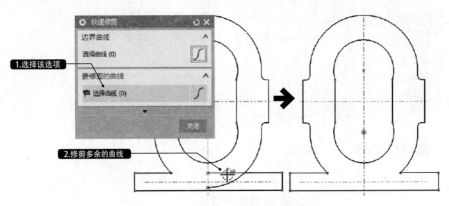

图2-49 快速修剪曲线1

03 选择"主页"→"直接草图"→"矩形"选项 ▭，弹出"矩形"对话框。单击"从中心"按钮 ▥，在草图平面中选择中心线的交点，绘制如图2-50所示的矩形2。

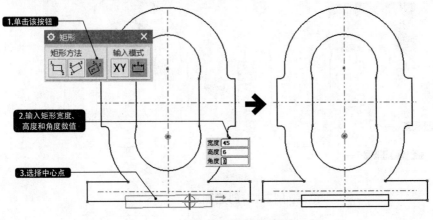

图2-50 绘制矩形2

04 选择"快速修剪"选项 ▨，弹出"快速修剪"对话框。在草图平面中修剪掉多余的线段，如图2-51所示。

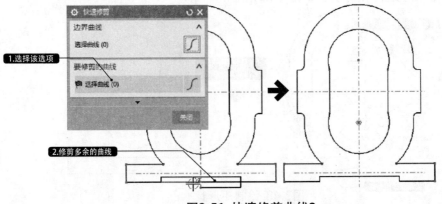

图2-51 快速修剪曲线2

05 选择"圆角"选项 ▨，弹出"圆角"对话框。选择矩形与两个圆弧相交的4个交点，绘制R2的圆角，如图2-52所示。

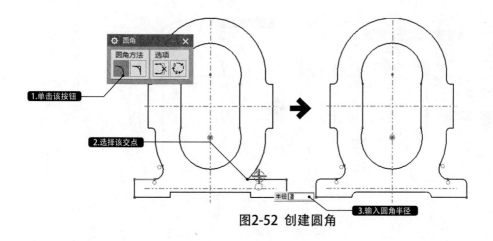

图2-52　创建圆角

5.　绘制销孔

01 选择"直接草图"→"直线"选项 ✎，依次绘制如图2-53所示的3条直线。

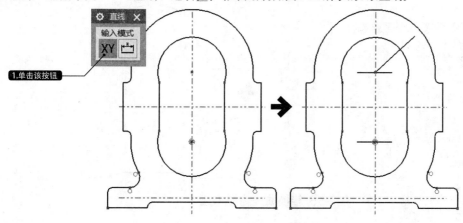

图2-53　绘制直线

02 选择"主页"→"直接草图"→"角度尺寸"选项 ◿，选择如图2-54所示的两条直线，约束这两条直线成45°角。

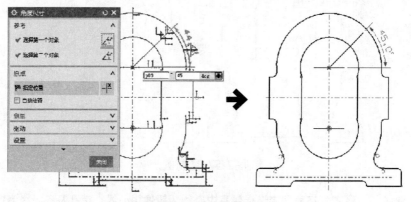

图2-54　添加角度约束

03 选择"圆弧"选项 ◠，在草图中选择泵体上部圆弧的圆心，绘制R23的一小段圆弧，如图2-55所示。

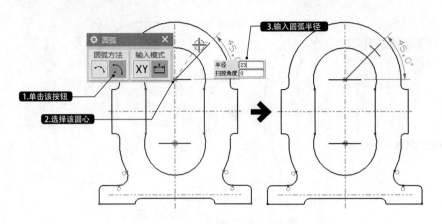

图2-55 绘制圆弧

04 选择"主页"→"直接草图"→"更多"→"转换至/自参考对象"选项 ▥，弹出"转换至/自参考对象"对话框。在草图中选择要转换的直线，单击"确定"按钮，完成参考线的设置，如图2-56所示。

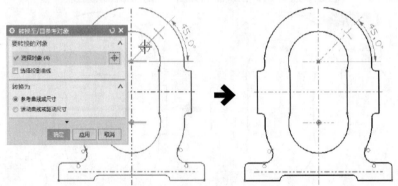

图2-56 转换曲线为参考线

05 选择"直接草图"→"圆"选项 ◯，在如图2-57所示的位置绘制Φ5的圆。

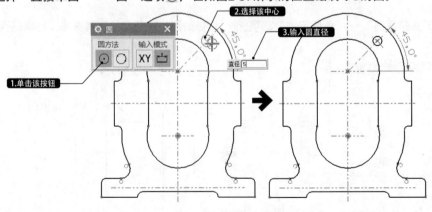

图2-57 绘制圆

06 选择"镜像曲线"选项 ⟋，在草图中选择竖直中心线为镜像中心线，销孔及参考线为镜像对象，单击"确定"按钮，即可完成镜像操作。再按照同样的方法，向下镜像左侧的销孔，删除左上的销孔，即可完成销孔的绘制，如图2-58、图2-59所示。

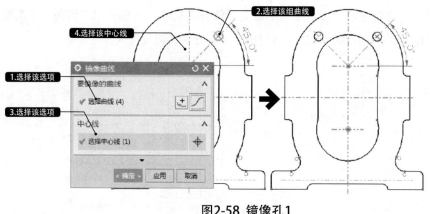

图2-58 镜像孔1

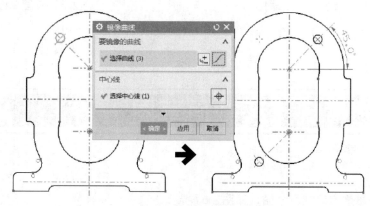

图2-59 镜像孔2

2.3.3 扩展实例：绘制机械垫片平面草图

最终文件：素材\第2章\ch2-example3-1.prt

本实例绘制一个机械垫片平面草图，如图2-60所示。该机械垫片主要用于两个机械零件的连接处，使连接更为紧密，并能够防止漏气、漏油现象发生。绘制该平面草图，可以首先绘制出长和宽分别为89和29的圆角矩形，并绘制通过各边中心的中心线；然后以中心线交点为圆心，绘制出同心圆。图形中间的3个槽可以先绘制其中一个的一侧，然后利用"镜像"工具复制出另一侧；最后利用"移动对象"工具，旋转复制出其余的两个槽即可。

2.3.4 扩展实例：绘制支座草图

最终文件：素材\第2章\ch2-example3-2.prt

本实例绘制支座草图，如图2-61所示。该支座用于传动轴轴端的支撑定位，该草图结构主要由用于固定轴端的带有轴孔特征的上部固定部分、用于固定螺栓配合固定座体的下部底座以及中部的支撑部分组成。在绘制该支座草图时，可以先利用"矩形"和"圆"工具绘制出支座的底部轮廓线，并利用"水平"工具约束圆至地面轮廓线的位置尺寸；然后利用"直线"工具绘制矩形顶点到圆的相切线，并利用"派生直线"工具绘制中部支撑部分的直线；最后利用"圆角"工具绘制支座上半部分的圆角，并利用"镜像曲线"工具复制出下半部分的轮廓线即可。

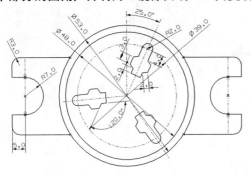

图2-60 机械垫块平面草图

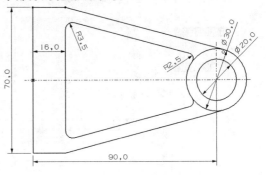

图2-61 支座草图

2.4 绘制量规支座截面草图

最终文件：素材\第2章\2.4量规支座截面草图.prt
视频文件：视频教程\第2章\2.4绘制量规支座截面草图.avi

　　本实例绘制量规支座截面草图，如图2-62所示。该量规支座用于支撑上部的量规部件，其底部设有调节螺栓孔，用于调节量规部件与地面的角度。在绘制量规支座截面草图时，可先利用"直线""圆"和"角度尺寸"定位工具绘制出中心线。然后利用"圆"工具，分别在圆Φ160和中心线的交点处绘制R15和Φ16各4个圆。最后利用"圆角"工具，选中相邻的两个R15圆绘制R75的4个圆角即可。

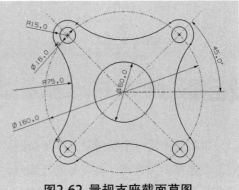

图2-62 量规支座截面草图

2.4.1 相关知识点

1. 绘制圆角

　　"圆角"工具可以在两条或三条曲线之间绘制圆角。利用该工具绘制圆角包括精确法、粗略法和删除第三条曲线3种方法。

》精确法

　　该方法可以在绘制圆角时精确地指定圆角的半径。选择选项卡"主页"→"直接草图"→"圆角"选项，弹出"圆角"对话框；然后单击"修剪"按钮，并依次选择要圆角的两条曲线，在文本框中输入半径值并按Enter键即可，如图2-63所示。

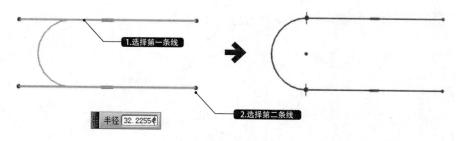

图2-63 精确法绘制圆角

➤➤ 删除第三条曲线

该选项具有是否启用"删除第三条曲线"的功能，系统默认状态下为关闭，单击该按钮则打开此功能，如图2-64所示。

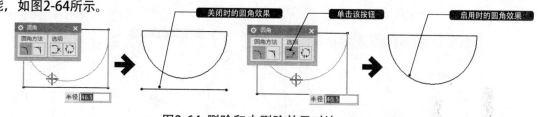

图2-64 删除和未删除效果对比

➤➤ 粗略法

该方法可以利用画链快速绘制圆角，但圆角半径的大小由系统根据所画的链与第一元素的交点自动判断。单击"圆角"对话框中的"修剪"按钮 ▣，然后按住鼠标左键从需要圆角的曲线上划过，即可完成绘制圆角操作，如图2-65所示。

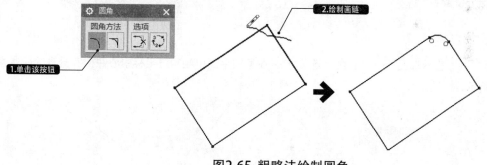

图2-65 粗略法绘制圆角

2. 快速修剪

快速修剪可以在任一方向将曲线修剪到最近的交点或边界，选择"主页"→"直接草图"→"快速修剪"选项 ▨，弹出"快速修剪"对话框。"边界曲线"是可选项，若不选边界，则所有可选择的曲线都被当作边界。下面分别详细介绍。

➤➤ 不选择边界

在没有选择边界时，系统自动寻找该曲线与最近可选择曲线的交点，并将两交点之间的曲线修剪掉，如图2-66所示。

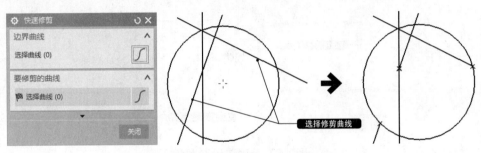

图2-66 不选择边界时的快速修剪

》选择边界

若选择了边界（按住Ctrl键可选择多条边界），则只修剪与曲线选择点相邻的两边间的曲线段，如图2-67所示。

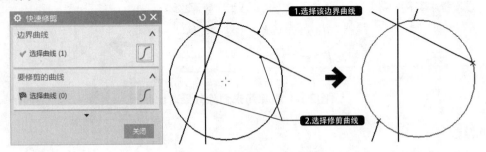

图2-67 选择边界时的快速修剪

2.4.2 绘制步骤

1. 绘制中心线

01 选择"主页"→"直接草图"→"直线"选项 ，在草图平面中绘制过坐标中心并相互垂直的两条直线，如图2-68所示。

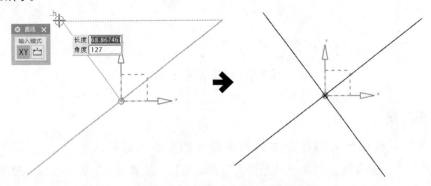

图2-68 绘制过坐标中心的两条垂直线

02 选择"主页"→"直接草图"→"角度尺寸"选项 ，选择向右倾斜的直线和XC轴，设置它们的角度为45°，如图2-69所示。

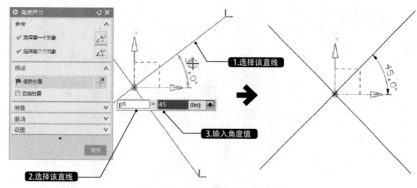

图2-69 定义角度尺寸约束

03 选择"主页"→"直接草图"→"圆"选项 ◯，以垂直线段的垂心为圆心，绘制Φ162的圆，如图2-70所示。

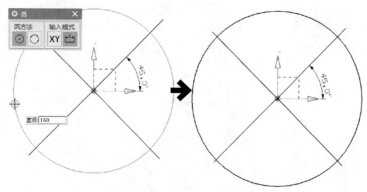

图2-70 绘制Φ160的圆

04 选择"直接草图"→"更多"→"转换至/自参考对象"选项 ，将草图中的曲线全部选中，单击对话框中"确定"按钮，完成中心线参考对象的转换，如图2-71所示。

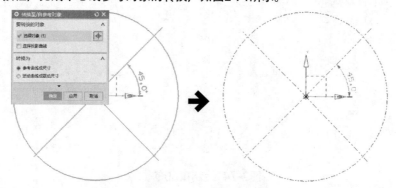

图2-71 转换为中心线

2. 绘制圆

01 选择"主页"→"直接草图"→"圆"选项 ◯，分别以圆和中心线的交点为圆心，绘制4个Φ16的圆，如图2-72所示。

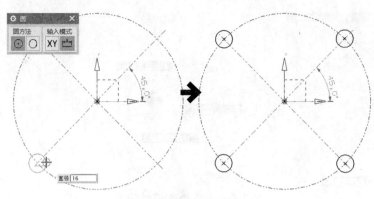

图2-72 绘制Φ16的圆

02 选择"主页"→"直接草图"→"圆"选项 ⚪，分别以Φ16圆的圆心为圆心，绘制4个Φ30的圆，如图2-73所示。

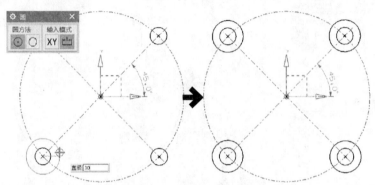

图2-73 绘制Φ30的圆

03 选择"主页"→"直接草图"→"圆"选项 ⚪，以坐标原点为圆心，绘制Φ60的圆，如图2-74所示。

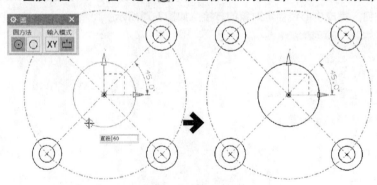

图2-74 绘制Φ60的圆

3. 绘制圆角

01 选择"主页"→"直接草图"→"圆角"选项 ，弹出"圆角"对话框。选择右侧Φ30的两个圆轮廓，绘制R75的相切圆角，如图2-75所示。

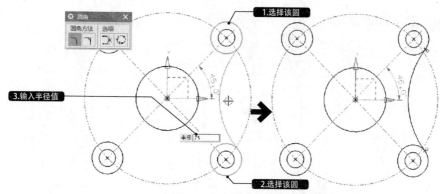

图2-75 绘制右侧R75的圆角

02 选择"主页"→"直接草图"→"圆角"选项 ▱，弹出"圆角"对话框。选择上侧Φ30的两个圆轮廓，绘制R75的相切圆角，如图2-76所示。

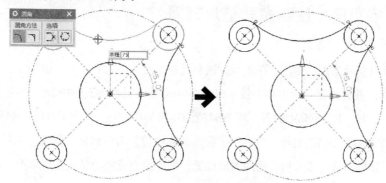

图2-76 绘制上侧R75的圆角

03 选择"主页"→"直接草图"→"镜像曲线"选项 ▱，在草图中选择向左倾斜的中心线为镜像中心线，选择两个R75的圆角为镜像曲线，单击"确定"按钮，即可完成镜像操作，如图2-77所示。

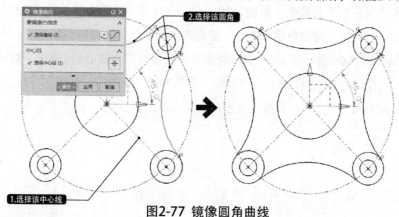

图2-77 镜像圆角曲线

4. 修剪多余线段

选择"直接草图"→"快速修剪"选项 ▱，弹出"快速修剪"对话框。在草图平面中修剪掉R15圆的多余的线段，如图2-78所示。至此，量规支座截面草图绘制完成。

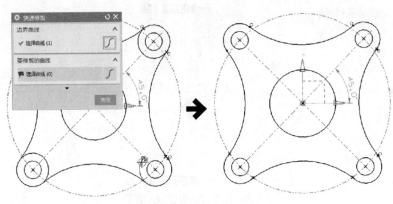

图2-78 修剪掉多余线段

2.4.3 扩展实例：绘制多孔垫片草图

最终文件：素材\第2章\ch2-example4-1.prt

本实例绘制多孔垫片草图，如图2-79所示。该多孔垫片是中心对称图形，由12个相同的图形阵列而成。绘制本实例时，首先绘制与水平中心线成60°的中心线，并绘制3条中心线，将60°角4等分；然后绘制Φ64、R4、R15、R45和R60的圆，将Φ64的圆转换为中心线，并修剪R15、R45和R60的圆，再利用"直线"工具绘制中心槽的直线，并将R4和R15的圆修剪；最后利用"圆角"工具创建连结圆弧的各圆角，并利用"镜像曲线"工具将所画的图形镜像，即可绘制完整的多孔垫片草图。

2.4.4 扩展实例：绘制仪表指示盘平面草图

最终文件：素材\第2章\ch2-example4-2.prt

本实例绘制仪表指示盘平面草图，如图2-80所示。该仪指示盘除中间的两个槽外，可以看作是中心对称图形，也可以利用"镜像曲线"工具。绘制本实例时，首先绘制4条过坐标中心的中心线，将平面8等分；然后绘制R6的圆，并绘制以R6的圆与中心线交点为圆心的8个圆，直径分别为1.5和3。再利用"圆角"工具绘制R1.5和R6之间的圆角；最后利用"直线""圆弧""派生直线"和"镜像曲线"绘制出中间的两个槽，即可完成仪表指示盘平面草图的绘制。

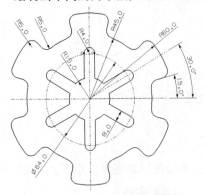

图2-79 多孔垫片草图

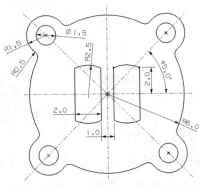

图2-80 仪表指示盘平面草图

2.5 绘制弧形连杆平面草图

最终文件：素材\第2章\2.5弧形连杆平面草图.prt

视频文件：视频教程\第2章\2.5绘制弧形连杆平面草图.avi

本例绘制一个弧形连杆平面草图，如图2-81所示。该弧形连杆头尾的轴孔通过弧形肋板连接。绘制该草图时，首先可以利用"直线""派生直线"工具绘制出中心线；然后绘制弧形连杆头尾的两个圆环，利用"圆弧"工具绘制与这两个圆环相切的圆弧，再利用"直线"和"派生直线"工具绘制出头尾的辅助板直线的大致轮廓。最后利用"水平""竖直"等草图定位工具定位辅助板的尺寸，并修剪掉多余的线段，即可完成弧形连杆平面草图的绘制。

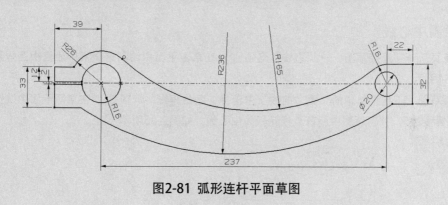

图2-81 弧形连杆平面草图

2.5.1 相关知识点

快速延伸可以在以任一方向将曲线延伸到最近的交点或边界，选择"主页"→"直接草图"→"快速延伸" ，弹出"快速延伸"对话框。"边界曲线"是可选项，若不选边界，则所有可选择的曲线都被当作边界。下面分别进行介绍。

》不选择边界

在没有选择边界时，系统将自动寻找该曲线与最近可选择曲线的交点，并将曲线延伸到交点，如图2-82所示。

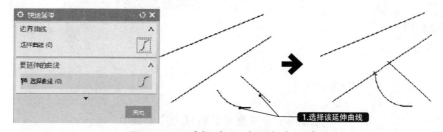

图2-82 不选择边界时的快速延伸

》选择边界

若选择了边界（按住Ctrl键可选择多条边界），则只延伸与边界和延伸曲线两边间的曲线段，如图2-83所示。

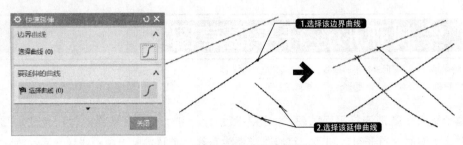

图2-83 选择边界时的快速延伸

2.5.2 >> 绘制步骤

1. 绘制中心线

01 选择"主页"→"直接草图"→"直线"选项 ✎，在草图平面中绘制过坐标中心且相互垂直的两条直线，如图2-84所示。

02 在"直接草图"下拉菜单中的"更多曲线"中选择"派生直线"选项 ◥，在草图平面中选择竖直的直线向XC方向偏移245，并将草图中所有直线转换为中心线，如图2-85所示。

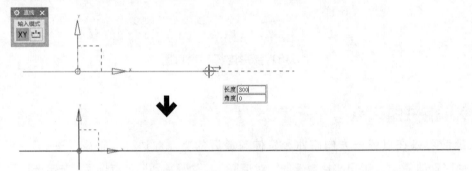

图2-84 绘制过坐标中心的两垂直线

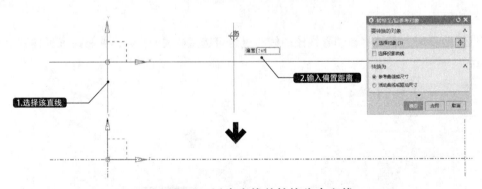

图2-85 派生直线并转换为中心线

2. 绘制轴孔圆

01 选择"主页"→"直接草图"→"圆"选项 ○，分别以水平中心线和竖直中心线的交点为圆心，绘制2个Φ32的2个圆，如图2-86所示。

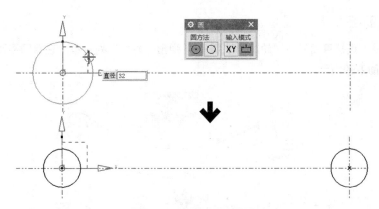

图2-86 绘制Φ32的圆

02 选择"主页"→"直接草图"→"圆"选项◯，分别以Φ32圆的圆心为圆心，绘制Φ52和Φ20的两个圆，如图2-87所示。

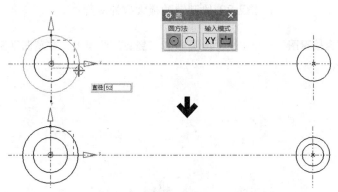

图2-87 绘制Φ52和Φ20的圆

3. 绘制肋板

选择"主页"→"直接草图"→"圆弧"选项◥，弹出"圆弧"对话框。选择"三点定圆弧"选项◩，在草图中选择两端同心圆的外圆，分别绘制与它们上下相切的R165和R236的两条圆弧，如图2-88所示。

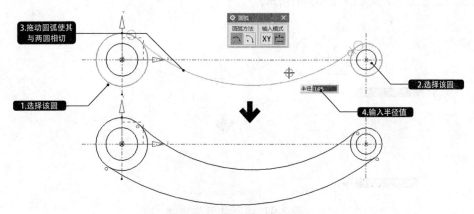

图2-88 绘制R165和R236的圆弧

4. 绘制辅助板

01 选择"主页"→"直接草图"→"轮廓"选项 ⌐，弹出"轮廓"对话框。在草图平面中绘制两端辅助板的大致轮廓，如图2-89所示。

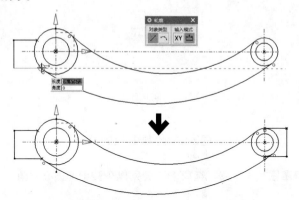

图2-89 绘制辅助板大致外轮廓

02 选择"主页"→"直接草图"→"水平"选项 ➡ 和"竖直"选项 ⬛，在草图平面中定位辅助板的尺寸和位置，如图2-90所示。

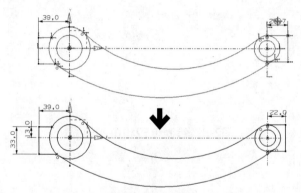

图2-90 定位辅助板的尺寸和位置

03 选择"主页"→"直接草图"→"直线"选项 ✎，在草图平面中绘制左侧辅助板一小段直线，并利用"派生直线"工具上、下偏置1，如图2-91所示。

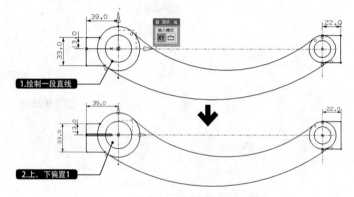

图2-91 绘制并派生直线

04 选择 "直接草图" → "快速修剪" 选项 ，弹出 "快速修剪" 对话框。在草图平面中修剪掉R15圆的多余的线段，如图2-92所示。弧形连杆草图绘制完成。

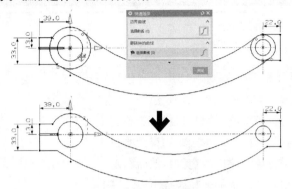

图2-92 快速修剪多余线段

2.5.3 扩展实例：绘制垫板平面草图

最终文件：素材\第2章\ch2-example5-1.prt

本实例绘制一个垫板的平面图形，如图2-93所示。此零件视图为一个不规则图形，在绘制过程中，可以先确定出一条基准线段，根据各个线段之间的尺寸关系，利用 "轮廓" 工具快速绘制出垫板的外轮廓；然后利用 "圆" "直线" 和 "派生直线" 等工具补充完整其他的图形；最后利用 "快速修剪" 工具修剪掉多余线段即可。

2.5.4 扩展实例：绘制液压缸垫片平面草图

最终文件：素材\第2章\ch2-example5-2.prt

本实例是绘制液压缸垫片的平面草图，如图2-94所示。垫片主要在机械连接件之间起密封作用，能够防止漏气、漏水和漏油。该平面草图比较复杂且尺寸比较多，在绘制过程中要注意区分。绘制此图的思路是先利用 "角度" "水平" "竖直" 等草图定位工具确定中心线的位置，并利用 "圆" 工具绘制出各圆的轮廓线；然后利用 "圆角" 和 "圆弧" 工具连接各圆之间的弧线；最后利用 "快速修剪" 工具修剪出最终的效果。

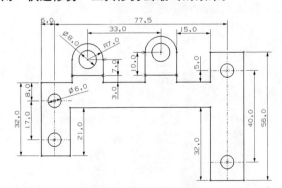

图2-93 垫板平面草图

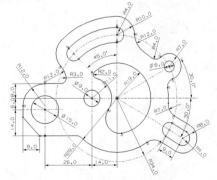

图2-94 液压缸垫片平面草图

2.6 绘制扇形板平面草图

最终文件：素材\第2章\2.6扇形板平面草图.prt
视频文件：视频教程\第2章\2.6绘制扇形板平面草图.avi

　　本例绘制扇形板平面草图，如图2-95所示。该扇形板属于风箱底板的一部分，表面上的孔是螺纹孔。在绘制该扇形板平面草图时，可以先利用"直线"工具绘制出主要的中心线，并利用"圆"和相应的约束工具绘制出各圆轮廓线并对其进行位置之间的定位；然后利用"快速修剪"工具绘制得到扇形板的外轮廓线，以及在圆周中心线上的一头绘制并定位一个螺纹孔；最后利用"移动对象"工具复制移动其他的螺纹孔，即可完成该扇形板平面草图的绘制。

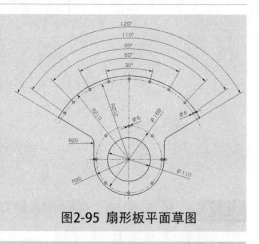

图2-95 扇形板平面草图

2.6.1 相关知识点

1. 绘制圆弧

　　通过三点或通过指定其中心和端点来创建圆弧。选择"主页"→"直接草图"→"圆弧"选项，弹出"圆弧"对话框。此时同样可以利用指定圆弧中心和端点与指定三点这两种方法绘制圆弧。

　　» 三点定圆弧

　　该方法用三个点分别作为圆弧的起点、终点和圆弧上一点来创建圆弧。另外，也可以选择两个点和输入直径来创建圆弧。单击"圆弧"对话框中的"三点定圆弧"按钮，依次选择起点、终点和圆弧上一点，即可完成圆弧的绘制。

　　» 中心和端点定圆弧

　　该方法以圆心和端点的方式绘制圆弧。另外，还可以通过在文本框中输入半径数值来确定圆弧的大小。单击"中心和端点定圆弧"按钮，依次指定圆心、端点和扫掠角度，即可完成圆弧的绘制，如图2-96所示。

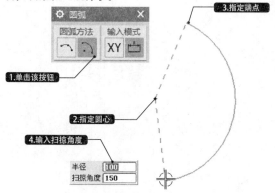

图2-96 指定中心和端点绘制圆弧

图2-97 移动对象对话框

2. 移动对象

移动对象就是将一对象（包括点、直线、片体和实体）移动到指定位置，该操作在草图绘制环境中也可以使用。选择"菜单"→"编辑"→"移动对象"选项，弹出"移动对象"对话框，如图2-97所示。该对话框包括10种移动对象的方式，其主要方式含义见表2-2。在"结果"选项组中，选择"移动原先的"，即表示将移动原先的对象，不保留原先对象位置处的对象；选择"复制原先的"，即表示在移动原先对象时，保留原先对象位置处的对象。在其下方的"非关联副本数"文本框中输入副本的数目，可以设置需要复制移动对象的数目。

表2-2 移动对象的主要方式和含义

方 式	含 义
距离 ✎	指通过指定移动方向来移动对象一段距离
角度 ✎	指通过指定旋转中心来移动对象一个角度
点之间的距离 ✎	指通过指定矢量、原点和测量点来确定点之间的距离
点到点 ✎	指定要移动到的位置点和对象参考点来移动对象
根据三点旋转 ✎	指通过指定枢纽点、起点和终点来旋转对象
将轴与矢量对齐 ✎	指通过指定起始矢量、枢纽点和终止矢量来对齐对象
动态 ✎	指基于当前工作坐标，通过移动手柄来移动对象
增量 ✎	指基于当前工作坐标，在XC、YC、ZC文本框中输入增量值来移动所指定的对象

2.6.2 绘制步骤

1. 绘制中心线

01 选择"主页"→"直接草图"→"直线"选项 ✎，在草图平面中绘制过坐标中心且相互垂直的两条直线，如图2-98所示。

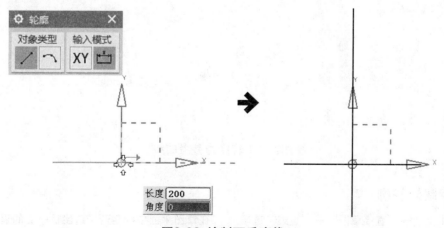

图2-98 绘制两垂直线

02 选择"主页"→"直接草图"→"圆弧"选项 ，在对话框中单击"中心和端点定圆弧"按钮 ，在草图中选择两条直线的交点，设置圆弧"半径"为202，"扫掠角度"为130，拖动鼠标使圆弧对称于垂直线，如图2-99所示。

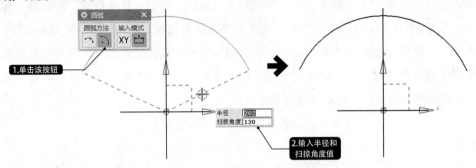

图2-99 绘制圆弧

03 选择"主页"→"直接草图"→"圆"选项 ，以水平和竖直线的交点为圆心，绘制Φ168的圆，如图2-100所示。

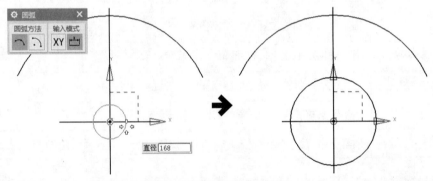

图2-100 绘制Φ168的圆

04 选择"直接草图"→"更多"→"转换至/自参考对象"选项 ，将草图中的曲线全部选中，单击对话框中"确定"按钮，完成曲线参考对象的转换，如图2-101所示。

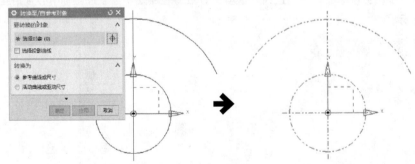

图2-101 转换为参考曲线

2. 绘制外轮廓

01 选择"主页"→"直接草图"→"直线"选项 ，在草图平面中绘制两条过坐标中心的直线，并尺寸约束它们与XC轴的夹角均为30°，如图2-102所示。

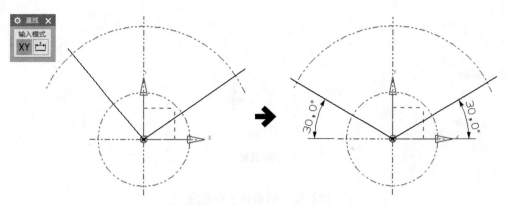

图2-102 绘制两直线并使其与XC轴的夹角为30°

02 选择"主页"→"直接草图"→"圆"选项 ◯，以坐标中心原点为圆心，绘制Φ110和Φ180的两个圆，如图2-103所示。

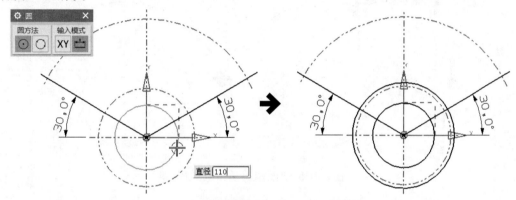

图2-103 绘制Φ110和Φ180的圆

03 选择"主页"→"直接草图"→"圆弧" ◝ 选项，在对话框中单击"中心和端点定圆弧"按钮，选择坐标中心原点为圆心，设置圆弧"半径"为210，"扫掠角度"为120，拖动鼠标使圆弧对称于垂直中心线，如图2-104所示。

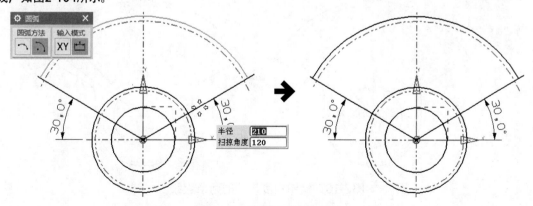

图2-104 绘制R210的圆弧

04 选择"主页"→"直接草图"→"直线"选项 ╱，在草图平面中绘制与Φ180的圆相切的直线，并绘制与其相交直线之间的圆角为R20，如图2-105所示。

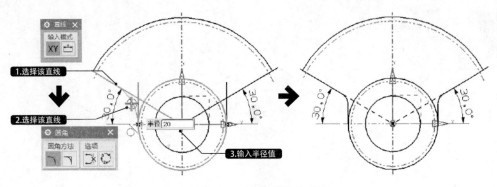

图2-105 绘制直线和圆角

05 选择"主页"→"直接草图"→"快速修剪"选项 ⊶，弹出"快速修剪"对话框。在草图平面中修剪掉轮廓线中多余的线段，如图2-106所示。

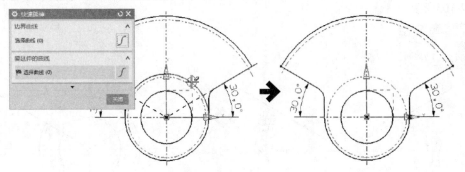

图2-106 快速修剪多余的线段

3. 阵列螺纹孔

01 选择"主页"→"直接草图"→"直线"选项 ╱，在草图平面中绘制两条过坐标中心的直线，并尺寸约束它们与扇形边的角度分别为5°和15°，并将其转换为参考中心线，如图2-107所示。

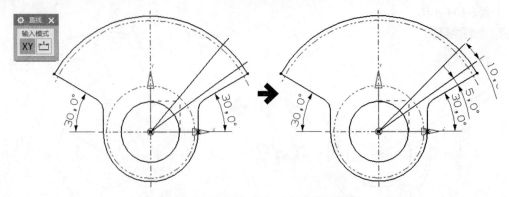

图2-107 绘制角度尺寸的两条直线

02 选择选项卡"主页"→"直接草图"→"圆"选项 ◯，分别以步骤 **01** 绘制的中心线与R202圆弧的交点为圆心，以及Φ168的圆与垂直中心线的交点为圆心，绘制3个Φ6的圆；然后利用"镜像曲线"工具镜像最右侧Φ6的圆，如图2-108所示。

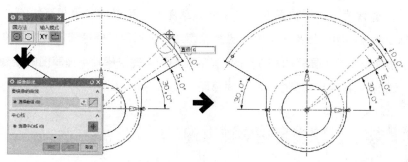

图2-108 绘制并镜像Φ6的圆

03 选择菜单"编辑"→"移动对象"选项，选择草图平面中右侧第二个Φ6的圆，在对话框中"变换"选项组的"运动"下拉列表中选择"角度"选项，设置旋转"角度"为15。在"结果"选项组中选择"复制原先的"选项，设置"非关联副本数"为6，如图2-109所示。

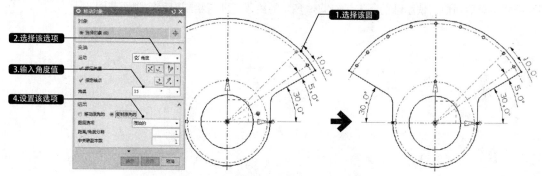

图2-109 圆弧阵列Φ6的圆

04 在菜单按钮中选择"编辑"→"移动对象"选项，选择草图平面中Φ168圆上的Φ6圆，在对话框中"变换"选项组的"运动"下拉列表中选择"角度"选项，设置旋转"角度"为45。在"结果"选项栏中选择"复制原先的"选项，设置"非关联副本数"为7，如图2-110所示。

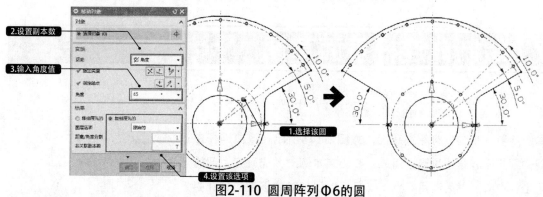

图2-110 圆周阵列Φ6的圆

2.6.3 ▶▶ 扩展实例：绘制槽轮平面草图

最终文件：素材\第2章\ch2-example6-1.prt

本实例绘制槽轮平面草图，如图2-111所示。槽轮是一种可以把连续等角度的旋转转换为间歇转动的常用零件，通常为中心对称图形。在绘制该草图时，可以先利用"直线""圆"和"派生直线"工具绘制出槽轮的中心线和一个单元的圆轮廓线，再利用"快速修剪"工具修剪掉多余的线段；然后利用"移动对象"工具移动复制5个同样的图形即可完成槽轮平面草图的绘制，也可以利用"镜像"工具，通过3次镜像获得整个槽轮平面草图。

2.6.4 扩展实例：绘制吊钩侧面草图

最终文件：素材\第2章\ch2-example6-2.prt

本实例绘制吊钩侧面草图，如图2-112所示。该吊钩侧面草图以R110和R42.5的圆弧为基础，通过一系列的圆弧和直线相切连接而成。在绘制该草图时，可以先绘制R42.5的半圆弧和R110扫掠角度为45°的圆弧；然后依次绘制各相切圆弧，绘制吊钩尖端的Φ24圆，利用"固定""相切"等几何约束工具约束其与其他圆弧相切；最后利用"快速修剪"工具修剪掉多余的线段，即可绘制出吊钩侧面草图。

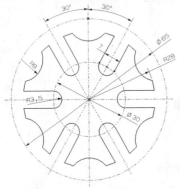

图2-111 槽轮平面草图

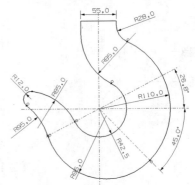

图2-112 吊钩侧面草图

2.7 绘制曲连杆平面草图

最终文件：素材\第2章\2.7曲连杆平面草图.prt

视频文件：视频教程\第2章\2.7绘制曲连杆平面草图.avi

本例绘制一个曲连杆平面草图，如图2-113所示。该曲连杆由不规则的圆弧段和直线段连接而成。在绘制本例时，先确定上部的轴孔为坐标中心，然后利用"点"工具可以迅速确定下部的轴孔中心，通过这两个中心绘制同心圆；最后利用"直线""圆弧""派生直线"工具绘制出连杆的大致轮廓，并利用尺寸约束工具约束它们相切，修剪掉多余的线段，即可绘制出曲连杆平面草图。

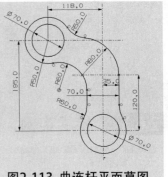

图2-113 曲连杆平面草图

2.7.1 >> 相关知识点

1. 尺寸约束

草图的尺寸约束相当于对草图进行标注，但是除了可以根据草图的尺寸约束看出草图元素的长度、半径、角度以外，还可以利用草图各点处的尺寸约束限制草图元素的大小和形状。选择"草图约束"中的任何一种约束类型选项，都可以弹出"草图参数"对话框，然后选择"草图尺寸对话框"选项 🔳，即可打开如图2-114所示的"草图参数"对话框。

图2-114 "草图参数"对话框

该对话框主要包括约束类型选择区和尺寸表达式设置区。在约束类型区可选择约束类型，对几何体进行相应的约束设置；在尺寸表达式设置区则可以修改尺寸标注线和尺寸值。

》约束类型选择区

"尺寸"对话框提供了9种约束类型。当需要对草图对象进行尺寸约束时，直接单击所需尺寸类型选项，即可进行相应的尺寸约束操作。"尺寸"对话框中各种约束类型及作用如表2-3所示。

表2-3 尺寸约束类型和作用

约束类型	约束的作用	约束类型	约束的作用
自动判断 🖉	根据鼠标指针的位置自动判断约束类型	直径 🖉	约束圆或圆弧的直径
水平 🖮	约束XC方向数值	半径 🖾	约束圆或圆弧的半径
竖直 🖾	约束YC方向数值	角度尺寸 🖾	约束两条直线的夹角度数
平行 🖾	约束两点之间的距离	周长圆 🖾	约束草图曲线元素的总长
垂直 🖾	约束点与直线之间的距离		

》表达式设置区

该区类表框中列出了当前草图约束的表达式。利用列表框下的文本框或滑块可以对尺寸表达式中的参数进行设置。另外，还可以通过单击 🗙 选项将表达式和草图中的约束删除。

》尺寸引出线和放置面设置

该选项组用于设置尺寸标注的放置方法和引出线的放置位置。其中，尺寸的标注包括自动放置、手动放置且箭头在内、手动放置且箭头在外3种放置方法；指引线位置包括从右侧引来和从左侧引来两种。另外，还可以通过启用文本框下的复选框来执行相应操作。

2. 创建点

点是最小的几何构造元素，也是草图几何元素中的基本元素。草图对象是由控制点控制的，如直线由两个端点控制，圆弧由圆心和起始点控制。控制草图对象的点称为草图点，UG NX12.0通过控制草图点来控制草图对象，如按一定次序来构造直线、圆和圆弧等基本图元；通过两点可以创建直线，通过矩形阵列的点，或者定义曲面的极点来直接创建自由曲面；还可以通过大量的点的云集，构造面和点集等特征。

选择"主页"→"直接草图"→"点"选项 ＋，弹出"点"对话框，如图2-115所示。在该对话框中包括创建点的几个选项组："类型"选项组用来选择点的捕捉方式，系统提供了端点、交点、象限点等15种方式；"输出坐标"选项组用于设置在X、Y、Z方向上相对于坐标原点的位置；"偏置"面板用于设置点的生成方式。

图2-115 "点"对话框

2.7.2 ▶ 绘制步骤

1. 绘制中心线

01 选择"主页"→"直接草图"→"点"选项 ＋，弹出"点"对话框。在草图平面中创建点A（118，-195），如图2-116所示。

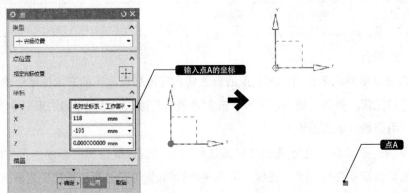

图2-116 创建点A

02 选择"主页"→"直接草图"→"直线"选项 ，在草图平面中绘制过坐标中心的水平直线，并绘制过步骤 **01** 所创建点的竖直直线，如图2-117所示。

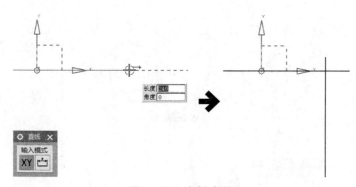

图2-117 绘制直线

03 选择"直接草图"→"更多"→"转换至/自参考对象"选项 ![icon]，将草图中的曲线全部选中，单击对话框中"确定"按钮，完成中心线参考对象的转换，如图2-118所示。

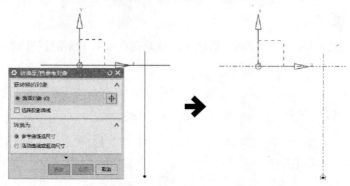

图2-118 转换为中心参考线

2. 绘制圆

01 选择"主页"→"直接草图"→"圆"选项 ![icon]，分别以坐标中心和点A为圆心，绘制Φ70的两个圆，如图2-119所示。

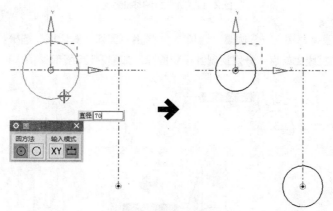

图2-119 绘制Φ70的圆

02 选择"主页"→"直接草图"→"圆"选项 ![icon]，分别以坐标中心和点A为圆心，绘制Φ100的两个圆，如图2-120所示。

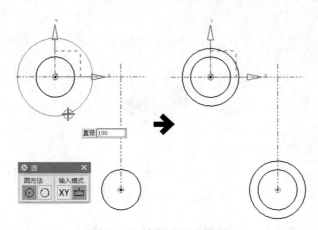

图2-120 绘制Φ100的圆

3. 绘制连接线

01 选择"主页"→"直接草图"→"直线"选项 ／，在草图平面中绘制平行于竖直中心线的两条直线，如图2-121所示。

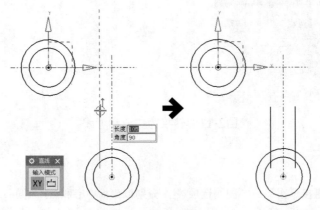

图2-121 绘制两条直线

02 选择"主页"→"直接草图"→"圆弧"选项 ，弹出"圆弧"对话框。选择"三点定圆弧"选项 ，在草图中选择右侧的直线上端点，分别绘制其相切圆弧，如图2-122所示。

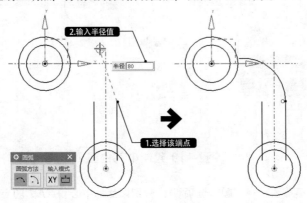

图2-122 绘制圆弧

03 选择"圆角"选项 ▢，弹出"圆角"对话框。选择上侧的Φ100的圆轮廓和圆弧，绘制R50的相切圆角；同样绘制另一侧相切圆角，如图2-123所示。

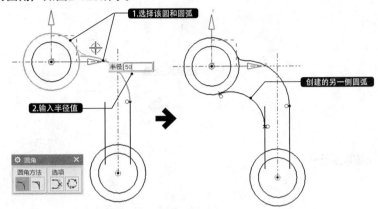

图2-123 创建圆角

4. 尺寸约束

01 选择"主页"→"直接草图"→"约束"选项 ▨，在草图平面中选择中心线和4个圆，并在"约束"对话框中单击"固定"按钮 ▨，如图2-124所示。

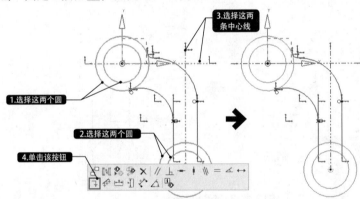

图2-124 创建固定约束

02 选择"主页"→"直接草图"→"水平"尺寸选项 ▱，选择步骤 **01** 绘制的直线和竖直中心线，创建水平尺寸，如图2-125所示。

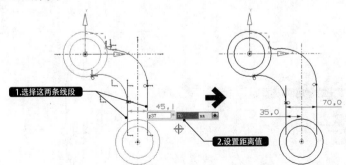

图2-125 创建水平尺寸约束

03 选择"主页"→"直接草图"→"半径"尺寸选项✍，依次选择草图平面中的圆弧，设置它们的半径，创建半径尺寸约束，如图2-126所示。

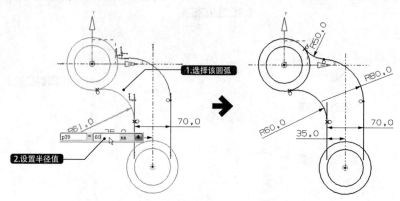

图2-126 创建半径尺寸约束

5. 修剪多余的线段

01 选择"圆角"选项▨，弹出"圆角"对话框，选择下侧的Φ100的圆轮廓和竖直直线，绘制R60的相切圆角；同样绘制另一侧圆角，如图2-127所示。

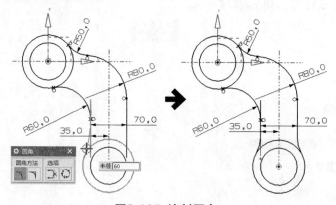

图2-127 绘制圆角

02 选择"主页"→"直接草图"→"快速修剪"选项▨，弹出"快速修剪"对话框。在草图平面中修剪掉多余的线段，如图2-128所示。至此，曲连杆平面草图绘制完成。

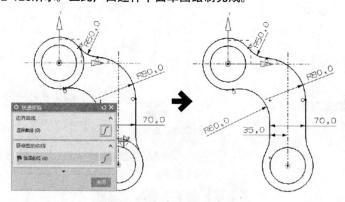

图2-128 快速修剪多余线段

2.7.3 >> 扩展实例：绘制滑块平面草图

最终文件：素材\第2章\ch2-example7-1.prt

本实例绘制滑块平面草图，如图2-129所示。该平面草图主要由圆、圆弧以及直线组成。绘制本草图时，首先通过"直线""派生直线""圆弧"和"角度"等尺寸约束工具绘制主要的中心线；然后利用"圆"工具绘制各个圆，并利用"直线"和"圆弧"工具连接两个圆弧内侧的连接线；最后利用"圆角"和"快速修剪"工具修剪出滑块轮廓即可。

2.7.4 >> 扩展实例：绘制封板平面草图

最终文件：素材\第2章\ch2-example7-2.prt

本实例绘制封板平面草图，如图2-130所示。该封板由圆弧和直线组成，尺寸比较多，看上去形状复杂。绘制本草图时，首先通过"直线"工具绘制出通过坐标中心的中心线，然后利用"点"工具创建出各个圆弧的圆心和直线端点，最后利用"直线"和"快速修剪"工具绘制出封板平面草图的轮廓即可。

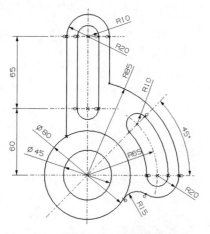

图2-129 滑块平面草图

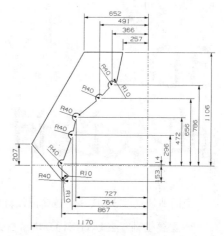

图2-130 封板平面草图

第3章

3D
曲线设计

空间曲线（即 3D 曲线）是曲面设计和实体设计的一个重要基础。在 UG NX12.0 中，曲线可以作为建立实体截面的轮廓线，然后通过对其进行拉伸、扫描、旋转等操作构造三维实体；也可以通过直纹面、曲线组以及曲线网格来创建复杂的曲面造型。

本章通过两个典型的实例，对 UG NX12.0 中创建和编辑 3D 曲线的方法进行详细的讲解。

3.1 绘制时尚碗曲面线框

最终文件：素材\第3章\3.1时尚碗曲面线框.prt

视频文件：视频教程\第3章\3.1绘制时尚碗曲面线框.avi

本例绘制时尚碗曲面线框，如图3-1所示。该时尚碗的碗面定位曲线由分布在三个相距一定距离的平面上，可以分别绘制其曲面线。绘制本例时，可以首先绘制碗的底面曲线，并利用"分割曲线"工具将其三等分；然后创建一个向ZC向平移一定距离的平面，绘制中间定位曲线；最后按照同样的方法创建碗口的定位曲线，并在建模环境中利用"圆弧"工具连接这三个定位曲线，即可绘制出时尚碗曲面线框。

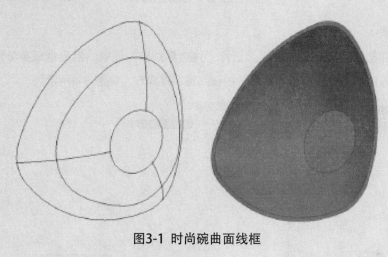

图3-1 时尚碗曲面线框

3.1.1 相关知识点

1. 分割曲线

分割曲线指将曲线分割成多个节段，各节段都是一个独立的实体，并赋予与原先曲线相同的线型。选择"曲线"选项卡→"更多"→"编辑曲线"→"分割曲线"选项 ∫，打开"分割曲线"对话框，如图 3-2所示。该对话框提供以下5种分割曲线的方式。

图 3-2 "分割曲线"对话框

>> 等分段

该方式是以等长或等参数的方法将曲线分割成相同的节段。选择"等分段"选项，选择要分割的曲线，然后在"段数"文本框中设置等分参数并单击"确定"按钮即可，如图 3-3所示。

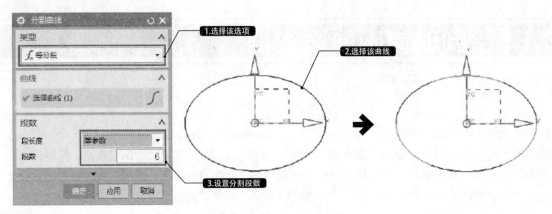

图 3-3 按等分段分割曲线

>> 按边界对象

该方式是利用边界对象来分割曲线。选择"按边界对象"选项，然后选取要分割的曲线并根据系统提示选择边界对象，最后单击"确定"按钮即可完成操作，如图 3-4 所示。

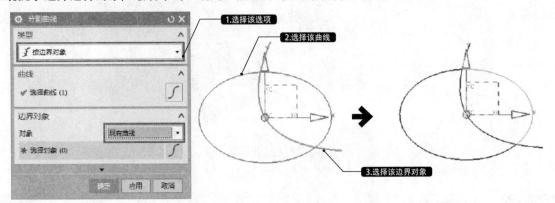

图 3-4 按边界对象分割曲线

>> 弧长段数

该方式是通过分别定义各节段的弧长来分割曲线。选择"弧长段数"选项，然后选取要分割的曲线，最后在"弧长"文本框中设置弧长并单击"确定"按钮即可，如图 3-5 所示。

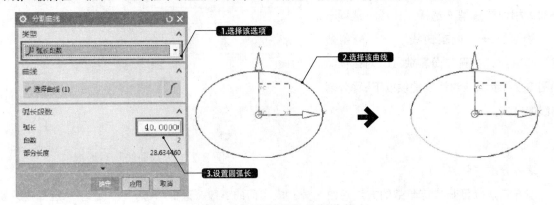

图 3-5 按弧长段数分割曲线

>> 在结点处

利用该方式只能分割样条曲线, 在曲线的定义点处将曲线分割成多个节段。选择该选项后, 选择要分割的曲线, 在 "方法" 下拉列表中选择分割曲线的方法, 最后单击 "确定" 按钮即可, 如图 3-6 所示。

>> 在拐角上

该方式是在拐角处(即一阶不连续点)分割样条曲线(拐角点是由于样条曲线节段的结束点方向和下一节段开始点方向不同而产生的点)。选择该选项后, 选择要分割的曲线, 系统会在样条曲线的拐角处分割曲线, 如图 3-7 所示。

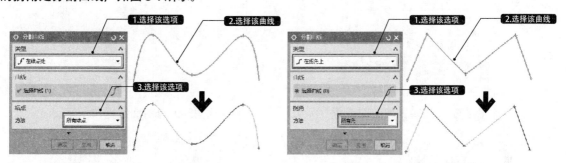

图 3-6 按在节点处分割曲线　　　　　　图 3-7 按在拐角上分割曲线

2. 修剪曲线

修剪曲线和修剪拐角是曲线的两种修剪方式, 但是它们的修剪效果却不同。修剪曲线是修剪或延伸曲线到选定的边界对象, 根据选择的边界实体(如曲线、边、平面、点或光标位置)和要修剪的曲线调整曲线的端点。修剪拐角则是把两条曲线裁剪到它们的交点从而形成一个拐角, 生成的拐角依附于选择的对象。。

>> 修剪曲线

修剪曲线指可以通过曲线、边、平面、表面、点或屏幕位置等工具调整曲线的端点, 可延长或修剪直线、圆弧、二次曲线或样条曲线等。选择 "曲线" → "编辑曲线" → "修剪曲线" 选项 ➜, 打开 "修剪曲线" 对话框, 如图 3-8 所示。该对话框中主要选项的含义如下所述。

◆ "方向": 该列表用于确定边界对象与待修剪曲线交点的判断方式。具体包括 "最短的3D距离" "相对于WCS" "沿一矢量方向" 以及 "沿屏幕垂直方向" 4种方式。

◆ "关联": 若勾选该复选框, 则修剪后的曲线与原曲线具有关联性, 若改变原曲线的参数, 则修剪后的曲线与边界之间的关系自动更新。

◆ "输入曲线": 该选项用于控制修剪后的原曲线保留的方式。共包括 "保持" "隐藏" "删除" 和 "替换" 4种保留方式。

◆ "曲线延伸段": 如果要修剪的曲线是样条曲线并且需要延伸到边界, 则利用该选项设置其延伸方式。包括 "自认" "线性" "圆形" 和 "无" 4种方式。

◆ "修剪边界对象": 若勾选该复选框, 则在对修剪对象进行修剪的同时, 边界对象也被修剪。

◆ "保持选定边界对象": 勾选该复选框, 单击 "应用" 按钮后使边界对象保持被选取状态, 此时如果使用与原来相同的边界对象修剪其他曲线, 不用再次选择。

◆ "自动选择递进": 勾选该复选框, 系统按选择步骤自动进行下一步操作。

下面以图3-9所示的图形对象为例，详细介绍其操作方法。选取轮廓线为修剪对象，线段A为第一边界对象，线段B为第二边界对象。接受系统默认的其他设置，最后单击"确定"按钮即可。

图3-8 "修剪曲线"对话框

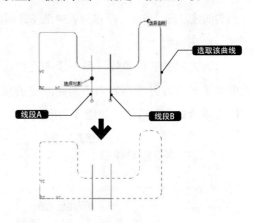

图3-9 修剪曲线操作示意

> **提示**
>
> 在利用"修剪曲线"工具修剪曲线时，选择边界线的顺序不同，修剪结果也不同。

》修剪拐角

修剪拐角主要用于修剪两不平行曲线，在其交点处形成拐角，包括已相交的或将来相交的两曲线。选择"曲线"→"更多"按钮，在弹出的下拉菜单中选择"编辑曲线"→"修剪拐角"选项。在打开的"修剪拐角"对话框中会提示用户选择要修剪的拐角。在修剪拐角时，若移动鼠标使选择球同时选中欲修剪的两曲线，且选择球中心位于欲修剪的角部位，单击鼠标左键确认，两曲线的选择拐角部分会被修剪；若选择的曲线中包含样条曲线，系统会弹出警告信息，提示该操作将删除样条曲线的定义数据，需要用户给与确认。修剪拐角操作示意如图3-10所示。

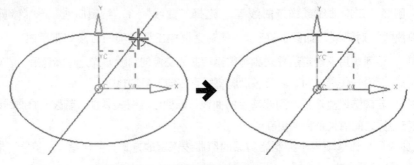

图 3-10 修剪拐角操作示意

> **提示**
>
> 修剪特征曲线时，软件会发出警告，提示高亮显示的曲线的创建参数将被移除。单击"是"继续修剪操作，或者单击"否"取消修剪操作。

3.1.2 〉绘制步骤

01 绘制碗底圆。在建模环境中选择 "主页" → "草图" 按钮 ，进入草图环境后，以坐标原点为圆心，绘制Φ60的圆；然后单击按钮 完成草图 ，回到建模环境，如图 3-11 所示。

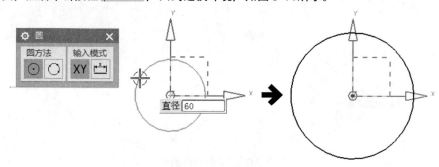

图 3-11 绘制碗底圆

02 绘制中间定位曲线。在建模环境中选择 "主页" → "特征" → "基准平面" 按钮 ，在工作区中选择XC-YC平面，创建向ZC方向偏置20的平面，如图 3-12所示。

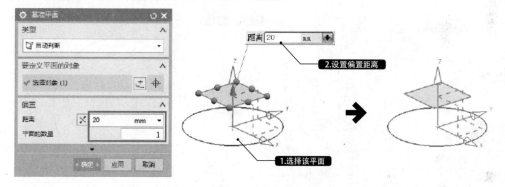

图 3-12 创建向ZC方向偏置20的平面

03 绘制中间定位圆。在草图环境中选择"主页" → "直接草图" → "圆"按钮 ，以坐标原点为圆心，绘制Φ40的圆，并将其三等分，如图 3-13所示。

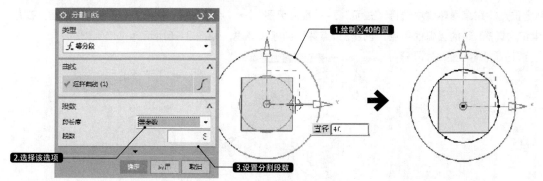

图 3-13 绘制Φ40的圆并三等分

04 绘制中间外轮廓圆。在草图环境中选择 "主页" → "直接草图" → "圆"按钮 ，分别以分割点为圆心绘制3个Φ108的圆，如图 3-14所示。

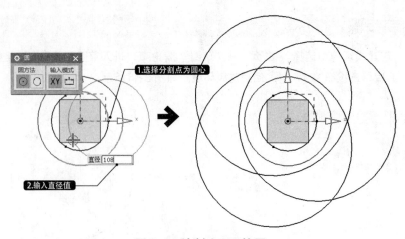

图 3-14 绘制Φ108的圆

05 绘制相切轮廓。在草图环境中选择"主页"→"直接草图"→"圆"按钮◯，在对话框中单击"三点定圆"按钮◯，在草图平面中选中相邻的两个Φ108的圆，绘制Φ326的相切圆，并对其进行修剪，如图3-15所示。

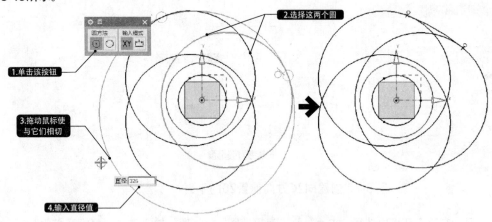

图 3-15 绘制Φ326的圆并对其进行修剪

06 绘制定位点。在草图环境中选择"主页"→"直接草图"→"点"按钮✛，打开"点"对话框。在草图平面中依次选择R54的圆弧的中点，创建3个点并返回建模环境，如图3-16所示。

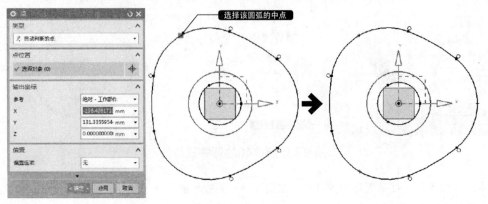

图 3-16 创建定位点

07 绘制碗口曲线。在建模界面中选择XC-YC平面，创建向ZC方向偏置50的基准平面，以此平面为草绘平面绘制Φ125的圆，并将其三等分，如图3-17所示。

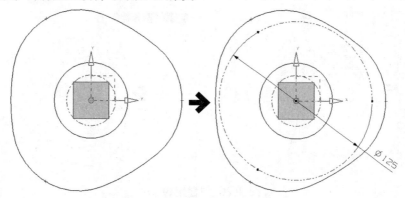

图 3-17 绘制Φ125的圆并三等分

08 绘制碗口外轮廓圆。在草图环境中选择"主页"→"直接草图"→"圆"按钮 ◯，分别以分割点为圆心绘制3个Φ80的圆，如图3-18所示。

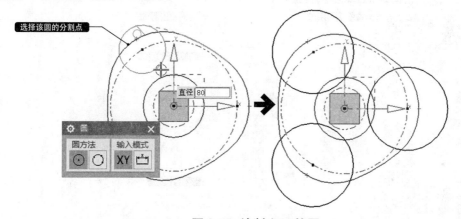

图 3-18 绘制Φ80的圆

09 绘制圆弧轮廓。在草图环境中选择"主页"→"直接草图"→"圆弧"按钮 ◣，在对话框中选择"三点定圆弧"按钮 ◢，选择相邻的两个Φ80的圆，绘制3个R180的圆弧，如图3-19所示。

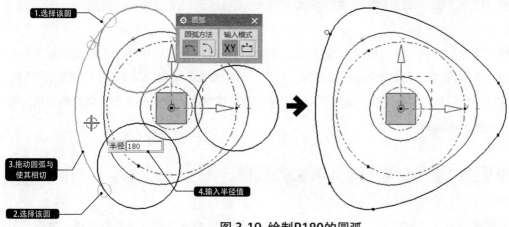

图 3-19 绘制R180的圆弧

10 创建定位点。在草图环境中选择"主页"→"直接草图"→"点"按钮➕，打开"点"对话框，在草图平面中依次选择R40的圆弧的中点，创建3个点并返回建模环境，如图 3-20所示。

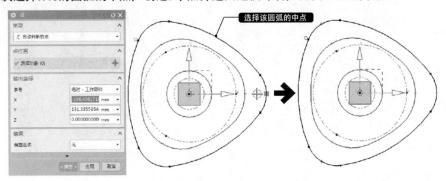

图 3-20 创建定位点

11 连接碗面曲线。在建模环境中选择"曲线"→"曲线"→"圆弧/圆"选项，在对话框"类型"下拉列表中选择"三点画圆弧"选项，选择工作区中三个曲线的分割点和创建的点，依次创建3个连接圆弧，如图 3-21所示。至此，时尚碗曲面线框绘制完成。

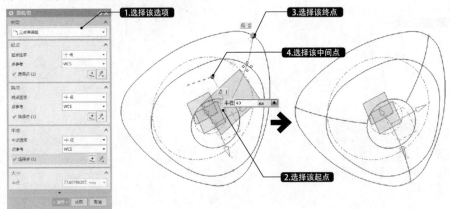

图 3-21 创建连接圆弧

3.1.3 》扩展实例：绘制香水瓶曲面线框

最终文件：素材\第3章\ch3-example1-1.prt

本实例绘制香水瓶曲面线框，如图3-22所示。该香水瓶由瓶体和瓶盖组成，本例绘制瓶体的曲面线框。在绘制本实例时，可以先绘制瓶口的圆，利用"分割曲线"工具将其4等分；然后以YC-ZC平面为草绘平面，绘制两侧的曲面线；最后以XC-ZC平面为草绘平面，绘制瓶子正反面的曲面线，即可绘制出香水瓶的曲面线框。

3.1.4 》扩展实例：绘制无绳电话机壳线框

最终文件：素材\第3章\ch3-example1-2.prt

本实例绘制无绳电话机壳线框，如图3-23所示。该无绳电话机壳由机身和机座组成，本例绘机身上半部曲面线框，下半身可以通过镜像获得。在绘制本实例时，可以先绘制机身中间的椭圆，利用"分割曲线"工具将其4等分。然后以YC-ZC平面为草绘平面，绘制两侧的曲面线，最后以XC-ZC平面为草绘平面，绘制机身正反面的曲面线，即可绘制出无绳电话机壳的曲面线框。

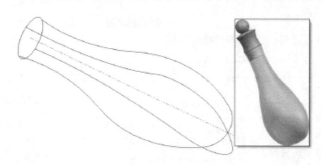

图3-22 香水瓶曲面线框

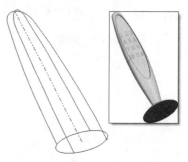

图3-23 无绳电话机壳曲面线框

3.2 绘制轴承座线框

最终文件：素材\第3章\3.2轴承座线框.prt
视频文件：视频教程\第3章\3.2绘制轴承座线框.avi

本例绘制轴承座线框，如图3-24所示。该轴承座线框由轴孔板和螺栓板组成。在绘制本例时，可以先利用"圆""圆弧"和"直线"工具绘制轴孔板上表面的线框，再通过"镜像曲线"工具向下镜像下表面的线框；然后绘制螺栓板下表面的线框，利用"偏置曲线"工具偏置螺栓孔和圆弧；最后利用"直线"工具连接各连接线和圆的象限点，即可绘制出轴承座线框。

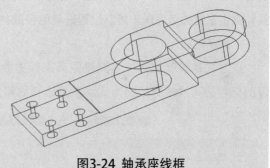

图3-24 轴承座线框

3.2.1 相关知识点

1. 偏置曲线

偏置曲线指生成原曲线的偏移曲线。偏置曲线可以是直线、圆弧、艺术样条曲线和边界线等特征，按照特征原有的方向，向内或向外偏置指定的距离而创建曲线。可选择的偏置对象包括共面或共空间的各类曲线和实体边，但主要用于对共面曲线（开口或闭口的）进行偏置。

选择"曲线"→"派生的曲线"→"偏置曲线"选项 🖹，或者选择菜单按钮中的"插入"→"派生的曲线"→"偏置"选项，打开"偏置曲线"对话框，如图 3-25所示。在对话框中包含如下4种偏置曲线的方式。

》距离

该方式是按指定的偏置距离来偏置曲线。选择该选项，然后在"距离"和"副本数"文本框中分别输入偏移距离和产生偏移曲线的数量，选择要偏移的曲线并指定偏置矢量方向，最后设定好其他参数并单击"确定"按钮即可，如图 3-26 所示。

图 3-25 "偏置曲线"对话框

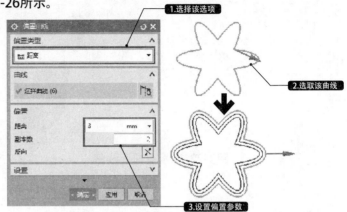

图 3-26 利用"距离"偏置曲线

》拔模

该方式是将曲线按指定的拔模角度偏移到与曲线所在平面相距拔模高度的平面上。拔模高度为原曲线所在平面和偏移后所在平面的距离，拔模角度为偏移方向与原曲线所在平面的法线的夹角。选择该选项，然后在"高度"和"角度"文本框中分别输入拔模高度和拔模角度，选择要偏移的曲线并指定偏置矢量方向，最后设置好其他参数并单击"确定"按钮即可，如图 3-27 所示。

》规律控制

该方式是按照规律控制偏移距离来偏置曲线。选择该选项，从"规律类型"列表框中选择相应的偏移距离的规律控制方式，然后选择要偏置的曲线并指定偏置的矢量方向即可，如图 3-28 所示。

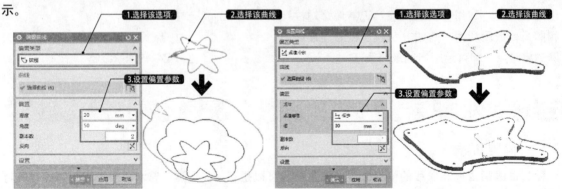

图 3-27 利用"拔模"偏置曲线　　　　　图 3-28 利用"规律控制"偏置曲线

》3D轴向

该方式是以轴矢量为偏置方向偏置曲线。选择该选项，然后选择要偏置的曲线并指定偏置矢量方向，在"距离"文本框中输入需要偏置的距离，最后单击"确定"按钮，即可生成相应的偏置曲线，如图 3-29 所示。

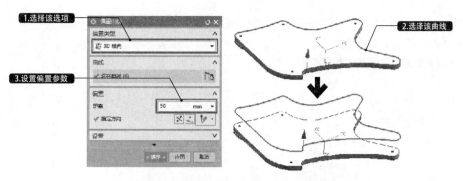

图 3-29 利用 "3D轴向" 偏置曲线

2. 镜像曲线

镜像曲线可以通过基准平面或平面复制关联或非关联的曲线和边。可镜像的曲线包括任何封闭或非封闭的曲线，选择的镜像平面可以是基准平面、平面或实体的表面等类型。选择 "曲线" → "镜像曲线" 选项 ，打开 "镜像曲线" 对话框，然后选择要镜像的曲线并选择基准平面即可，如图3-30所示。

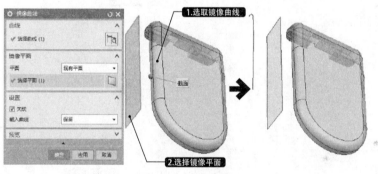

图3-30 镜像曲线

3.2.2 绘制步骤

1. 绘制轴孔板上表面

01 选择 "曲线" → "圆弧/圆" 选项，打开 "圆弧/圆" 对话框。在工作区中选择坐标中心为圆心，绘制R40的圆，如图3-31所示。

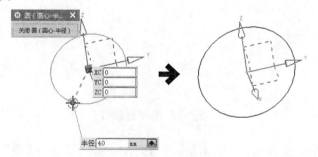

图3-31 绘制R40的圆

02 选择"曲线"→"曲线"→"点"选项，打开"点"对话框，在工作区中绘制点（0，0，-65）和（0，0，65）两点，如图3-32所示。

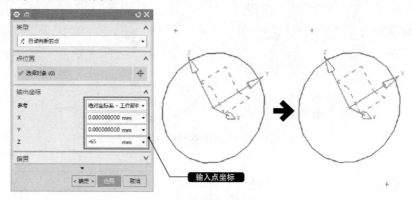

图3-32 绘制两点

03 选择"曲线"→"圆弧/圆"选项，在"类型"下拉列表中选择"三点画圆弧"选项，在工作区中选择步骤 **02** 所创建的点为起点和终点，绘制R65的圆弧，如图3-33所示。

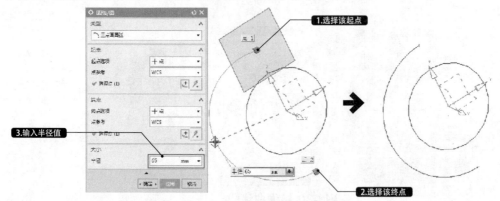

图3-33 绘制R65的圆弧

04 选择"曲线"→"直线"选项，打开"直线"对话框。在工作区中绘制如图3-34所示的直线。

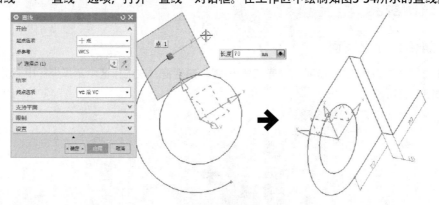

图3-34 绘制直线

05 选择"曲线"→"圆弧/圆"选项，在"类型"下拉列表中选择"三点画圆弧"选项，在工作区中绘制R65的圆弧，如图3-35所示。

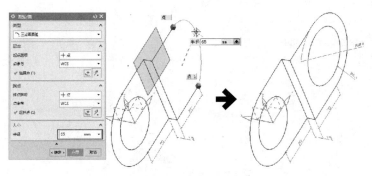

图3-35 绘制R65圆弧

2. 绘制轴孔板下表面轮廓

01 选择"曲线"→"特征"→"基准平面"选项▢，在工作区选择YC-ZC平面，创建向XC方向偏置-36的平面，如图3-36所示。

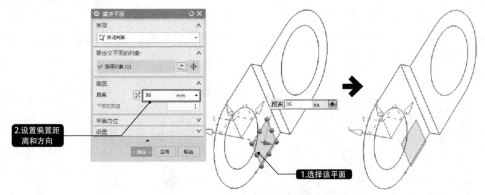

图3-36 创建平面

02 选择"曲线"→"派生的曲线"→"镜像曲线"选项，在工作区中选择要镜像的曲线，选择步骤**01**所创建的平面为镜像平面，如图3-37所示。

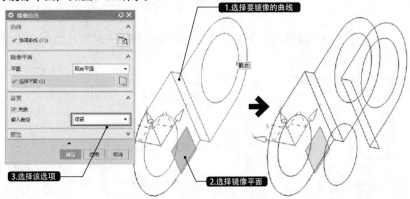

图3-37 镜像曲线

3. 绘制螺栓板下表面

01 选择"曲线"→"曲线"→"直线"选项，打开"直线"对话框。在工作区中绘制如图3-38所示的直线。

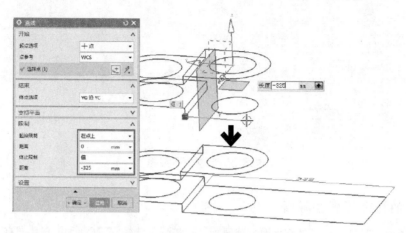

图3-38 绘制直线

02 选择"曲线"→"曲线"→"点"选项，打开"点"对话框，在工作区中创建（-72，-225，40）、（-72，-225，-40）、（-72，-165，40）和（-72，-165，-40）4个点，作为螺旋孔中心，如图3-39所示。

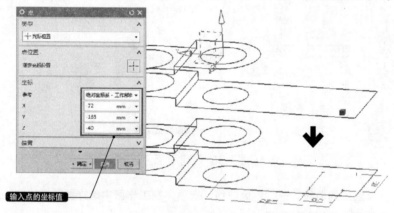

输入点的坐标值

图3-39 创建螺栓孔中心

03 选择"曲线"→"曲线"→"圆弧/圆"选项，在工作区中选择上一部创建的4个螺栓孔中心为圆心，绘制4个Φ13的圆，如图3-40所示。

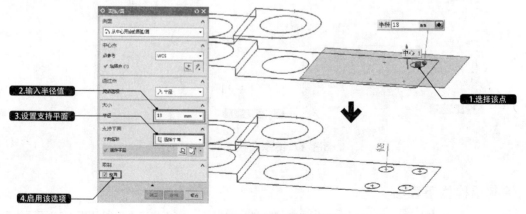

2.输入半径值

3.设置支持平面

4.启用该选项

1.选择该点

图3-40 绘制Φ13的圆

4. 绘制螺栓板立体轮廓

01 选择"曲线"→"曲线"→"直线"选项，打开"直线"对话框。在工作区中绘制如图3-41所示的直线。

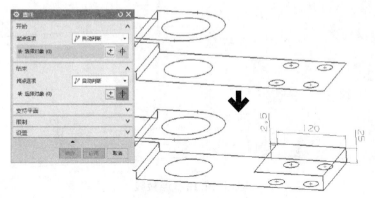

图3-41 绘制直线

02 选择菜单按钮中的"编辑"→"移动对象"选项，在对话框"运动"下拉列表中选择"距离"选项，选择工作区中的螺栓孔，向上偏移25，如图3-42所示。

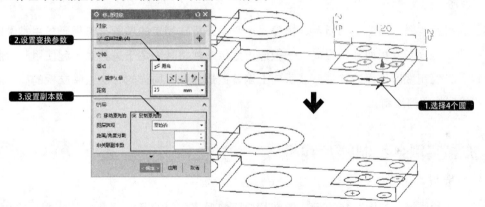

图3-42 移动螺栓孔

03 选择"曲线"→"派生的曲线"→"偏置曲线"选项，在对话框"类型"下拉列表中选择"3D轴向"选项，选择工作区选中R65的圆弧，向下偏移49.5，如图3-43所示。

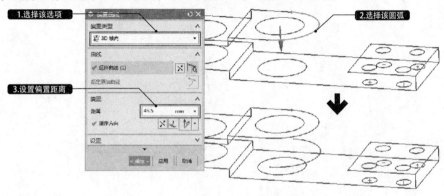

图3-43 偏置曲线

04 选择"曲线"→"曲线"→"直线"选项,在工作区中连接上、下表面各直线端点和圆的象限点,如图3-44所示。

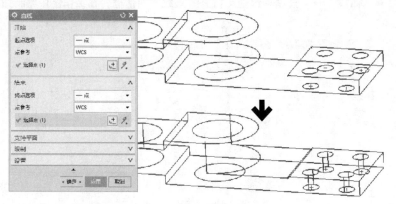

图3-44 绘制连接线

3.2.3 ➤ 扩展实例:绘制机座线框

最终文件:素材\第3章\ch3-example2-1.prt

本实例绘制机座线框,如图3-45所示。机座是一种用于机床固定的装置,常用于备用零件的固定和支撑,主要由底座和立板两部分组成,一般通过定位螺栓将其固定于夹具上一起使用。绘制本实例时,可以首先绘制底座下面的轮廓,然后向上偏置,最后按照同样的方法绘制立板的前、后轮廓,即可完成机座线框的绘制。

3.2.4 ➤ 扩展实例:绘制挡片线框

最终文件:素材\第3章\ch3-example2-2.prt

本实例绘制挡片线框,如图3-46所示。该挡片由两块形状相似的薄板垂直相交而成。由于挡片的轮廓比较复杂,可以首先在草图中绘制一个薄板的轮廓,然后通过"偏置曲线"或"移动对象"工具将其偏移,最后在与其垂直的平面中绘制另一薄板的轮廓,按照同样的方法偏移,即可完成挡片线框的绘制。

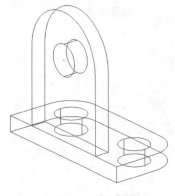

图3-45 机座线框

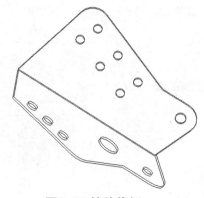

图3-46 挡片线框

第**4**章

机械
零件设计

机械零件按照其功能可以分为以下几类：连接件、紧固件、密封件、弹簧类零件、轴类零件、轴承类零件、盘类零件、叉架零件和箱体类零件。这些零件不管多么复杂，不外乎都是由孔、筋、槽、柱、环和壳等这些通用的特征组成。创建方法一般是先利用"拉伸""旋转"等工具创建零件的大体形状，然后在零件上添加"凸台""孔""筋"和"槽"等特征。

本章通过 8 个经典的零件实例，由浅入深地介绍 UG NX12.0 创建零件实体造型的方法，以及各类常见零件结构的分析。

4.1 创建定位架实体

最终文件：素材\第4章\4.1定位架实体.prt

视频文件：视频教程\第4章\4.1创建定位架实体.avi

本实例将创建一个如图4-1所示的定位架实体。对该定位架进行形体分析可知，该定位架主要由圆柱体、长方体通过叠加和切割而成。结合UG NX12.0的实体建模方法，可以将该定位架分为由轴孔架和螺栓块两部分组成。创建该实例时，可以先利用"拉伸"工具创建轴孔架的拉伸体；然后创建出螺栓块的基本拉伸体形状，再利用剪切的拉伸方式切割出螺栓块外端的圆角；最后利用"孔"工具创建出两端的孔，即可完成该定位架实体的创建。

图4-1 定位架实体

4.1.1 相关知识点

1. 创建拉伸体

拉伸特征是将拉伸对象沿所指定的矢量方向拉伸到某一指定位置所形成的实体，该拉伸对象可以是草图、曲线等二维几何元素。选择"主页"→"特征"→"拉伸"选项 🔲，在打开的"拉伸"对话框中可以进行"曲线"和"草图截面"两种拉伸方式的操作。

当选择"曲线"拉伸方式时，必须存在已经在草图中绘制出的拉伸对象，对其直接进行拉伸即可，并且所生成的实体不是参数化的数字模型，在对其进行修改时，只可以修改拉伸参数，而无法修改截面参数。如图4-2所示，选择工作区现有的曲线作为拉伸对象并指定拉伸方向，然后设置拉伸参数，即可创建拉伸实体。

当使用"草图截面曲线"方式进行实体拉伸时，系统将进入草绘环境，根据需要创建完成草图后切换至拉伸操作，此时即可进行相应的拉伸操作，并且利用该拉伸方法创建的实体模型是具有参数化的数字模型，不仅可以修改其拉伸参数，还可以对其截面参数进行修改。

图4-2 创建拉伸实体

》定义拉伸限制方式

在"拉伸"对话框的"限制"选项组中可以选择"开始"下拉列表中的选项，设置拉伸方式。其各选项的含义介绍如下。

◆ 值：特征将从草绘平面开始单侧拉伸，并通过所输入的距离定义拉伸时的高度。

◆ 对称值：特征将从草绘平面向两侧均匀拉伸。

◆ 直至下一个：特征将从草绘平面拉伸至曲面参照。

◆ 直至选定对象：特征将从草绘平面拉伸至所选的参照对象。

◆ 直到被延伸：特征将从参照对象拉伸到延伸一段距离。

◆ 贯通：特征将从草绘平面并参照拉伸时的矢量方向穿过所有曲面参照。

》定义拉伸拔模方式

在"拉伸"对话框的"拔模"选项组中可以设置拉伸特征的拔模方式，该选项组只有在创建实体特征时才会被激活，其各选项的含义介绍如下。

◆ 从起始限制：特征以起始平面作为拔模时的固定平面参照，向模型内侧或外侧进行偏置。

◆ 从截面：特征以草绘截面作为固定平面参照，向模型内侧或外侧进行偏置。

◆ 从截面-不对称角：特征以草绘截面作为固定平面参照，向模型内侧或外侧进行偏置。

◆ 从截面-对称角：特征以草绘截面作为固定平面参照，并可以分别定义拉伸时两侧的偏置量。

◆ 从截面匹配的终止处：特征以草绘截面作为固定平面参照，且偏置特征的终止处与截面相匹配。

2. 创建简单孔

在菜单按钮中选择"插入"→"设计特征"→"孔"选项，打开"孔"对话框。该对话框通过指定孔表面的中心点，并指定孔的生成方向，然后设置孔的参数，即可完成孔的创建。选择"成形"下拉列表中的"简单孔"选项，并选择连杆一端圆柱的端面中心为孔的中心点，指定孔的生成方向为垂直于圆柱端面，然后设置孔的参数，"布尔"运算为"减去"，即可创建简单孔，如图4-3所示。

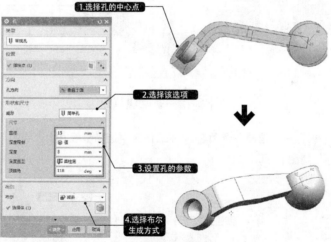

图4-3 创建简单孔

4.1.2 》创建步骤

1. 创建轴孔架拉伸体

01 选择"主页"→"草图"选项 ▣，打开"创建草图"对话框。在工作区中选择XC-ZC平面为草图平面，绘制如图4-4所示的草图。

02 选择"主页"→"特征"→"拉伸"选项 ▦，在工作区中选择步骤 **01** 绘制的草图为截面曲面，选择拉伸"方向"为-YC方向，设置拉伸"距离"为52，如图4-5所示。

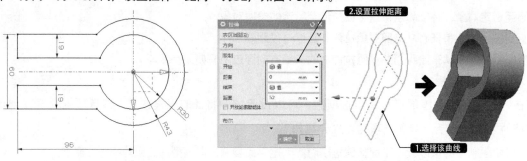

图4-4 绘制轴孔架草图　　　　　　　图4-5 创建轴孔架拉伸体

2. 创建螺栓块拉伸体

01 选择"主页"→"草图"选项⬚，打开"创建草图"对话框。在工作区中选择XC-ZC平面为草图平面，绘制如图4-6所示的螺栓块草图。

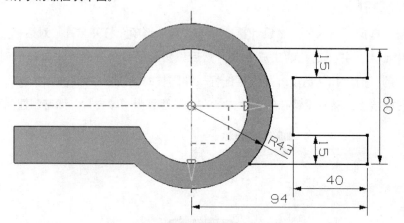

图4-6 绘制螺栓块草图

02 选择"主页"→"特征"→"拉伸"选项⬚，在工作区中选择步骤**01**绘制的平面为截面曲线，向-YC方向拉伸"距离"为34，如图4-7所示。

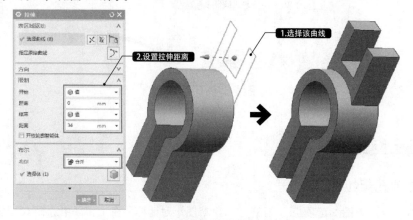

图4-7 创建螺栓块拉伸体

3. 创建螺栓块剪切圆角

01 选择"主页"→"草图"选项，打开"创建草图"对话框。在工作区中选择螺栓块侧面为草图平面，绘制如图4-8所示的剪切圆角草图。

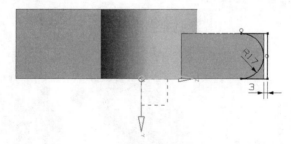

图4-8 绘制剪切圆角草图

02 选择"主页"→"特征"→"拉伸"选项，在工作区中选择步骤**01**绘制的平面为截面曲线，选择拉伸"方向"为XC，设置拉伸"距离"为-60，并设置"布尔"运算为"减去"，如图4-9所示。

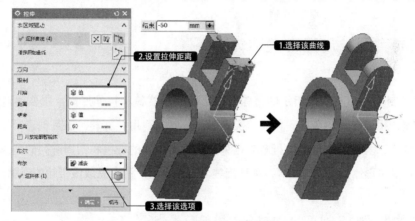

图4-9 创建剪切圆角

4. 创建孔

01 选择"主页"→"特征"→"孔"选项，打开"孔"对话框。在工作区中选择螺栓块的圆角圆心为中心，选择"成形"下拉列表中的"简单孔"选项，设置孔的直径和深度，如图4-10所示。

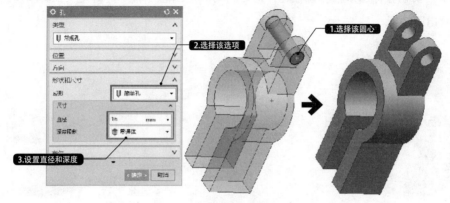

图4-10 创建简单孔

02 选择"主页"→"特征"→"孔"选项，单击"孔"对话框中的"草图"按钮，在草图中定位孔的中心点，完成草图返回"孔"对话框后，选择"成形"下拉列表中的"简单孔"选项，设置孔的直径和深度，如图4-11所示。在此，定位架实体创建完成。

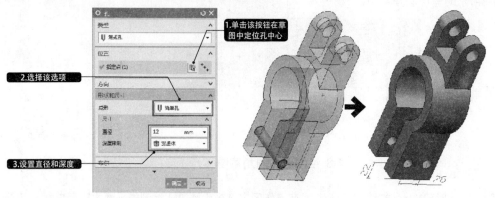

图4-11 创建简单孔

4.1.3 扩展实例：创建带轮实体

最终文件：素材\第4章\ch4-example1-1.prt

本实例将绘制一个如图4-12所示的带轮。该带轮通过旋转和拉伸形成，主要通过剪切拉伸和旋转形成中间的扇形槽和柱面的带槽。创建该实例时，可以先利用"旋转"工具创建带轮的基本形状；然后利用"拉伸"工具对基本形体执行减去运算，剪切出中间的键槽和圆周阵列的扇形槽；最后利用"旋转"工具对基本形体执行减去运算，剪切出柱面上的带槽，即可完成该带轮的创建。

4.1.4 扩展实例：创建固定杆实体

最终文件：素材\第4章\ch4-example1-2.prt

本实例将绘制一个如图4-13所示的固定杆。该固定杆由滑槽板、螺栓板和底板组成。创建该实例时，可以利用"拉伸"工具，首先分别创建出滑槽杆和螺栓杆的基本形状；然后对滑槽杆和螺栓杆执行减去运算，剪切拉伸出滑槽和螺栓孔；最后利用"边倒圆"和"倒斜角"工具创建出圆角和斜角，即可创建出固定杆。

图4-12 带轮

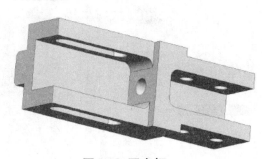

图4-13 固定杆

4.2 创建夹紧座实体

最终文件：素材\第4章\4.2夹紧座实体.prt
视频文件：视频教程\第4章\4.2创建夹紧座实体.avi

本实例将创建一个如图4-14所示的夹紧座实体。该夹紧座由底板、座体、螺孔和槽等结构组成。在创建本实例时，可以先利用"拉伸"工具创建出夹紧座的基本形状，然后利用"孔""螺纹"等工具创建出座体上的沉头孔，最后利用"边倒圆"工具创建出连接处的圆角，即可创建出该夹紧座的实体。

图4-14 夹紧座实体

4.2.1 相关知识点

1. 线性阵列布局

选择"主页"→"特征"→"阵列特征"选项 ，在打开的"阵列特征"对话框中提供了7种布局的方式。其中"线性"阵列方式用于以线性阵列的形式来复制所选的实体特征，可以使阵列后的特征成线性布局排列。选择"布局"下拉列表中的"线性"选项，选择要布局的特征，在设置完布局的阵列参数后，即可对所选特征进行线性阵列。图4-15所示为选择孔特征为阵列的对象，并设置线性阵列参数后所创建的线性阵列特征。

2. 创建边倒圆

边倒圆为常用的倒圆类型，它是用指定的倒圆半径将实体的边缘变成圆柱面或圆锥面，既可以对实体边缘进行恒定半径的倒圆，也可以对实体边缘进行可变半径的倒圆。选择"主页"→"特征"→"边倒圆"选项 ，在打开的"边倒圆"对话框中提供了以下4种创建边倒圆的方式。

» 固定半径倒圆

该方式指沿选择实体或片体进行倒圆，使倒圆相切于选择边的邻接面。直接选择要倒圆的边，并设置倒圆的半径，即可创建指定半径的倒圆，如图4-16所示。

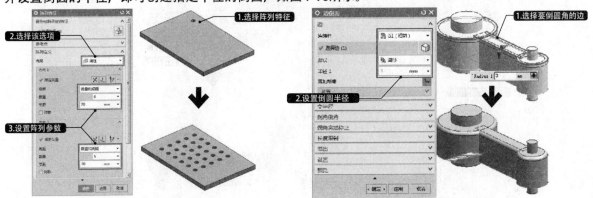

图4-15 创建线性阵列特征　　　　　图4-16 固定半径倒圆角

在用固定半径倒圆时，对同一倒圆半径的边尽量同时进行倒圆操作，而且尽量不要同时选择一个顶点的凸边或凹边进行倒圆操作。对多个片体进行倒圆时，必须先把多个片体利用缝合操作使之成为一个片体。

》可变半径点

该方式可以通过修改控制点处的半径，从而实现沿选择边指定多个点，设置不同的半径参数，对实体或片体进行倒圆。创建可变半径的倒圆时，需要先选择要进行倒圆的边，然后在激活的"指定半径点"选项中利用"点构造器"工具指定该边上不同点的位置，并设置不同的参数值。图4-17所示为指定实体棱边上的多个点，并设置不同的圆角半径所创建的边半径倒圆特征。

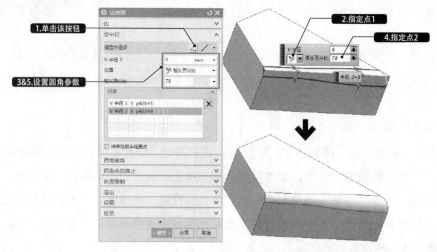

图4-17 可变半径倒圆

》拐角倒角

拐角倒角是在相邻3个面上的3条邻边线的交点处创建倒圆，它是从零件的拐角处去除材料创建而成的。创建该类倒圆时，需要选择具有交汇顶点的3条棱边，并设置倒圆的半径值，然后利用"点"工具选择交汇顶点，并设置拐角的位置参数，如图4-18所示。

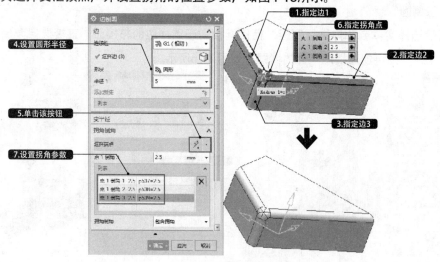

图4-18 拐角倒角倒圆

》拐角突然停止

利用该工具可通过指定点或距离的方式将之前创建的圆角截断。依次选择棱边线，并设置圆角半径值；然后指定棱边线的起始端，再选择"拐角突然停止"选项组中的"位置"选项，输入相应的参数确定拐角的终点位置，即可完成创建，如图4-19所示。

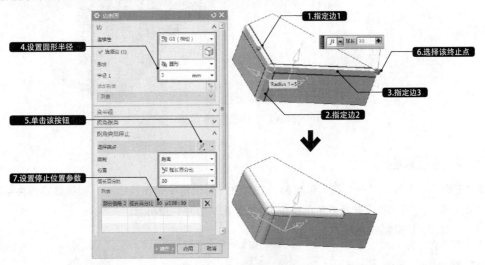

图4-19 拐角突然停止效果

4.2.2 》创建步骤

1. 创建基本形状

01 选择"主页"→"特征"→"拉伸"选项 ，在"拉伸"对话框中单击按钮 ，选择XC-YC平面为草图平面，绘制如图4-20所示矩形后返回"拉伸"对话框。设置"限制"选项组中"开始"和"结束"的"距离"为0和12，单击"确定"按钮，便完成拉伸操作，如图4-20所示。

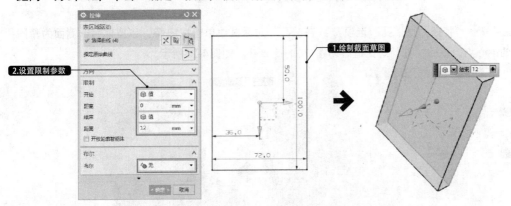

图4-20 创建底板拉伸实体

02 选择"主页"→"特征"→"拉伸"选项 ，在"拉伸"对话框中单击按钮 ，选择YC-ZC平面为草图平面，绘制图4-21所示的草图返回"拉伸"对话框，设置"限制"选项组中"开始"和"结束"的"距离"为28和−28，"布尔"运算选择"合并"，单击"确定"按钮，完成拉伸操作，如图4-21所示。

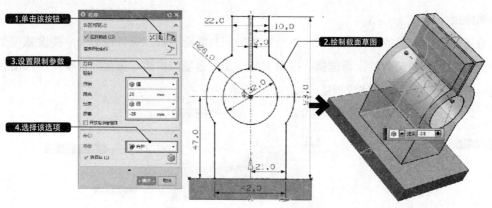

图4-21 创建座体实体

2. 创建夹紧螺孔

01 选择"主页"→"特征"→"孔"选项，在"孔"对话框中单击按钮，以座体侧面为草图平面，绘制孔的中心点，返回"孔"对话框后创建Φ7的简单孔，如图4-22所示。

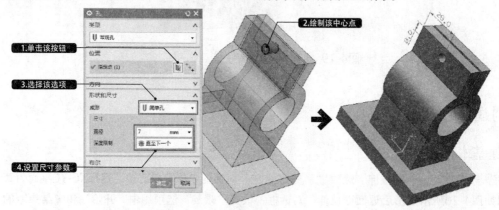

图4-22 创建简单孔1

02 选择"主页"→"特征"→"孔"选项，在"孔"对话框中单击按钮，以座体另一侧面为草图平面，绘制孔的中心点，返回"孔"对话框后创建Φ6的简单孔，如图4-23所示。

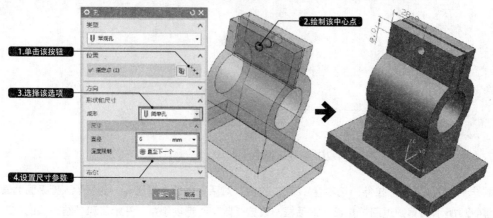

图4-23 创建简单孔2

03 选择"主页"→"特征"→"更多"→"螺纹"选项，在"螺纹切削"对话框中选择"符号"选项，然后在工作区中选择Φ6的孔，查阅相关机械手册，设置螺纹参数，或直接单击对话框下方的"从表中选择"按钮，在表格中选择合适的螺纹参数，单击"确定"按钮，即可完成螺纹的创建，如图4-24所示。

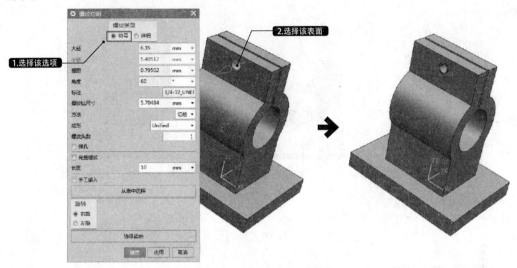

图4-24 创建螺纹

3. 创建底板螺孔

01 选择"主页"→"特征"→"孔"选项 🔘，在"孔"对话框中单击按钮 🔘，以底板上表面为草图平面，绘制孔的中心点，返回"孔"对话框后设置沉头孔尺寸参数，如图4-25所示。

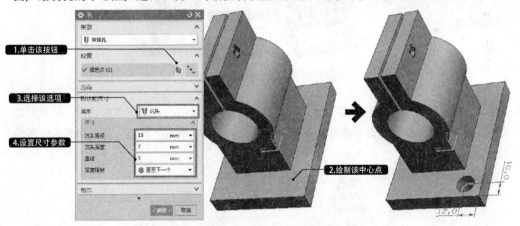

图4-25 创建沉头孔

02 选择"主页"→"特征"→"阵列特征"选项，在"阵列特征"的对话框中的布局下拉列表中选择"线性"选项，在工作区选择沉头孔，在"数量"与"节距"中输入参数，XC方向为80、YC方向为48、"数量"都为2，单击"确定"按钮，即可完成矩形阵列的操作，如图4-26所示。

4. 创建边倒圆

01 选择"主页"→"特征"→"边倒圆"选项 🔘，打开"边倒圆"对话框。在对话框中设置形状为"圆形"，"半径1"为8，在工作区中选择座体中间弧面和平面相交的边，单击"确定"按钮，即可完成边倒圆的创建，如图4-27所示。

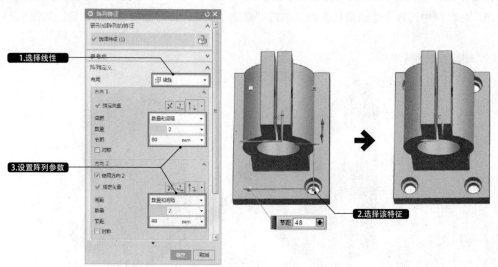

图4-26 矩形阵列沉头孔

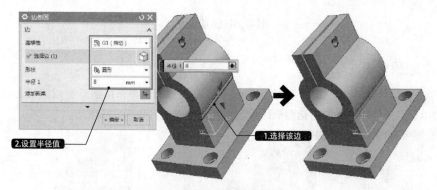

图4-27 创建边倒圆1

02 选择"主页"→"特征"→"边倒圆"选项 ▧，打开"边倒圆"对话框。在对话框中设置"形状"为"圆形"，"半径"为3，在工作区中选择座体和底板相交的边，单击"确定"按钮，即可完成边倒圆的创建，如图4-28所示。

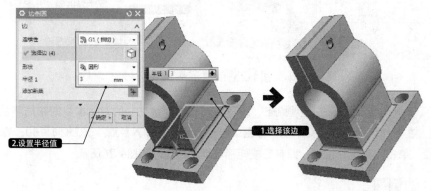

图4-28 创建边倒圆2

03 选择"主页"→"特征"→"边倒圆"选项 ，打开"边倒圆"对话框。在对话框中设置"形状"为
"圆形","半径1"为8,在工作区中选择底板的4个垂直棱边,单击"确定"按钮,即可完成边倒圆的
创建,如图4-29所示。夹紧座实体创建完成。

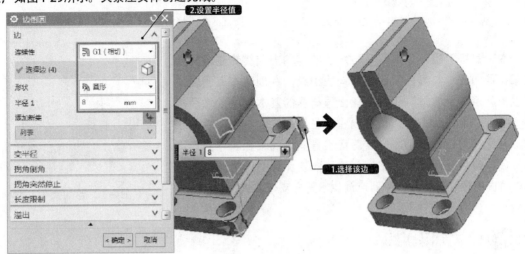

图4-29 创建边倒圆3

最终文件:素材\第4章\ch4-example2-1.prt

　　本实例将创建一个如图4-30所示的导轨座。该导轨座由底板、轴孔座、导轨座和定位块等组
成。在创建本实体时,可以先利用"拉伸""基准平面"等工具创建出导轨座的基本形状;然后
利用"拉伸""基准平面""矩形阵列""镜像特征"等工具创建出轴孔、螺栓孔和T型槽等特
征;最后利用"倒斜角"工具创建出轴孔和T型槽上端的倒角,即可创建出该导轨座的实体模型。

最终文件:素材\第4章\ch4-example2-2.prt

　　本实例将创建一个如图4-31所示的扇形曲柄。该扇形曲柄由轴孔座、连板、肋板和扇形块组
成。在创建本实例时,可以先利用"拉伸""基准平面""镜像特征"等工具创建出扇形曲柄的基
本形状;然后利用"基准平面""孔""螺纹"等工具创建出中间轴孔座上的孔;最后利用"边倒
圆""倒斜角"等工具创建出圆角和倒角,即可创建出该扇形曲柄的实体模型。

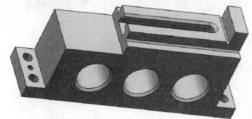

图4-30 导轨座

图4-31 扇形曲柄

4.3 创建导向支架实体

最终文件：素材\第4章\4.3导向支架实体.prt
视频文件：视频教程\第4章\4.3创建导向支架实体.avi

本实例将创建一个如图4-32所示的导向支架实体。该导向
支架由导向座、左导向块和右导向块组成。在创建本实例时，
可以先利用"长方体"工具创建出导向座的基本形状；然后利
用"拉伸"或"长方体"工具创建出左导向块和右导向块的基
本形状，并对它们分别减去，剪切出导向块的轴孔和导向座底
部的槽；最后利用"孔"工具创建导向块和导向座上的孔，并
创建导向座轴孔的倒斜角，即可创建出导向支架实体。

图4-32 导向支架实体

4.3.1 相关知识点

1. 创建长方体

利用该工具可直接在工作区创建长方体或正方体等一些具有规则形状特征的三维实体，并且其
各边的边长通过具体参数来确定。选择菜单按钮中的"插入"→"设计特征"→"长方体"选项 ,
在打开的"长方体"对话框中提供了以下3种创建长方体的方法。

>> 原点和边长

该方式先指定一点作为长方体的原点，并输入长方体的长、宽、高的数值，即可完成长方体的
创建。选择"类型"下拉列表中的"原点和边长"选项，并选择现有基准坐标系的基准点为长方体
的原点，然后输入长、宽、高的数值，即可完成创建，创如图4-33所示。

>> 两点和高度

该方式先指定长方体一个面上的两个对角点，并指定长方体的高度参数，即可完成长方体的创
建。选择"类型"下拉列表中的"两点和高度"选项，并选择现有长方体一个顶点为长方体的角
点，然后选择上表面一条棱边中心为另一对角点，并输入长方体的高度数值，即可完成该类长方体
的创建，如图4-34所示。

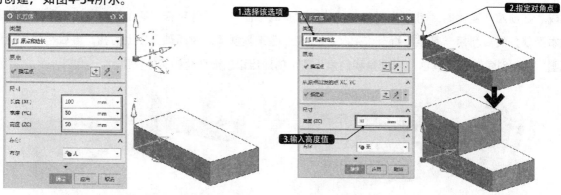

图4-33 利用"原点和边长"创建长方体　　　　图4-34 利用"两点和高度"创建长方体

≫ 两个对角点

该方式只需直接在工作区指定长方体的两个对角点，即处于不同长方体面上的两个对角点，即可创建所需的长方体。选择"类型"下拉列表中的"两个对角点"选项，并选择长方体的端点为一个对角点，然后选择另一个长方体边线的中点为另一对角点，如图4-35所示。

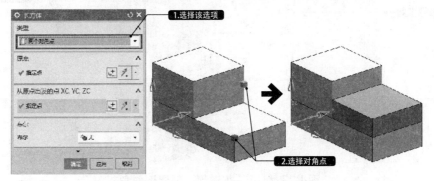

图4-35 利用"两个对角点"创建长方体

2. 创建倒斜角

倒斜角特征又称为倒角或去角特征，是处理模型周围棱角的方法之一。当产品的边缘过于尖锐时，为避免擦伤，需要对其边缘进行倒斜角操作。倒斜角的操作方法与倒圆极其相似，都是选择实体边并按照指定的尺寸进行倒角操作。选择"倒斜角"选项 ，在打开的"倒斜角"对话框中提供了3种创建倒斜角的方法，具体介绍如下。

≫ 对称

该方式是设置与倒角相邻的两个截面，成对偏置一定距离。它的斜角值是固定的45°，并且是系统默认的倒角方式。选择实体要倒斜角的边，然后选择"横截面"下拉列表中的"对称"选项，并设置倒角距离参数，即可创建对称截面倒斜角特征，如图4-36所示。

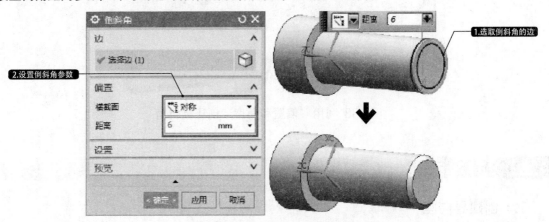

图4-36 利用"对称"创建倒斜角

≫ 非对称

该方式与对称倒角方式最大的不同是与倒角相邻的两个截面通过分别设置不同的偏置距离来创

建倒角特征。选择实体中要倒斜角的边，然后选择"横截面"下拉列表中的"非对称"选项，并在两个"距离"文本框中输入不同的距离参数，如图4-37所示。

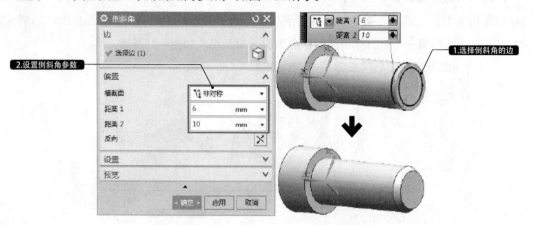

图4-37 利用"非对称"创建倒斜角

》偏置和角度

该方式是将倒角相邻的两个截面分别设置偏置距离和角度来创建倒角特征。其中偏置距离是沿偏置面偏置的距离，旋转的角度指与偏置面成的角度。选择实体中要倒斜角的边，然后选择"横截面"下拉列表中的"偏置和角度"选项，并分别输入距离和角度参数，如图4-38所示。

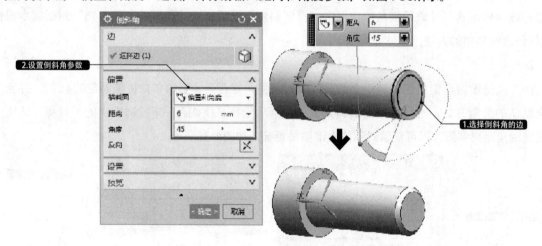

图4-38 利用"偏置和角度"创建倒斜角

4.3.2 》创建步骤

1. 创建导向座

01 选择菜单按钮中的"插入"→"设计特征"→"长方体"选项📦，打开"长方体"对话框。在工作区中创建长、宽、高分别为86、64、109的长方体，如图4-39所示。

02 选择"主页"→"草图"选项📝，打开"创建草图"对话框。在工作区中选择长方体前表面为草图平面，绘制如图4-40所示的底槽草图。

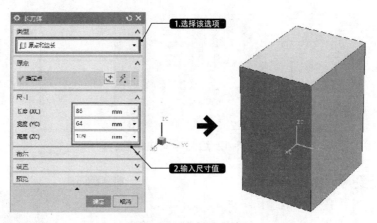

图4-39 创建长方体

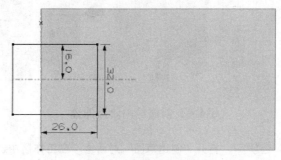

图4-40 绘制底槽草图

03 选择"主页"→"特征"→"拉伸"选项，在工作区中选择步骤 **02** 绘制的草图为截面曲线，选择拉伸方向为 - XC，设置拉伸"结束"为"直至选定"，设置"布尔"运算为"减去"，如图4-41所示。

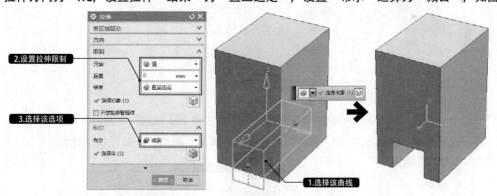

图4-41 创建底槽

2. 创建导向块

01 选择"主页"→"草图"选项，打开"创建草图"对话框。在工作区中选择长方体上表面为草图平面，绘制如图4-42所示的导向块草图。

02 选择"主页"→"特征"→"拉伸"选项，在工作区中选择步骤 **01** 绘制的草图为截面曲线，选择拉伸"方向"为ZC，设置拉伸"距离"为 - 64，并设置"布尔"运算为"合并"，如图4-43所示。

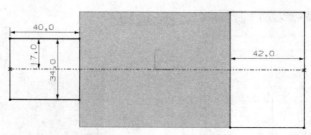

图4-42 绘制导向块草图

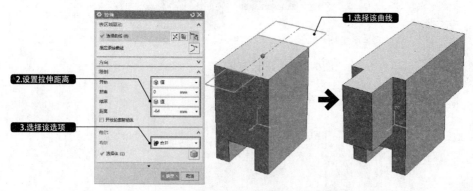

图4-43 创建导向块拉伸体

03 选择"主页"→"草图"选项▣，打开"创建草图"对话框。在工作区中选择长方体上表面为草图平面，绘制如图4-44所示的矩形草图。

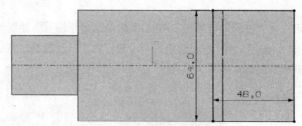

图4-44 绘制矩形草图

04 选择"主页"→"特征"→"拉伸"选项▥，在工作区中选择步骤 **03** 绘制的草图为截面曲线，选择拉伸"方向"为ZC，设置拉伸"距离"为-16，并设置"布尔"运算为"减去"，如图4-45所示。

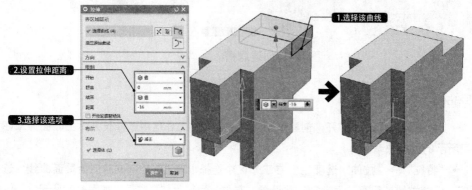

图4-45 创建剪切拉伸体

3. 创建轴孔

01 选择"主页"→"草图"选项 📷，打开"创建草图"对话框。在工作区中选择导向座的侧面为草图平面，绘制如图4-46所示的导向块轴孔草图。

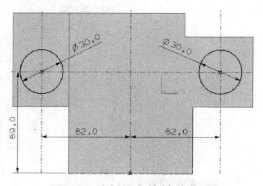

图4-46 绘制导向块轴孔草图

02 选择"主页"→"特征"→"拉伸"选项 📖，在工作区中选择步骤 **01** 绘制的草图为截面曲线，选择拉伸"方向"为ZC，设置拉伸"距离"为-64，并设置"布尔"运算为"减去"，如图4-47所示。

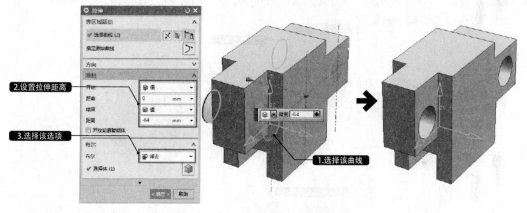

图4-47 创建轴孔

03 选择"主页"→"特征"→"孔"选项 🔩，打开"孔"对话框。在工作区中选择长方体上表面的中心，设置孔直径和深度，如图4-48所示。

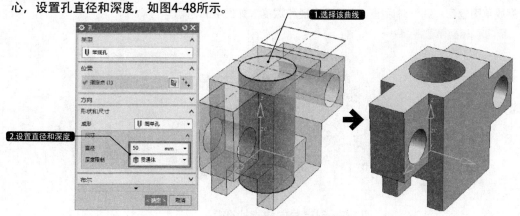

图4-48 创建导向座轴孔

4. 创建孔和倒角

01 选择"主页"→"特征"→"孔"选项 ，单击"孔"对话框中的"草图"按钮 ，在草图中定位孔的中心点，完成草图返回"孔"对话框。设置孔"直径"为8，"深度"为23，如图4-49所示。

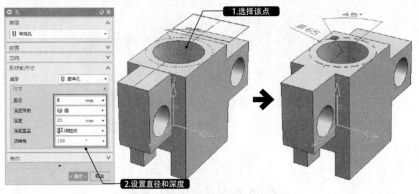

图4-49 创建导向座螺栓孔

02 选择"主页"→"特征"→"阵列特征"选项 ，选择"布局"中的"圆形"选项，在工作区中选择要阵列的孔，设置"数量"为4、"节距角"为90，选择轴孔中心轴为阵列中心轴，如图4-50所示。

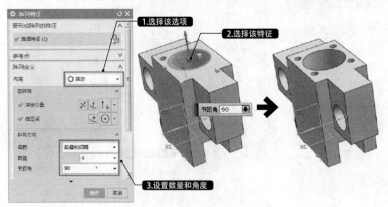

图4-50 创建圆形阵列

03 选择"主页"→"特征"→"孔" 选项，单击"孔"对话框中的"草图"按钮 ，在草图中定位孔的中心点，完成草图返回"孔"对话框。设置孔直径和深度，如图4-51所示。

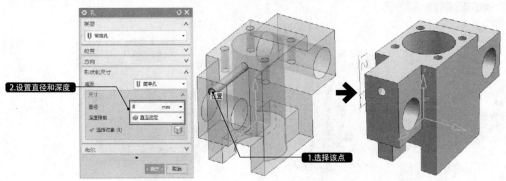

图4-51 创建导向块螺栓孔1

04 按照步骤 **03** 同样的方法，创建与顶面相距40的孔，如图4-52所示。

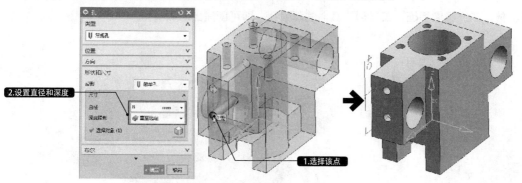

图4-52 创建导向块螺栓孔2

05 选择"主页"→"特征"→"倒斜角"选项 ，打开"倒斜角"对话框。选择"横截面"下拉列表中的"偏置和角度"选项，设置"距离"为2，"角度"为45，在工作区中选择轴孔上端的边，单击"确定"按钮，即可完成倒斜角的创建，如图4-53所示。

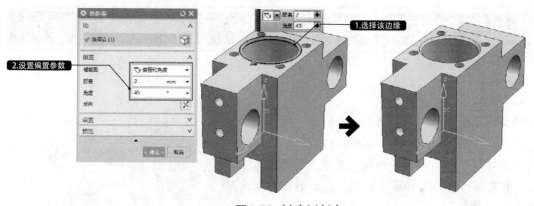

图4-53 创建倒斜角

4.3.3 扩展实例：创建阀座实体

最终文件：素材\第4章\ch4-example3-1.prt

本实例将创建一个如图4-54所示的阀座实体。该阀座由竖直阀身、垂直阀身和底板组成。在创建本实例时，可以先利用"长方体"或"拉伸"工具创建出阀座的基本形状；然后创建出阀身的基本形状，并利用"拉伸"工具分别对它们减去，剪切出阀身的大孔；最后利用"孔"工具创建出阀座和底板上的孔，即可创建出阀座实体。

4.3.4 扩展实例：创建盖板实体

最终文件：素材\第4章\ch4-example3-2.prt

本实例将创建一个如图4-55所示的盖板实体。该盖板由一个横向的拉伸体，通过纵向剪切拉伸出滑槽、孔等其他特征形成。在创建本实例时，可以先利用"拉伸"工具创建出底板的基本形状；然后通过纵向剪切拉伸，剪切出盖板轮廓的凸起和中间的滑槽；最后利用"孔"工具创建最左侧的一个孔，并利用"引用几何体"和"镜像特征"工具创建其他的阵列孔，即可创建出盖板实体。

图4-54 阀座实体

图4-55 盖板实体

4.4 创建斜支架实体

最终文件：素材\第4章\4.4斜支架实体.prt
视频文件：视频教程\第4章\4.4创建斜支架实体.avi

本实例将创建一个如图4-56所示的斜支实体型。该斜支架由一个L形底板、肋板和轴孔筒组成。在创建本实例时，可以先利用"拉伸"工具创建出L形底板和轴孔筒的基本形状；然后通过"拉伸""旋转"等工具创建中间的肋板；最后利用"孔"工具创建出底板和轴孔筒上的孔，并利用"镜像特征"工具创建其他的孔，即可创建出斜支架实体。

图4-56 斜支架实体

4.4.1 相关知识点

1. 创建沉头孔

沉头孔指将紧固件的头部完全沉入的阶梯孔。在菜单按钮中选择"插入"→"设计特征"→"孔"选项，打开"孔"对话框。选择"成形"下拉列表中的"沉头"选项，并选择连杆一端圆柱的端面中心为孔的中心点；指定孔的生成方向为垂直于圆柱端面，然后设置孔的参数；"布尔"运算为"减去"，即可创建沉头孔，如图4-57所示。

2. 创建螺纹

螺纹指在旋转实体表面上创建的沿螺旋线所形成的具有相同剖面的连续的凸起或凹槽特征。在圆柱体外表面上形成的螺纹称为外螺纹；在圆柱内表面上形成的螺纹称为内螺纹。内、外螺纹成对使用，可用于各种机械连接，传递运动和动力。选择"螺纹"选项 📃 ，在打开的"螺纹切削"对话框中提供了以下两种创建螺纹的方式。

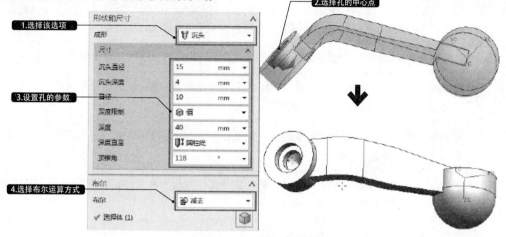

图4-57 创建沉头孔

>> 符号

该方式指在实体上以虚线来显示创建的螺纹，而不是显示真实的螺纹实体，在工程图中用于表示螺纹和标注螺纹。这种螺纹生成速度快，计算量小。

选择"螺纹类型"选项组中的"符号"单选按钮，并选择要创建螺纹的表面，"螺纹切削"对话框被激活；然后设置螺纹的参数和螺纹的旋转方向，接着单击"选择起始"按钮，并选择生成螺纹的起始平面；最后指定螺纹生成的方向，即可创建符号螺纹特征如图4-58所示。

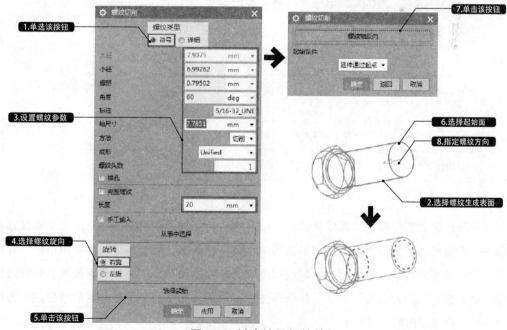

图4-58 创建符号螺纹特征

在"螺纹切削"对话框中包含多个文本框、复选框和单选按钮，这些选项的含义见表4-1。

表4-1 "螺纹切削"对话框各选项的含义

选项和选项	含 义
大径	用于设置螺纹的最大直径。默认值根据所选圆柱面直径和内外螺纹的形式查找螺纹参数表获得
小径	用于设置螺纹的最小直径。默认值根据所选圆柱面直径和内外螺纹的形式查找螺纹参数表获得
螺距	用于设置螺距，其默认值根据选择的圆柱面，查找螺纹参数表获得。对于符号螺纹，当不选择"手工输入"选项时，螺距的值不能修改
角度	用于设置螺纹牙型角，其默认值为螺纹的标准角度60°。对于符号螺纹，当不选择"手工输入"选项时，角度的值不能修改
标注	用于螺纹标记，其默认值根据选择的圆柱面，查找螺纹参数表取得，如M10×0.75。当选择"手工输入"选项时，该文本框不能修改
轴尺寸	用于设置外螺纹轴的尺寸或内螺纹的钻孔尺寸
方法	用于指定螺纹的加工方法。其中包含切削、滚螺纹、磨螺纹、铣螺纹4个选项
成形	用于指定螺纹的标准。其中包含同一螺纹、公制螺纹、梯形螺纹和英制螺纹等11种标准。当选择"手工输入"选项时，该选项不能更改
螺纹头数	用于设置螺纹的头数，即创建单头螺纹还是多头螺纹
锥孔	用于设置螺纹是否为锥孔螺纹
完整螺纹	启用该复选框，则在整个圆柱上创建螺纹，螺纹伴随圆柱面的改变而改变
长度	用于设置螺纹的长度
手工输入	用于设置是从手工输入螺纹的基本参数还是从螺纹列表框中选取螺纹
从表中选择	单击该按钮，打开新的"螺纹切削"对话框，提示用户通过从螺纹列表框中选择适合的螺纹规格
旋转	用于设置螺纹的旋转方向，其中包含"右手"和"左旋"两个选项
选择起始	用于指定一个实体平面或基准平面作为创建螺纹的起始位置

》详细

该方式用于创建真实的螺纹，可以将螺纹的所有细节特征都表现出来。但是，由于螺纹几何形状的复杂性，使该操作计算量大，创建和更新的速度较慢。选择"螺纹类型"选项组中的"详细"单选按钮，并选择要创建螺纹的表面，"螺纹切削"对话框被激活；然后设置螺纹的参数和螺纹的旋转方向，接着选择"选择起始"选项，并选择生成螺纹的起始平面；最后指定螺纹生成的方向，即可创建详细螺纹特征如图4-59所示。

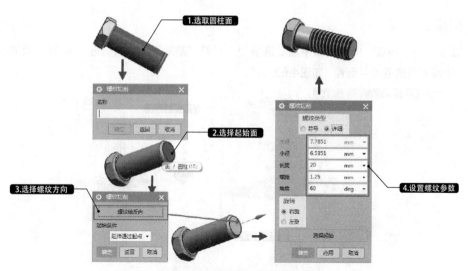

图4-59 创建详细螺纹特征

4.4.2 创建步骤

1. 创建L形底板

01 选择"主页"→"草图"选项 ，打开"创建草图"对话框。在工作区中选择XC-ZC平面为草图平面，绘制如图4-60所示的草图。

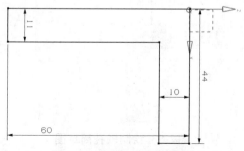

图4-60 绘制L型底板草图

02 选择"主页"→"特征"→"拉伸"选项 ，在工作区中选择步骤 **01** 绘制的草图为截面曲线，选择拉伸"方向"为-YC，设置拉伸"距离"为74，如图4-61所示。

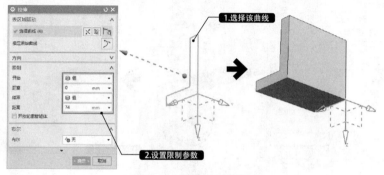

图4-61 创建L形底板

2. 创建轴孔筒

01 选择"主页"→"特征"→"基准平面"选项 □，打开"基准平面"对话框。选择L形板的两个端面，创建距两端面等距离的基准平面A，如图4-62所示。

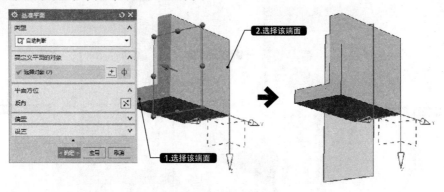

图4-62 创建基准平面A

02 选择"主页"→"草图"选项 ▣，打开"创建草图"对话框。在工作区中选择步骤 **01** 所创建的基准平面A为草图平面，绘制如图4-63所示的轴孔筒草图。

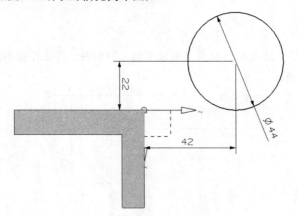

图4-63 绘制轴孔筒草图

03 选择"主页"→"特征"→"拉伸"选项 ▥，在工作区中选择步骤 **02** 绘制的草图为截面，选择拉伸"方向"为-YC，设置拉伸"开始"和"结束"的"距离"为21和-21，如图4-64所示。

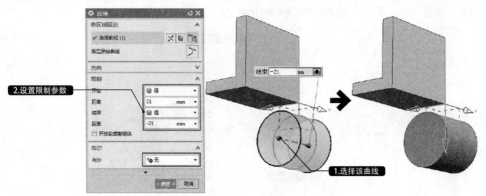

图4-64 创建轴孔筒

3. 创建肋板

01 选择"主页"→"草图"选项▣，打开"创建草图"对话框。在工作区中选择基准平面A为草图平面，绘制如图4-65所示的横向肋板草图。

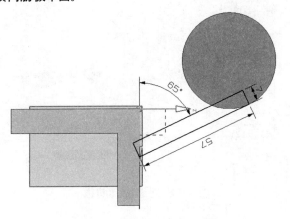

图4-65 绘制横向肋板草图

02 选择"主页"→"特征"→"拉伸"选项▥，在工作区中选择步骤 **01** 绘制的草图为截面曲线，选择拉伸"方向"为-YC，设置拉伸"开始"和"结束"的"距离"为15和-15，如图4-66所示。

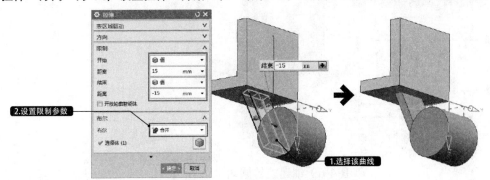

图4-66 创建横向肋板

03 选择"主页"→"草图"选项▣，打开"创建草图"对话框。在工作区中选择横向肋板内侧的表面为草图平面，绘制如图4-67所示的纵向肋板草图。

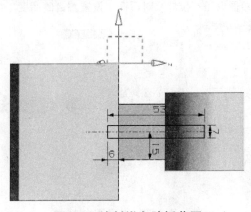

图4-67 绘制纵向肋板草图

04 选择"主页"→"特征"→"拉伸"选项 ，在工作区中选择步骤 **03** 绘制的草图为截面曲线，选择拉伸方向为横向肋板内侧，设置拉伸"开始"和"结束"的"距离"为0和37，如图4-68所示。

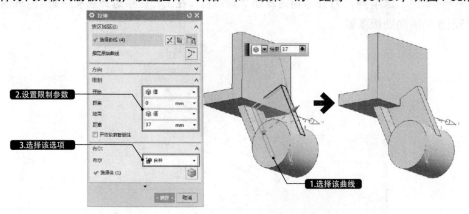

图4-68 创建纵向肋板

05 选择"主页"→"特征"→"旋转"选项 ，单击"旋转"对话框中的"草图"按钮 ，在工作区中选择肋板断面为草图平面，绘制一个与断面重合的矩形，完成草图回到"旋转"对话框。在工作区中选择旋转中心和设置旋转角度，如图4-69所示。

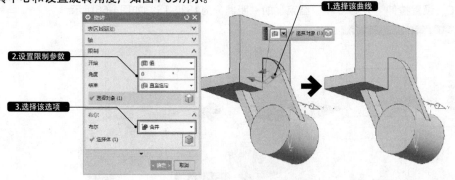

图4-69 创建旋转圆角

4. 创建孔特征

01 选择"主页"→"特征"→"拉伸"选项 ，单击"拉伸"对话框中的"草图"按钮 ，在底板平面上绘制并定位Φ20的圆，完成草图返回"拉伸"对话框。设置圆台的高度，如图4-70所示。

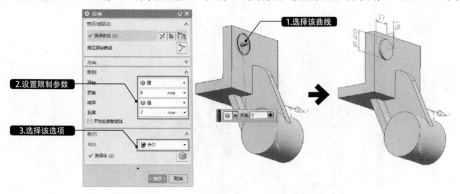

图4-70 创建圆台

02 选择"主页"→"特征"→"孔"选项 🔘，打开"孔"对话框。在工作区中选择圆台的圆心为中心，选择"成形"下拉列表中的"简单孔"选项，设置孔直径和深度，如图4-71所示。

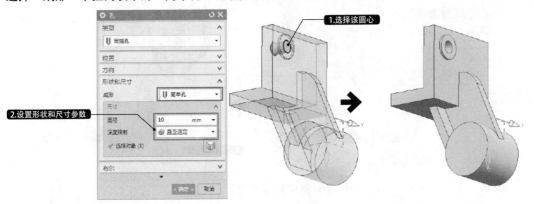

图4-71 创建简单孔

03 选择"主页"→"特征"→"孔"选项 🔘，打开"孔"对话框。单击其中的"草图"按钮 🔳，在草图中定位孔的中心点，完成草图返回"孔"对话框。选择"成形"下拉列表中的"沉头"选项，设置孔直径和深度，如图4-72所示。

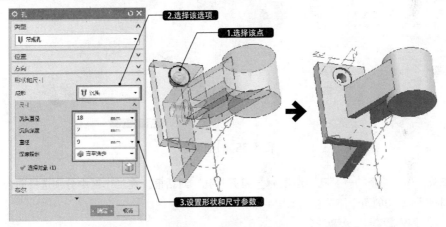

图4-72 创建沉头孔

04 选择"主页"→"特征"→"更多"→"镜像特征"选项 🔘，在工作区中选择圆台、简单孔和沉头孔，选择底板两端面的中间面为镜像平面，如图4-73所示。

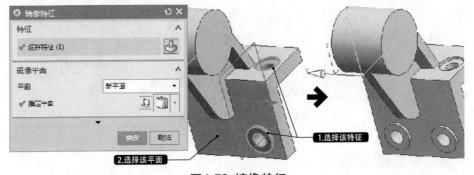

图4-73 镜像特征

05 选择"主页"→"特征"→"基准平面"选项▢，打开"基准平面"对话框。选择过轴孔筒中心的竖直面，创建向外"偏置"的"距离"为30的基准平面B，如图4-74所示。

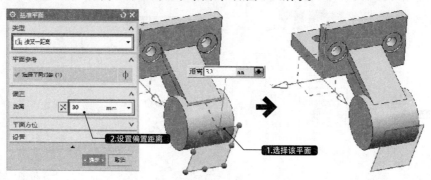

图4-74 创建基准平面B

06 选择"主页"→"特征"→"拉伸"选项▥，单击"拉伸"对话框中的按钮"草图"▧，在基准平面B上绘制并定位Φ16的圆，完成草图返回"拉伸"对话框。设置圆台的高度，如图4-75所示。

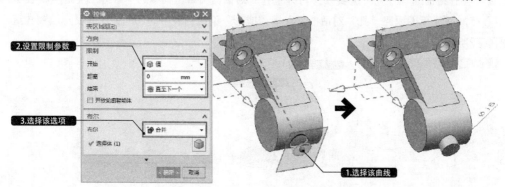

图4-75 创建圆台

07 选择"主页"→"特征"→"孔"选项▨，打开"孔"对话框。在工作区中分别选择圆台和轴孔筒的中心，创建Φ30和Φ10的两个简单孔，如图4-76所示。

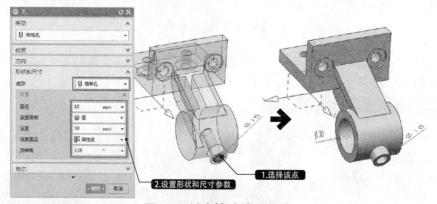

图4-76 创建轴孔筒上的孔

5. 创建边倒圆和螺纹

01 选择"主页"→"特征"→"边倒圆"选项▨，打开"边倒圆"对话框。在其中设置"形状"为"圆形"，"半径1"为10，选择L形底板的4个边，单击"确定"按钮，完成边倒圆的创建，如图4-77所示。

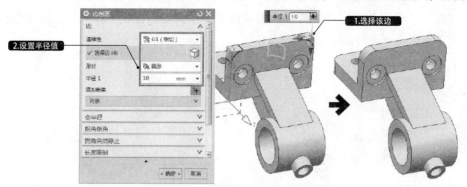

图4-77 创建边倒圆

02 选择"主页"→"特征"→"更多"→"螺纹"选项，在"螺纹切削"对话框中选择"详细"单选按钮，然后在工作区中选择Φ10的孔，单击"确定"按钮，即可完成螺纹的创建，如图4-78所示。至此，斜支架实体创建完成。

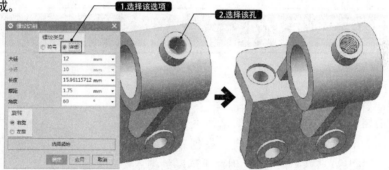

图4-78 创建螺纹

4.4.3 扩展实例：创建夹具体实体

最终文件：素材\第4章\ch4-example4-1.prt

本实例将创建一个如图4-79所示的夹具体实体。该夹具体由一个轴孔座、螺栓座、底扳和挡板组成。在创建本实例时，可以先利用"拉伸"工具创建出底板、两侧挡板和轴孔座的基本形状。然后利用"拉伸"或"圆柱体"工具创建中间的螺栓座，并利用"孔"和"圆形阵列"工具创建螺栓座上的孔。最后利用"边倒圆"工具对夹具体实体倒圆，以及利用"螺纹"工具创建出螺栓座上的螺纹，即可创建出夹具体实体。

4.4.4 扩展实例：创建定位板实体

最终文件：素材\第4章\ch4-example4-2.prt

本实例将创建一个如图4-80所示的定位板实体。该定位板由一个轴孔筒、左螺栓板和右螺栓板组成。在创建本实例时，可以先利用"拉伸"或"圆柱体"工具创建出轴孔筒的基本形状；然后利用"拉伸"工具创建出右螺栓板和一侧的左螺栓板,并利用"孔"工具创建螺栓座上的沉头孔和轴孔筒上的简单孔;最后利用"镜像特征"工具镜像另一侧左螺栓板,即可创建出定位板实体。

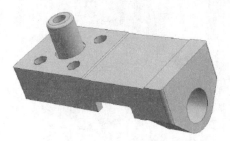

图4-79 夹具体实体

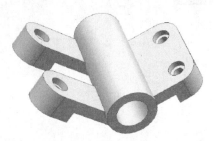

图4-80 定位板实体

4.5 创建活塞实体

最终文件:素材\第4章\4.5活塞实体.prt
视频文件:视频教程\第4章\4.5创建活塞实体.avi

本实例将创建一个如图4-81所示的活塞实体。该活塞由空腔、轴孔、凸台及槽等结构组成。在创建本实体时,可以先利用"圆柱""拉伸"工具创建出活塞的基本形状;然后利用"拉伸""抽壳"等工具创建出活塞的空腔,并利用"旋转""拉伸"等工具创建槽及其他特征;最后利用"边倒圆"创建出凸台连接处的圆角,即可创建出活塞。

图4-81 活塞实体

4.5.1 相关知识点

1. 创建圆柱体

圆柱体可以看作是以长方形的一条边为旋转中心线,并绕其旋转360°所形成的实体。此类实体特征比较常见,如机械传动中最常用的轴类、销钉类等零件。选择"菜单"→"插入"→"设计特征"→"圆柱体"选项 ,在打开的"圆柱"对话框中提供了两种创建圆柱体的方法,介绍如下。

》轴、直径和高度

该方法通过指定圆柱体的矢量方向和底面中心点的位置,并设置其直径和高度,即可完成圆柱体的创建。选择"类型"下拉列表中的"轴,直径和高度"选项,并选择现有的基准点为圆柱底面的中心,指定ZC轴方向为圆柱的生成方向,然后设置圆柱的参数,如图4-82所示。

》圆弧和高度

该方法需要首先在工作区创建一条圆弧曲线，然后以该圆弧曲线为所创建圆柱体的参考曲线，并设置圆柱体的高度，即可完成圆柱体的创建。选择"类型"下拉类表中的"圆弧和高度"选项，并选择图中的圆弧曲线，该圆弧的半径将作为创建圆柱体的底面圆半径，然后输入高度参数，如图4-83所示。

图4-82 利用"轴、直径和高度"创建圆柱体　　　图4-83 利用"圆弧和高度"创建圆柱体

2. 抽壳

该工具指从指定的平面向下移除一部分材料而形成的具有一定厚度的薄壁体。它常用于将成形实体零件掏空，使零件厚度变薄，从而大大节省了材料。选择"抽壳"选项 ，在打开的"抽壳"对话框中提供了以下两种抽壳的方式。

》移除面，然后抽壳

该方式是以选取实体一个面为开口的面，其他表面通过设置厚度参数形成具有一定壁厚的腔体薄壁。选择"类型"下拉列表中的"移除面，然后抽壳"选项，并选择实体中的一个表面为移除面，然后设置抽壳厚度参数，如图4-84所示。

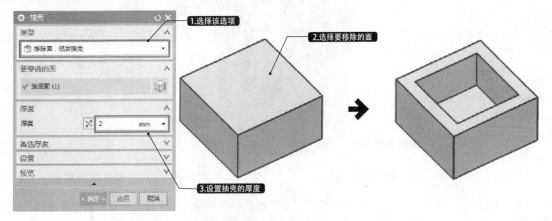

图4-84 移除面抽壳

》抽壳所有面

该方式指按照某个指定的厚度抽空实体，创建中空的实体。该方式与移除面抽壳的不同之处在于："移除面，然后抽壳"是选择移除面进行抽壳操作，而该方式是选择实体直接进行抽壳操作。选择"类型"下拉列表中的"对所有面抽壳"选项，并选择图中的实体特征，然后设置抽壳厚度参数，如图4-85所示。

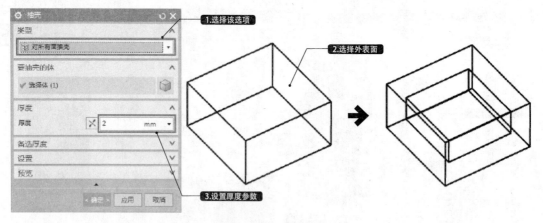

图4-85 抽壳所有面

4.5.2 创建步骤

1. 创建基本形状

01 选择菜单按钮中的"插入"→"设计特征"→"圆柱"选项 ▊，打开"圆柱"对话框。选择"类型"下拉列表中的"轴，直径和高度"选项，在"尺寸"选项组中设置直径和高度均为80，如图4-86所示。

02 选择"主页"→"草图"选项 ▊，打开"创建草图"对话框。在工作区中选择YC-ZC平面为草图平面，绘制如图4-87所示的孔截面草图。

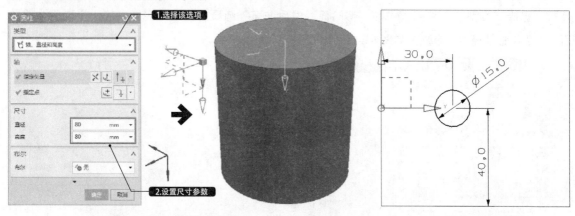

图4-86 创建圆柱　　　　　　　　　　图4-87 绘制孔截面草图

03 选择"主页"→"特征"→"拉伸"选项 ▊，在工作区中选择步骤 **02** 绘制的草图为截面曲线，设置拉伸"开始"和"结束"的"距离"为 −50和50，"布尔"运算选择"减去"，如图4-88所示。

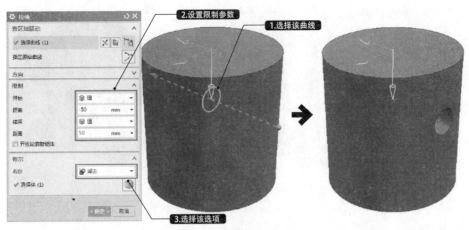

图4-88 创建拉伸孔

04 选择"主页"→"特征"→"基准平面"选项 □，打开"基准平面"对话框。在工作区中选择YC-ZC平面，创建向外"偏置"的"距离"为20的基准平面，如图4-89所示。

05 选择"主页"→"草图"选项 ▨，打开"创建草图"对话框。在工作区中选择步骤 **04** 创建的基准平面为草图侧槽平面，绘制如图4-90所示的草图。

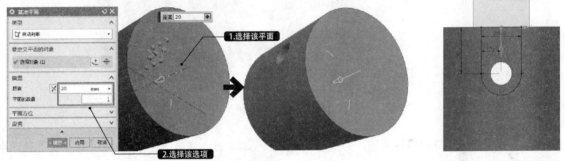

图4-89 创建基准平面　　　　　　　　　　　　　　　　　　图4-90 绘制侧槽草图

06 选择"主页"→"特征"→"拉伸"选项 ▥，在工作区中选择步骤 **05** 绘制的侧槽草图为截面曲线，设置拉伸"开始"和"结束"的"距离"为0和50，"布尔"运算选择"减去"，如图4-91所示。

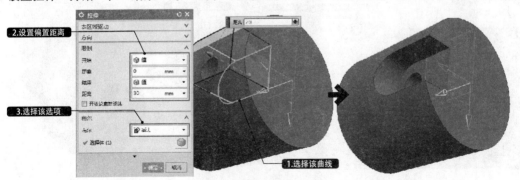

图4-91 创建侧槽

07 选择"主页"→"特征"→"更多"→"镜像特征"选项 ▩，在工作区中选择侧槽特征，选择YC-ZC平面为镜像平面，如图4-92所示。

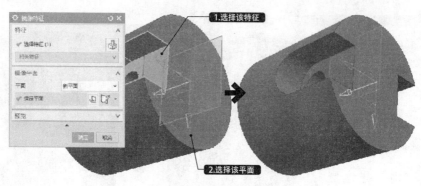

图4-92 创建镜像特征

2. 创建壳体

01 选择"主页"→"特征"→"抽壳"选项 ，在工作区中选择活塞端面为要穿透的面，设置抽壳厚度为5，如图4-93所示。

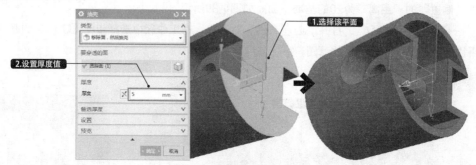

图4-93 创建壳体

02 选择"主页"→"草图"选项 ，打开"创建草图"对话框。在工作区中选择YC-ZC平面为草图平面，绘制如图4-94所示的剪切拉伸截面。

03 选择"主页"→"特征"→"拉伸"选项 ，在工作区选择步骤 **02** 绘制剪切拉伸截面为截面曲线，设置拉伸"开始"和"结束"的"距离"为－10和10，"布尔"运算选择"减去"，如图4-95所示。

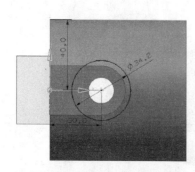

图4-94 绘制剪切拉伸截面

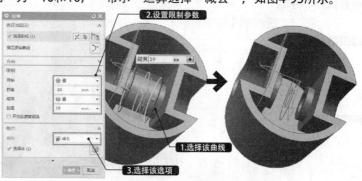

图4-95 创建剪切拉伸体

3. 创建其他特征

01 选择"主页"→"草图"选项 ，打开"创建草图"对话框。在工作区中选择YC-ZC平面为草图平面，绘制如图4-96所示的密封槽草图。

02 选择"主页"→"特征"→"旋转"选项 ，在工作区中选择步骤 **01** 绘制的草图为截面曲线，在工作区中选择ZC轴为旋转中心轴，如图4-97所示。

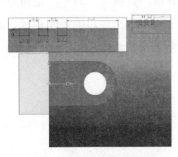

图4-96 绘制密封槽草图

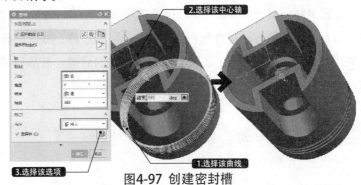

图4-97 创建密封槽

03 选择"主页"→"草图"选项 ，打开"创建草图"对话框。在工作区中选择XC-YC平面为草图平面，绘制如图4-98所示的活塞端面草图。

04 选择"主页"→"特征"→"拉伸"选项 ，在工作区中选择步骤 **03** 绘制的草图为截面，设置拉伸"开始"和"结束"的"距离"为－50和50，"布尔"运算选择"减去"，如图4-99所示。

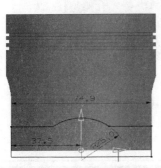

图4-98 创建活塞端面草图

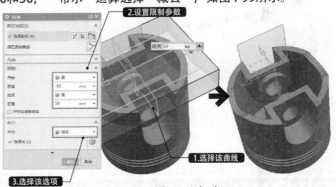

图4-99 剪切活塞端面

05 选择"主页"→"特征"→"边倒圆"选项，打开"边倒圆"对话框。在对话框中设置"形状"为"圆形"，"半径1"为2，在工作区中选择活塞内部凸台和侧槽的相交线，单击"确定"按钮，即可完成边倒圆的创建，如图4-100所示。

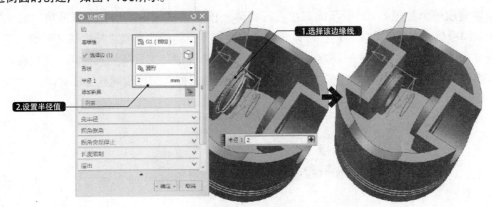

图4-100 创建边倒圆

4.5.3 》扩展实例：创建阶梯轴实体

最终文件：素材\第4章\ch4-example5-1.prt

本实例将创建一个如图4-101所示的阶梯轴实体。该阶梯轴由轴段、键槽、退刀槽、倒角等组成。在创建本实例时，可以先利用"拉伸""圆柱体"或"旋转"工具创建出轴段的基本形状；然后利用"拉伸"或"键槽"工具创建出轴段上的键槽；最后利用"倒斜角"创建出轴段上的倒角，即可创建出阶梯轴实体。

4.5.4 》扩展实例：创建显示器外壳实体

最终文件：素材\第4章\ch4-example5-2.prt

本实例将创建一个如图4-102所示的显示器外壳实体。该显示器外壳由壳体、散热孔和圆角等结构组成。在创建本实例时，可以先利用"拉伸"工具创建出显示器的基本形状，再利用"抽壳"工具创建出空腔；然后利用"拉伸""移动对象""基准平面"等工具创建出散热孔；最后利用"边倒圆"创建出外壳的圆角，即可创建出显示器外壳实体。

图4-101 阶梯轴实体

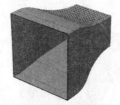

图4-102 显示器外壳实体

4.6 创建螺纹拉杆实体

最终文件：素材\第4章\4.6 螺纹拉杆实体.prt

视频文件：视频教程\第4章\4.6创建螺纹拉杆实体.avi

本实例将创建一个如图4-103所示的螺纹拉杆实体。该螺纹拉杆由螺纹杆、锥形块、定位板、螺纹等结构组成。在创建本实例时，可以先利用"旋转"工具创建出螺纹杆的基本形状；然后利用"拉伸"工具创建出其中的一块定位板，并利用"圆形阵列"工具阵列其他两个定位板；最后利用"螺纹""倒斜角""边倒圆"工具创建出其他特征，即可创建出螺纹拉杆实体。

图4-103 螺纹拉杆实体

4.6.1 ▶ 相关知识点

1. 创建旋转体

旋转操作是将草图截面或曲线等二维对象绕所指定的旋转轴线旋转一定的角度而形成的实体模型，如带轮、法兰盘和轴类等零件。选择"主页"→"特征"→"旋转"选项 ，打开"旋转"对话框，然后绘制旋转的截面曲线或直接选择现有的截面曲线，并选择旋转中心轴和旋转基准点，设置旋转角度参数，即可完成旋转实体的创建，如图4-104所示。

该对话框中同样也包括"草图截面曲线"和"曲线"两种方法，其操作方法和"拉伸"工具的操作方法相似，不同之处在于：当利用"旋转"工具进行实体操作时，所指定的矢量是对象的旋转中心；所设置的旋转参数是旋转的开始角度和结束角度。

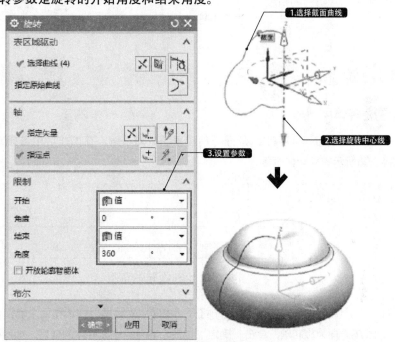

图4-104 创建旋转实体

2. 圆形阵列

该阵列方式常用于以圆形阵列的方式来复制所选的实体特征，使阵列后的特征成圆周排列。该方式常用于盘类零件上重复性特征的创建。

在菜单按钮中选择"插入"→"关联复制"→"阵列特征"选项，在打开的"阵列特征"对话框中"布局"下拉列表中选择"圆形"选项，选择工作区中要阵列的特征。其中"数量"用于设置圆周上复制特征的数量，"节距角"用于设置圆周方向上复制特征之间的角度。选择"布局"下拉列表中的"圆形"选项，并指定阵列的基准轴，设置圆形阵列的参数，即可完成圆形阵列的创建。图4-105所示为选择孔特征为阵列的对象，并指定ZC轴为阵列的基准轴，设置圆形阵列的参数后创建的圆形阵列特征。

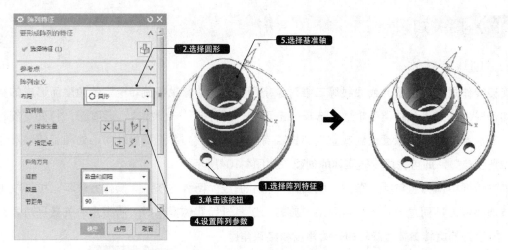

图4-105 创建圆形阵列

4.6.2 》创建步骤

1. 创建旋转体

01 选择"主页"→"草图"选项 🖹，打开"创建草图"对话框。在工作区中选择YC-ZC平面为草图平面，绘制如图4-106所示的旋转体草图。

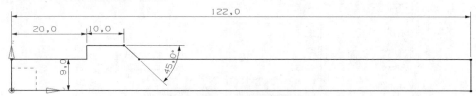

图4-106 绘制旋转体草图

02 选择"主页"→"特征"→"旋转"选项，打开"旋转"对话框。在工作区中选择步骤 **01** 绘制的草图为截面曲线，选择YC方向为旋转轴，单击"确定"按钮，即可完成旋转体的创建，如图4-107所示。

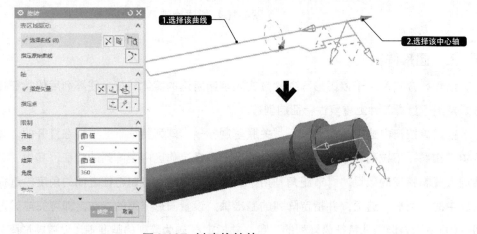

图4-107 创建旋转体

03 选择"主页"→"特征"→"孔"选项 🔧,打开"孔"对话框。在工作区中选择拉杆端面圆中心,选择"成形"下拉列表中的"简单孔"选项,设置孔的直径和深度,如图4-108所示。

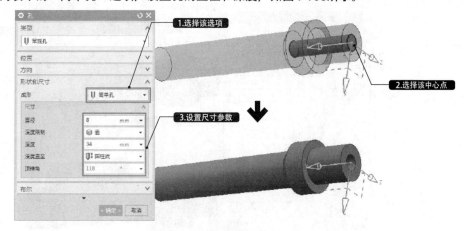

图4-108 创建简单孔1

04 选择"主页"→"特征"→"孔"选项 🔧,打开"孔"对话框。在工作区中选择拉杆另一端面圆中心,选择"成形"下拉列表中的"简单孔"选项,设置孔的直径和深度,如图4-109所示。

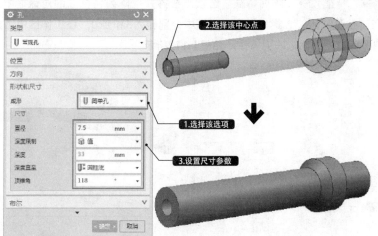

图4-109 创建简单孔2

2. 创建圆形阵列

01 选择"主页"→"草图"选项 📐,打开"创建草图"对话框。在工作区中选择YC-ZC平面为草图平面,绘制如图4-110所示的定位板截面草图。

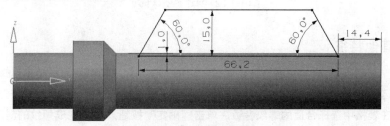

图4-110 绘制定位板截面草图

02 选择"主页"→"特征"→"拉伸"选项 📖，在工作区中选择步骤 **01** 绘制的草图为截面曲线，设置"开始"和"结束"的"距离"为1.5和 – 1.5，"布尔"运算选择"合并"，如图4-111所示。

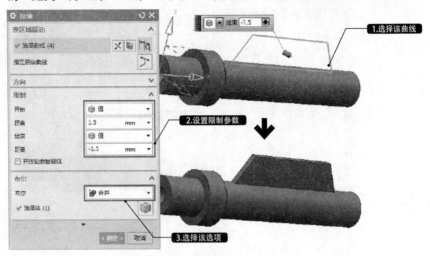

图4-111 创建定位板

03 选择"主页"→"特征"→"阵列特征"选项，在打开"阵列特征"的对话框中选择"布局"中的"圆形"选项，在"数量"和"节距角"的文本框中分别输入3和120，在工作区中选择YC轴为中心轴，单击"确定"按钮，即可完成圆形阵列操作，如图4-112所示。

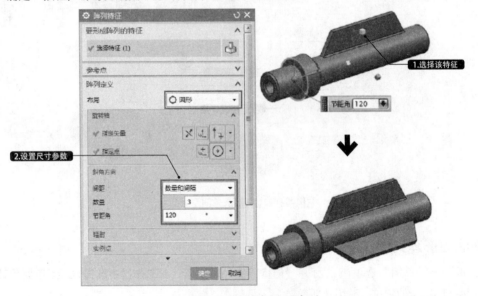

图4-112 创建圆形阵列

3. 创建其他特征

01 选择"主页"→"特征"→"更多"→"螺纹"选项，在"螺纹切削"对话框中选择"符号"选项，然后在工作区中选择Φ8和Φ7.5的孔，查阅相关机械手册，设置螺纹参数，或直接单击对话框中的"从表中选择"按钮，在表格中选择合适的螺纹参数，单击"确定"按钮，即可完成螺纹的创建，如图4-113所示。

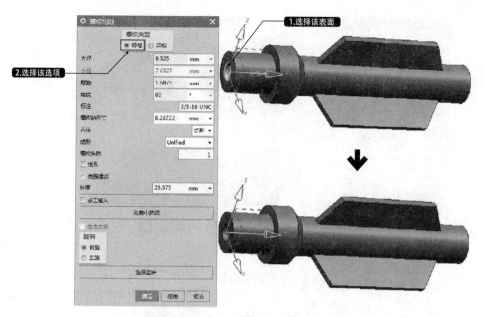

图4-113 创建螺纹符号

02 选择"主页"→"特征"→"倒斜角"选项 🔷，打开"倒斜角"对话框。选择"横截面"下拉列表中的"偏置和角度"选项，设置"距离"为1，"角度"为45，在工作区中选择两个螺孔的边，单击"确定"按钮，即可完成倒斜角的创建，如图4-114所示。

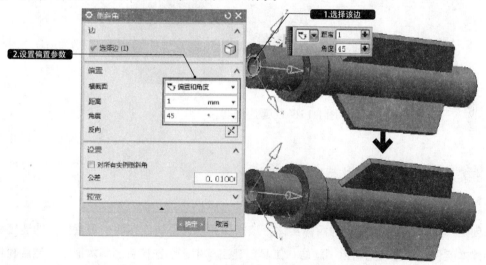

图4-114 创建倒斜角1

03 选择"主页"→"特征"→"倒斜角"选项 🔷，打开"倒斜角"对话框。选择"横截面"下拉列表中的"偏置和角度"选项，设置"距离"为1，"角度"为45，在工作区中选择拉杆端面的边，单击"确定"按钮，即可完成倒斜角的创建，如图4-115所示。

04 选择"主页"→"特征"→"边倒圆"选项 🔷，打开"边倒圆"对话框。在对话框中设置"形状"为"圆形"，"半径1"为1，在工作区中选择定位板和拉杆的相交线，单击"确定"按钮，即可完成边倒圆的创建，如图4-116所示。

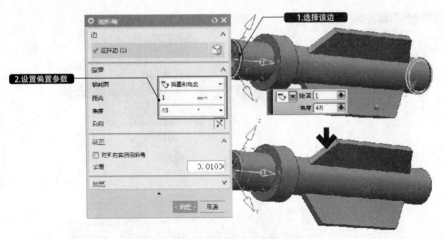

图4-115 创建倒斜角2

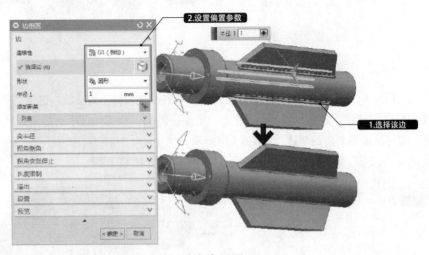

图4-116 创建边倒圆

4.6.3 扩展实例：创建阀体实体

最终文件：素材\第4章\ch4-example6-1.prt

本实例将创建一个如图4-117所示的阀体实体。该阀体通过方形块连接两个垂直相交的连接头而形成。在创建本实例时，可以先利用"旋转"工具创建出其中一个连接头的基本形状；然后利用"拉伸"工具创建出中间的方形连接块，并利用"旋转"工具创建出另一个连接头的基本形状；最后利用"孔""圆形阵列"和"边倒圆"工具创建孔和倒圆特征，即可创建出该阀体实体。

4.6.4 扩展实例：创建电动机外壳实体

最终文件：素材\第4章\ch4-example6-2.prt

本实例将创建一个如图4-118所示的电动机外壳实体。该电动机外壳由空腔、轴孔、肋板、凸台、螺孔等结构组成。在创建本实例时，可以先利用"旋转""拉伸""边倒圆""拔模"等工具创建出电动机外壳的基本形状；然后利用"孔""拉伸"等工具创建出电动机的内腔，并利用"拉伸""圆形阵列"工具创建电机外侧的螺栓固定板和肋板；最后利用"拉伸""矩形阵列"创建电动机外壳上的散热结构，以及利用"边倒圆"工具创建出连接处的圆角，即可创建出该电动机外壳实体。

图4-117 阀体实体

图4-118 电动机外壳实体

4.7 创建连接架实体

最终文件：素材\第4章\4.7创建连接架实体.prt
视频文件：视频教程\第4章\4.7创建连接架实体.avi

本实例将创建一个如图4-119所示的连接架实体。该连接架由L形连接座、轴架、肋板、轴孔等结构组成。在创建本实例时，可以先利用"拉伸""基准平面"等工具创建出L形连接座；然后利用"孔""拉伸"等工具创建一侧轴架，并利用"镜像特征"工具镜像出另一侧的轴架；最后利用"孔""三角形加强筋"创建轴孔和加强筋，以及利用"边倒圆"工具创建出连接处的圆角，即可创建出该连接架实体。

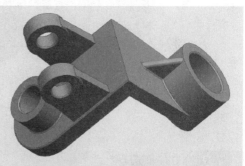

图4-119 连接架实体

4.7.1 相关知识点

1. 创建三角形加强筋

利用该工具可以完成机械设计中的加强筋以及支撑肋板的创建，它是通过在两个相交的面组内添加三角形实体而形成的。选择"三角形加强筋"选项 ，在打开的"三角形加强筋"对话框的"方法"下拉列表中包括"沿曲线"和"位置"两个选项。当选择"沿曲线"选项时，可以按圆弧长度或百分比确定加强筋位于平面相交曲线的位置；当选择"位置"选项时，可以通过指定加强筋的绝对坐标值确定其位置。一般情况下"沿曲线"选项是比较常用的，如图4-120所示。

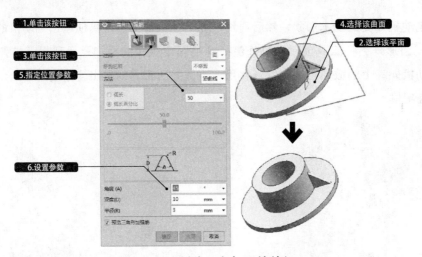

图4-120 创建三角加强筋特征

2. 镜像特征

镜像特征就是复制指定的一个或多个特征，并根据平面（基准平面或实体表面）将其镜像到该平面的另一侧。选择"镜像特征"选项 ，打开"镜像特征"对话框；然后选择图中的支架特征为镜像对象，并选择基准平面为镜像平面，创建镜像特征，如图4-121所示。

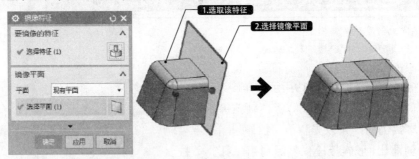

图4-121 创建镜像特征

4.7.2 ▶ 创建步骤

1. 创建L形连接座

01 选择"主页"→"草图"选项 ，打开"创建草图"对话框。在工作区中选择XC-YC平面为草图平面，绘制如图4-122所示的横版截面草图。

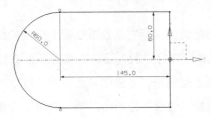

图4-122 绘制横板截面草图

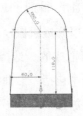

图4-123 绘制立板截面草图

02 选择"主页"→"特征"→"拉伸"选项 ▦，在工作区中选择步骤 **01** 绘制的草图为截面曲线，设置拉伸"开始"和"结束"的"距离"为0和25，如图4-124所示。

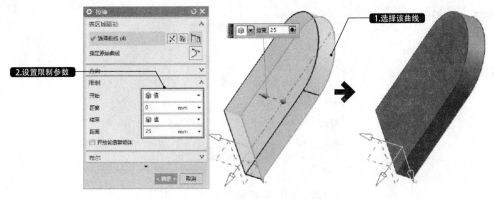

图4-124 创建横板

03 选择"主页"→"特征"→"拉伸"选项 ▦，在"拉伸"对话框中单击按钮 ▦，以横板端面为草图平面，绘制如图4-123所示的立板截面草图，返回"拉伸"对话框。设置拉伸"开始"和"结束"的"距离"为0和20，"布尔"运算选择"合并"，如图4-125所示。

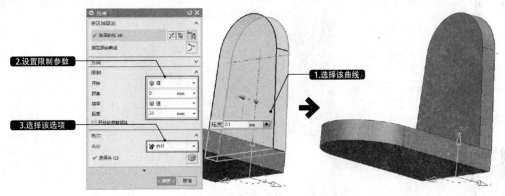

图4-125 创建立板

04 选择"主页"→"特征"→"拉伸"选项 ▦，在"拉伸"对话框中单击按钮 ▦，选择横板外侧面为草图平面，绘制Φ70的圆后返回"拉伸"对话框，设置"限制"选项组中"开始"和"结束"的"距离"为0和35，"布尔"选择"合并"，单击"确定"按钮，即可完成拉伸操作，如图4-126所示。

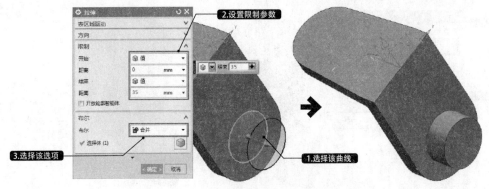

图4-126 创建凸台1

05 选择"主页"→"特征"→"基准平面"选项□，打开"基准平面"对话框。在工作区中选择立板内侧表面，创建向外"偏置"的"距离"为5的基准平面A，如图4-127所示。

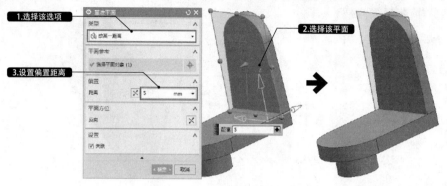

图4-127 创建基准平面A

06 选择"主页"→"特征"→"拉伸"选项▥，在"拉伸"对话框中单击按钮▩，选择步骤**05**创建的基准平面为草图平面，绘制Φ100的圆后返回"拉伸"对话框，设置"限制"选项组中"结束"的"距离"为70，"布尔"选择"合并"，单击"确定"按钮，即可完成拉伸操作，如图4-128所示。

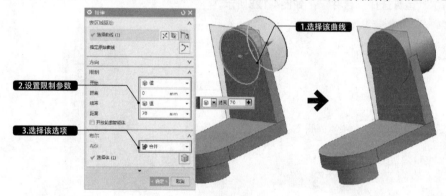

图4-128 创建凸台2

2. 创建轴架

01 选择"主页"→"特征"→"基准平面"选项□，打开"基准平面"对话框。在工作区中选择XC-ZC平面，创建向YC方向偏移48的基准平面B，如图4-129所示。

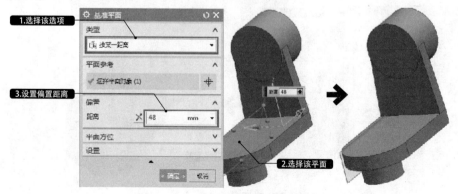

图4-129 创建基准平面B

02 选择"主页"→"草图"选项 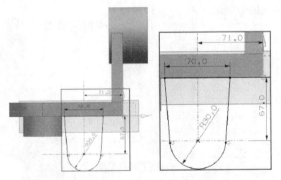，打开"创建草图"对话框。在工作区中选择基准平面B为草图平面，绘制如图4-130所示的轴架草图。

图4-130 绘制轴架草图

03 选择"主页"→"特征"→"拉伸"选项 ，在工作区中选择步骤 **02** 绘制的草图为截面曲线，设置拉伸"开始"和"结束"的"距离"为7.5和−7.5，"布尔"运算选择"合并"，如图4-131所示。

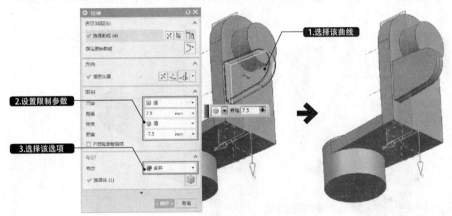

图4-131 创建轴架

04 选择"主页"→"特征"→"拉伸"选项 ，在"拉伸"对话框中单击按钮 ，选择基准平面B为草图平面，绘制Φ60的圆后返回"拉伸"对话框，设置"限制"选项组中"开始"和"结束"的"距离"为12和−12，"布尔"选择"合并"，单击"确定"按钮，即可完成拉伸操作，如图4-132所示。

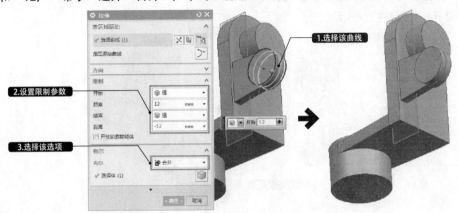

图4-132 创建凸台3

05 选择"主页"→"特征"→"孔"选项🔩，打开"孔"对话框。在工作区中分别选择凸台3底面的圆心，创建Φ30的简单孔，如图4-133所示。

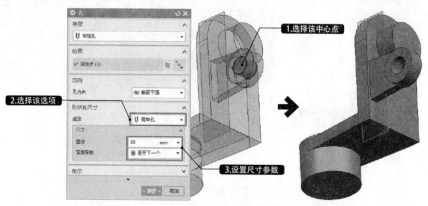

图4-133 创建轴孔1

06 选择"主页"→"特征"→"镜像特征"选项🔩，在工作区中选择轴架，选择XC-ZC平面为镜像平面，如图4-134所示。

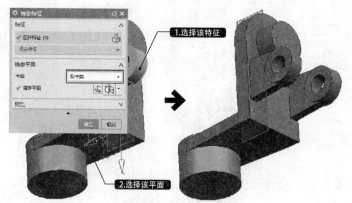

图4-134 镜像轴架

3. 创建其他特征

01 选择"主页"→"特征"→"孔"选项🔩，打开"孔"对话框。在工作区中分别选择凸台1底面的圆心，创建Φ40的简单孔，如图4-135所示。

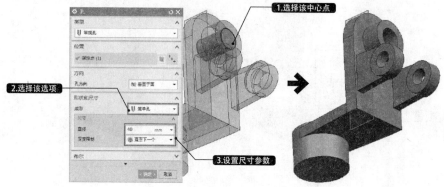

图4-135 创建轴孔2

02 选择"主页"→"特征"→"孔"选项 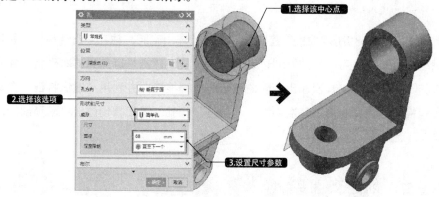，打开"孔"对话框。在工作区中分别选择凸台底面的圆心，创建Φ68的简单孔，如图4-136所示。

图4-136 创建轴孔3

03 选择"菜单"→"插入"→"设计特征"→"三角形加强筋"选项，在工作区中选择第一组和第二组面，在对话框中设置"角度""深度""半径"参数，如图4-137所示。

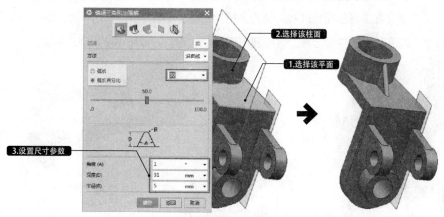

图4-137 创建三角形加强筋

04 选择"主页"→"特征"→"边倒圆"选项 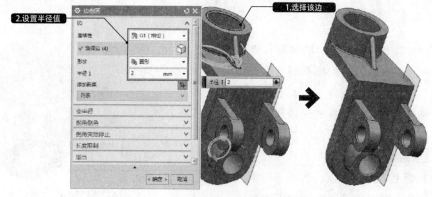，打开"边倒圆"对话框。在对话框中设置"形状"为"圆形"，"半径1"为2，在工作区中选择凸台、加强筋和连接座的相交边，单击"确定"按钮，即可完成边倒圆的创建，如图4-138所示。至此，连接架实体创建完成。

图4-138 创建边倒圆

4.7.3 扩展实例：创建机箱盖实体

最终文件：素材\第4章\ch4-example7-1.prt

本实例将创建一个如图4-139所示的机箱盖实体。该机箱盖由空腔、轴孔、凸台和螺孔等结构组成。在创建本实例时，可以先利用"拉伸""边倒圆"等工具创建出机箱盖的基本形状，并对其抽壳；然后利用"拉伸""孔"等工具创建出一侧的轴承座、螺栓座，并利用"镜像特征"工具创建另一侧的轴承座和螺栓座；最后利用"基准平面""拉伸""孔"等工具创建出机箱顶部的凸台和孔，即可创建出该机箱盖实体。

4.7.4 扩展实例：创建支架实体

最终文件：素材\第4章\ch4-example7-2.prt

本实例将创建一个如图4-140所示的支架实体。该支架由底板、立板、轴孔、肋板、凸台、螺孔、槽等结构组成。在创建本实例时，可以先利用"拉伸""基准平面""孔"等工具创建出轴孔座的实体；然后利用"基准平面""拉伸"等工具创建出底板、立板和槽的结构；最后利用"三角形加强筋"创建轴孔座和立板之间的加强筋，以及利用"边倒圆"工具创建出连接处的圆角，即可创建出该支架实体。

图4-139 机箱盖实体

图4-140 支架实体

4.8 | 创建轴架实体

最终文件：素材\第4章\4.8轴架实体.prt

视频文件：视频教程\第4章\4.8创建轴架实体.avi

本例将创建一个如图4-141所示的轴架实体。该轴架由轴孔套、连接板、肋板、圆台、埋头螺孔等结构组成。在创建本实例时，可以先用"拉伸""基准平面""孔"等工具创建出长轴孔套，以及一侧的短轴孔套、连接板、肋板、圆台和孔；然后利用"镜像几何体"工具创建出另一侧的轴孔套、连接板、肋板、圆台和孔。最后利用"螺纹"创建出短轴孔套上的螺纹，以及利用"边倒圆"工具创建出连接处的圆角，即可创建出该轴架实体。

图4-141 轴架实体

4.8.1 相关知识点

1. 镜像几何体

该工具可以以基准平面为镜像平面，镜像所选的实体或片体。其镜像后的实体或片体与原实体或片体相关联，但其本身没有可编辑的特征参数。与镜像特征不同的是，镜像几何体不能以自身的表面作为镜像平面，只能以基准平面作为镜像平面。选择"镜像几何体"选项 🔩，打开"镜像几何体"对话框；然后选择图中的实体为镜像对象，并选择基准平面作为镜像平面，系统将执行镜像几何体的操作，如图4-142所示。

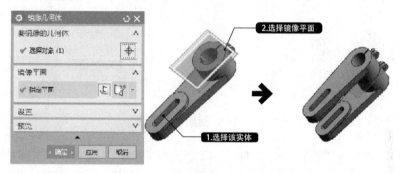

图4-142 创建镜像几何体特征

2. 创建埋头孔

埋头孔指将紧固件的头部不完全沉入的阶梯孔。该方式通过指定孔表面的中心点，并指定孔的生成方向，然后设置孔的参数，即可完成孔的创建。选择"孔"选项 📦，在打开的"孔"对话框中选择"成形"下拉列表中的"埋头"选项，并选择连杆一端圆柱的端面中心为孔的中心点，指定孔的生成方向为垂直于圆柱端面，然后设置孔的参数，"布尔"运算选择为"减去"，即可创建埋头孔，如图4-143所示。

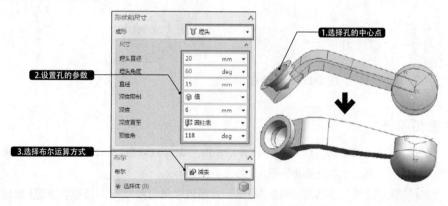

图4-143 创建埋头孔

 提示

埋头孔直径必须大于它的孔直径，埋头孔角度必须在0~180°之间，顶锥角必须在0~180°之间。

4.8.2 创建步骤

1. 创建轴孔套

01 选择"主页"→"特征"→"拉伸"选项▥，在"拉伸"对话框中单击按钮▥，选择XC-ZC平面为草图平面，绘制Φ24和Φ14的两个圆后返回"拉伸"对话框，设置"限制"选项组中"开始"和"结束"的"距离"为30和－30，单击"确定"按钮，即可完成拉伸操作，如图4-144所示。

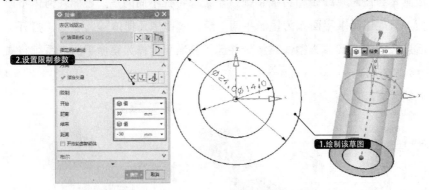

图4-144 创建长轴孔套

02 单击选项卡"主页"→"特征"→"拉伸"选项▥，在"拉伸"对话框中单击▥按钮，选择步骤**01**创建的轴孔套端面为草图平面，绘制Φ32的圆后返回"拉伸"对话框，设置"限制"选项组中"开始"和"结束"的距离值为0和20，如图4-145所示。

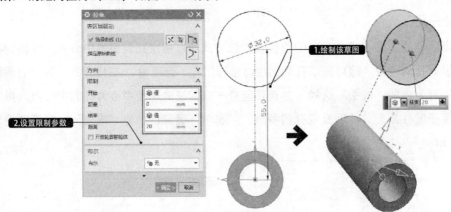

图4-145 创建短轴孔套

2. 创建连接板和肋板

01 选择"主页"→"特征"→"基准平面"选项▢，打开"基准平面"对话框。在工作区中选择短轴孔套端面，创建向外"偏置"的"距离"为3的基准平面A，如图4-146所示。

02 选择"主页"→"特征"→"拉伸"选项▥，在"拉伸"对话框中单击按钮▥，选择步骤**01**创建的基准平面A为草图平面，绘制如图4-147所示的草图后返回"拉伸"对话框。设置"限制"选项组中"开始"和"结束"的"距离"为0和6，选择工作区中短轴孔套并对其"布尔""合并"，如图4-147所示。

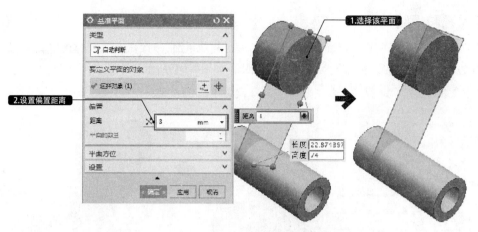

图4-146 创建基准平面A

03 选择"主页"→"特征"→"拉伸"选项 ⬚，在"拉伸"对话框中单击按钮 ⬚，选择XC-YC平面为草图平面，绘制如图4-148所示的肋板草图后返回"拉伸"对话框。设置"限制"选项组中"开始"和"结束"的"距离"为3和−3，选择工作区中短轴孔套并对其"布尔""合并"，如图4-148所示。

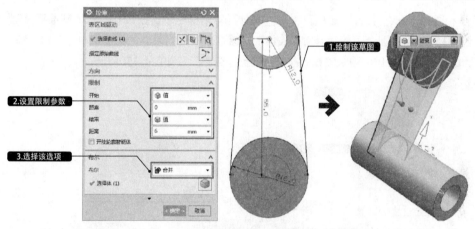

图4-147 创建连接板

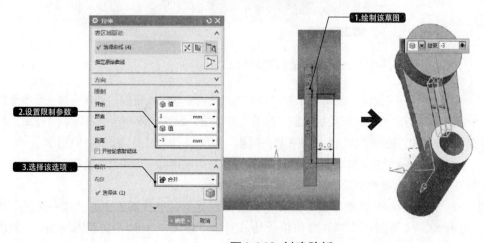

图4-148 创建肋板

3. 创建螺孔和螺纹

01 选择"主页"→"特征"→"基准平面"选项 □，打开"基准平面"对话框。在工作区中选择XC-YC平面，创建向ZC方向"偏置"的"距离"为20的基准平面B，如图4-149所示。

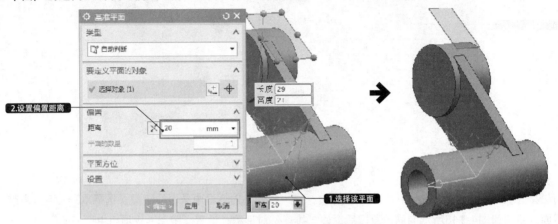

图4-149 创建基准平面B

02 选择"主页"→"特征"→"拉伸"选项 □，在"拉伸"对话框中单击按钮 □，选择基准平面B为草图平面，绘制如图4-150所示的圆台草图后返回"拉伸"对话框。设置"限制"选项组中"开始"和"结束"的"距离"为0和6，选择工作区中短轴孔套并对其进行"合并"，如图4-150所示。

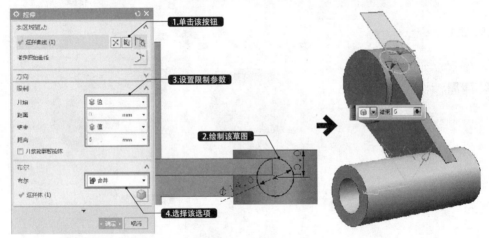

图4-150 创建圆台

03 选择"主页"→"特征"→"拉伸"选项 □，在"拉伸"对话框中单击按钮 □，选择短轴孔套端面为草图平面，绘制如图4-151所示的轴孔草图后返回"拉伸"对话框，设置"限制"选项组中"开始"和"结束"的"距离"为0和20，选择工作区中短轴孔套并对其"布尔""减去"，如图4-151所示。

04 选择"主页"→"特征"→"孔"选项 □，选择"成形"下拉列表中的"埋头孔"选项，在工作区中选择圆台顶面的圆心，并在对话框中设置尺寸参数，如图4-152所示。

05 选择"主页"→"特征"→"基准平面"选项 □，选择"类型"下拉列表中的"成一角度"选项，在工作区中选择XC-YC平面和短轴孔套的中心轴，创建"角度"为30度的基准平面C，如图4-153所示。

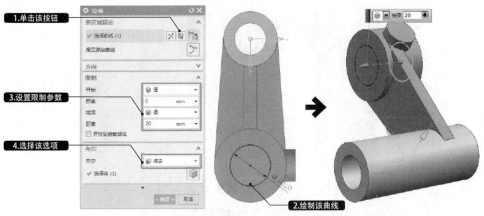

图4-151 创建轴孔

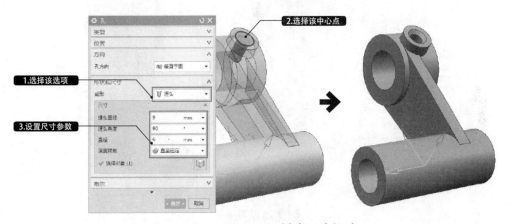

图4-152 创建埋头螺孔

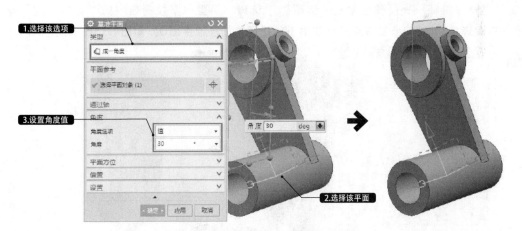

图4-153 创建基准平面C

06 选择"主页"→"草图"选项 ▣，打开"创建草图"对话框。在工作区中选择基准平面C为草图平面，绘制如图4-154所示的孔中心轴草图。

07 选择"主页"→"特征"→"孔"选项 ▣，选择"成形"下拉列表中的"简单孔"选项，在工作区中选择步骤 **06** 绘制中心轴的端点，并在对话框中设置"直径"为5，如图4-155所示。

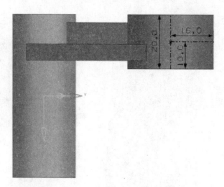

图4-154 绘制孔中心轴草图

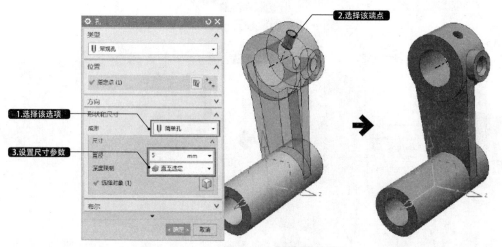

图4-155 创建简单孔1

08 选择"主页"→"特征"→"基准平面"选项 ▭，选择"类型"下拉列表中的"点和方向"选项，在工作区中选择Φ5孔的中心轴端点，创建用于创建螺纹的基准平面D，如图4-156所示。

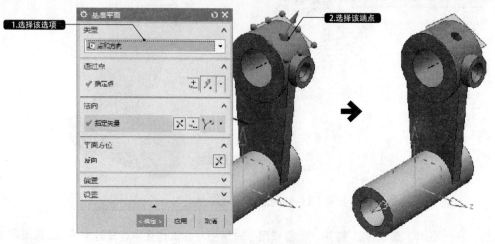

图4-156 创建基准平面D

09 选择"主页"→"特征"→"更多"→"螺纹"选项，在"螺纹"对话框中选择"符号"单选按钮，然后在工作区中选择Φ5的孔表面和基准平面D，单击对话框中的"从表中选择"按钮，在表格中选择合适的螺纹参数，单击"确定"按钮，即可完成螺纹的创建，如图4-157所示。

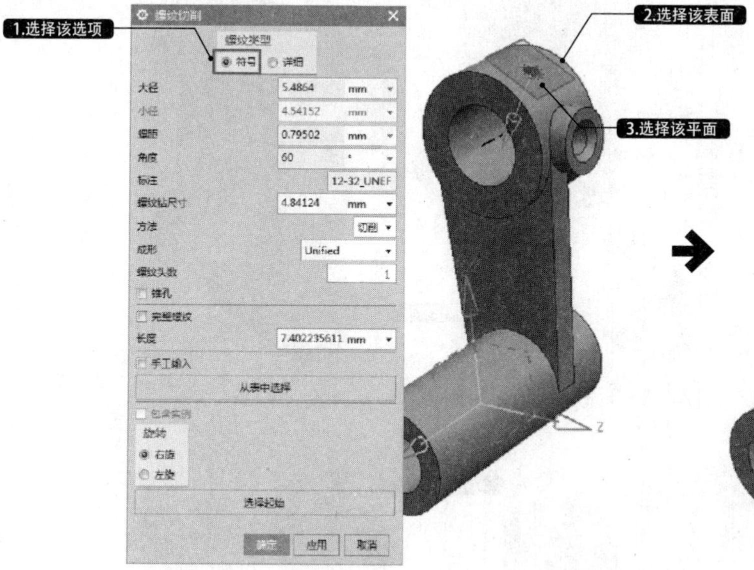

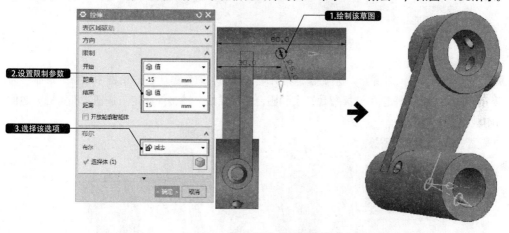

图4-157 创建螺纹

10 选择"主页"→"特征"→"拉伸"选项 ▥，在"拉伸"对话框中单击按钮 ▨，选择XC-YC平面为草图平面，绘制如图4-158所示的草图后返回"拉伸"对话框，设置"限制"选项组中"开始"和"结束"的"距离"为－15和15，选择工作区中长轴孔套并对其"布尔""减去"，如图4-158所示。

图4-158 创建简单孔2

4. 创建镜像几何体和倒角

01 选择"菜单"→"插入"→"关联复制"→"抽取几何体"→"镜像体"选项，在工作区中选择短轴孔套、圆台、简单孔、埋头孔、连接板和肋板，选择XC-ZC平面为镜像平面，单击"确定"按钮，即可完成镜像几何体的创建，如图4-159所示。

02 选择"主页"→"特征"→"边倒圆"选项 ▥，打开"边倒圆"对话框。在对话框中设置"形状"为"圆形"，"半径1"为4，在工作区中选择短轴孔套和连接板的相交线，单击"确定"按钮，即可完成边倒圆1的创建，如图4-160所示。

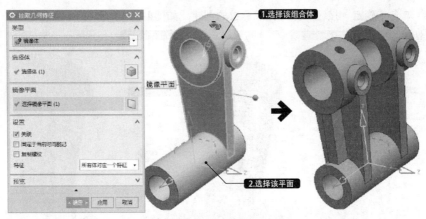

图4-159 创建镜像几何体

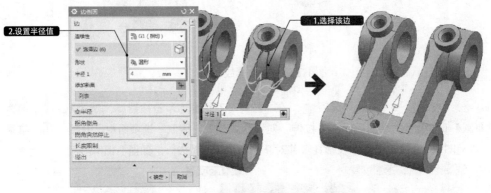

图4-160 创建边倒圆1

03 选择"主页"→"特征"→"边倒圆"选项，打开"边倒圆"对话框。在对话框中设置"形状"为"圆形"，"半径1"为3，在工作区中选择短轴孔套和圆台的相交线，单击"确定"按钮，即可完成边倒圆2的创建，如图4-161所示。

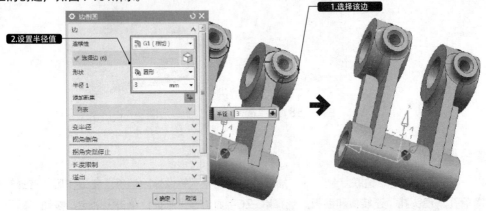

图4-161 创建边倒圆2

04 选择"主页"→"特征"→"边倒圆"选项，打开"边倒圆"对话框。在对话框中设置"形状"为"圆形"，"半径1"为4，在工作区中选择连接板和长轴孔套的相交线，单击"确定"按钮，即可完成边倒圆3的创建，如图4-162所示。

05 选择"主页"→"特征"→"边倒圆"选项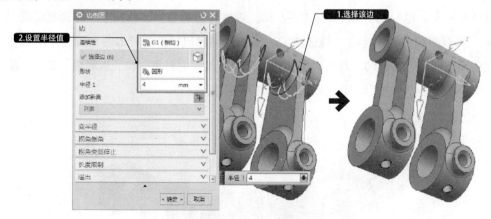，打开"边倒圆"对话框。在对话框中设置"形状"为"圆形"，"半径1"为4，在工作区中选择连接板和肋板的相交线，单击"确定"按钮，即可完成边倒圆4的创建，如图4-163所示。

图4-162 创建边倒圆3

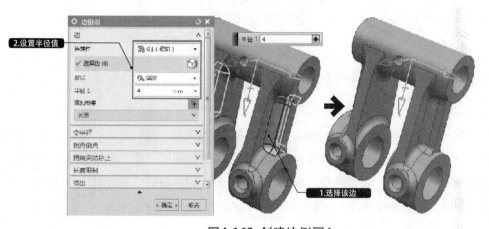

图4-163 创建边倒圆4

06 选择"主页"→"特征"→"倒斜角"选项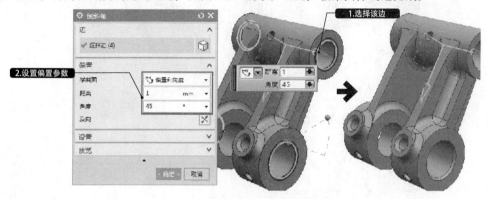，打开"倒斜角"对话框。选择"横截面"下拉列表中的"偏置和角度"选项，设置"距离"为1，"角度"为45，在工作区中选择轴孔端面的内边，单击"确定"按钮，即可完成倒斜角的创建，如图4-164所示。至此，轴架实体创建完成。

图4-164 创建倒斜角

4.8.3 》扩展实例：创建弧形连杆实体

最终文件：素材\第4章\ch4-example8-1.prt

本实例将创建一个如图4-165所示弧形连杆实体。该连杆由弧形杆、轴孔座、夹紧座组成。在创建本实体时，可以先利用"拉伸""镜像特征"等工具创建出弧形连杆的基本形状；然后利用"孔"工具创建出两端轴孔座上的简单孔和埋头孔；最后利用"倒斜角"和"边倒圆"工具创建出轴孔内侧的倒角和连接处的圆角，即可创建出该弧形连杆实体。

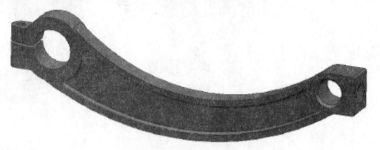

图4-165 弧形连杆实体

4.8.4 》扩展实例：创建冰箱接水盒实体

最终文件：素材\第4章\ch4-example8-2.prt

本实例将创建一个如图4-166所示的冰箱接水盒实体。该冰箱接水盒由盒体、隔板、固定板等结构组成。在创建本实例时，可以先利用"拉伸""拔模""边倒圆""壳"等工具创建出盒体；然后利用"基准平面""拉伸""镜像特征"等工具创建水盒中间的隔板；最后利用"拉伸""边倒圆"和"镜像几何体"创建水盒端面上的固定板，即可创建出该冰箱接水盒实体。

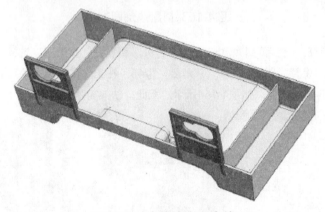

图4-166 冰箱接水盒实体

第 5 章

工业产品
曲面造型设计

流畅的曲面外形已经成为现代产品设计发展的趋势。利用 UG NX 12.0 完成曲线式流畅造型设计,是现代产品设计迫在眉睫的市场需要。

UG NX 12.0 中的建模和外观造型设计模块集中了所有的曲面设计分析工具,可以通过曲线构面、由曲面构面、并结合修剪、延伸、扩大以及更改边等进行编辑操作,还可以对所创建的曲面进行光顺度分析。

本章通过 5 个工业产品曲面造型设计实例,重点讲解 UG NX12.0 的曲面创建和编辑功能。

5.1 创建时尚木梳实体

最终文件：素材\第5章\5.1时尚木梳.prt
视频文件：视频教程\第5章 \5.1创建时尚木梳.avi

　　本实例将创建一个如图5-1所示的时尚木梳实体。该时尚木梳由拉伸体、旋转体、槽、圆角等特征形成。在创建本实例时，可以先利用"拉伸""旋转体""基本平面""草图"等工具创建出木梳的基本形状。然后利用"基准平面""投影曲线""拉伸""引用几何体""求差"等工具创建出中间的阵列槽，最后用"边倒圆"工具创建出木梳外侧的圆角，即可创建出该时尚木梳实体。

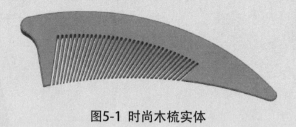

图5-1 时尚木梳实体

5.1.1 相关知识点

1. 阵列特征

　　阵列特征是按一定布局创建某个特征的多个副本。与草图中"阵列曲线"类似，阵列特征可选择线性、圆形、多边形等多种阵列布局。选择"主页"→"特征"→"阵列特征"选项 ◈，或者选择菜单按钮中的"插入"→"关联复制"→"阵列特征"选项，打开"阵列特征"对话框，如图 5-2 所示。对话框中各选项组的含义介绍如下。

　　》"要形成阵列的特征"选项组

　　在该选项组中选择要阵列的特征，可以在部件导航器中的模型历史记录中选择，也可以在模型上选择。可选择实体特征，也可选择整个实体，还可选择基准特征作为阵列对象。

　　》"参考点"选项组

　　该选项组用于选择一个点作为阵列的参考点，该选项一般由系统自动选择特征的几何中心，无须用户设置。不同的参考点对阵列效果没有影响，只对阵列参数的测量基准有影响，如图5-3和图5-4所示。

图 5-2 "阵列特征"对话框

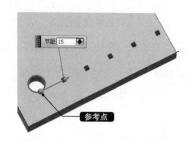

图 5-3 选择象限点作为参考点

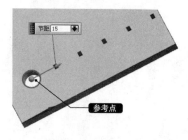

图 5-4 选择圆心作为参考点

» "阵列定义"选项组

该选项组如图 5-5所示，先在"布局"下拉列表中选择布局方式，选择不同的布局方式，所需输入的参数也就不同。将各种阵列布局类型介绍如下。

◆ "线性"：通过"线性"阵列可以沿两个线性方向生成多个实例，其中"方向2"是可选方向。定义线性阵列需要选择线性对象作为方向参考，如坐标轴、草图直线或直线边线等。

◆ "圆形"："圆形"阵列的阵列定义如图 5-6所示。"圆形"阵列指沿着指定的旋转轴在圆周上生成多个实例，定义圆形阵列需要定义旋转轴的方向和轴的通过点。

◆ "多边形"："多边形"阵列的阵列定义如图 5-7所示，"多边形"阵列指沿着定义的多边形边线生成多个实例，定义多边形阵列也需要定义旋转轴的方向和轴的通过点。

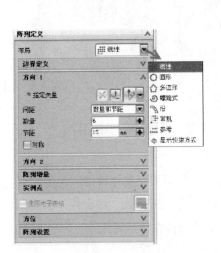

图 5-5 "阵列定义"选项组　　图 5-6 圆形阵列的阵列定义　　图 5-7 多边形阵列的阵列定义

◆ "螺旋式"："螺旋式"阵列的阵列定义如图 5-8所示。"螺旋"阵列是以所选实例为中心，向四周沿平面螺旋路径生成多个实例。定义一个螺旋阵列需要指定螺旋所在的平面法向，然后设置螺旋的参数，螺旋的密度由"径向节距"定义，实例间的距离由"螺旋向节距"定义，螺旋的旋转方向由选择的"左手"或"右手"和一个"参考矢量"确定。阵列的范围由"圈数"或"总角"定义，此外也可以使用"边界定义"控制阵列的范围，如图 5-9所示。

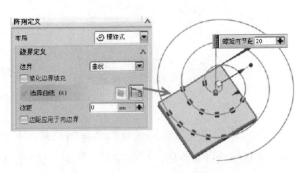

图 5-8 "螺旋式"阵列的阵列定义　　　图 5-9 "螺旋式"阵列的边界定义

- ◆ "沿"：此方式用于沿选定的曲线边线或草图曲线生成多个实例。
- ◆ "常规"：此方式用于在平面上任意指定点创建实例，先选择阵列的"出发点"（基准点），然后选择阵列的平面，单击进入草绘模式，绘制草图点之后退出草图，草图点位置将作为阵列实例点，如图 5-10 所示。
- ◆ "参考"：此方式以模型中已创建的阵列作为参考创建特征的阵列，阵列的布局与参考阵列相同。除了选择一个参考阵列，还需要选择参考阵列中的一个实例点作为特征所处的位置参考，如图 5-11 所示。

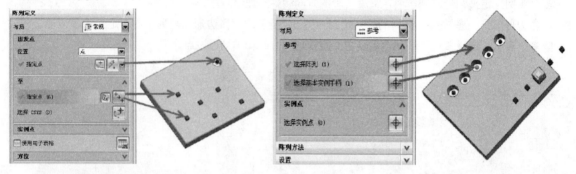

图 5-10 "常规"阵列的阵列定义　　　　图 5-11 "参考"阵列的阵列定义

2. 布尔运算

布尔运算通过对两个以上的物体进行并集、差集或交集运算，从而得到新实体特征，用于处理实体造型中多个实体的合并关系。在 UG NX12.0 中，系统提供了 3 种布尔运算方式，即合并、求差、相交。布尔运算隐含在许多特征中，如建立孔、凸台和腔体等特征均包含布尔运算。另外，一些特征在建立的最后都需要指定布尔运算方式。

》合并

该方式指将两个或多个实体合并为单个实体，也可以认为是将多个实体特征叠加变成一个独立的特征，即求实体与实体间的和集。选择"主页"→"特征"→"合并"选项 ，打开"合并"对话框，依次选择目标体和工具体进行合并操作，如图 5-12 所示。

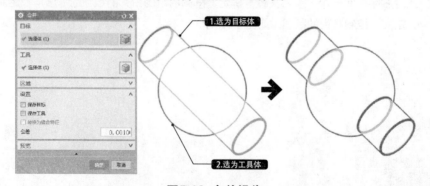

图 5-12 合并操作

该对话框中，目标体是首先选择的需要与其他实体进行合并的实体；工具体是参与运算的实体。在进行合并操作时，"保持目标"或"保持工具"产生的效果均不同，简要介绍如下。

- ◆ "保持目标"：在"合并"对话框的"设置"选项组中启用该复选框进行合并操作时，将不会删除之前选择的目标特征，如图5-13所示；

◆ "保持工具"：该复选框在进行合并操作时，将不会删除之前选择的工具体特征，如图5-14所示。

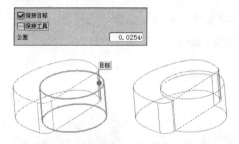

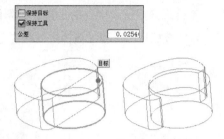

图5-13 "保持目标"的合并操作　　　　图5-14 "保持工具"的合并操作

提 示

在进行布尔运算时，目标体只能有一个，而工具体可以有多个。加运算不适用于片体，片体和片体只能进行减运算和相交运算。

》求差

该方式指从目标实体中去除工具实体，在去除的实体特征中不仅包括指定的工具特征，还包括目标实体与工具实体相交的部分，即实体与实体间的差集。选择"求差"选项 ，打开"求差"对话框，依次选择目标体和工具体进行求差操作，如图5-15所示。

图5-15 求差操作

启用"设置"选项组中的"保持目标"复选框，在进行求差操作后，目标体特征依然显示在工作区，如图5-16所示；而启用"保持工具"复选框，在进行求差操作后，工具特征依然显示在工作区，如图5-17所示。

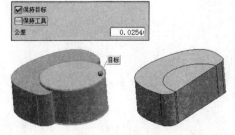

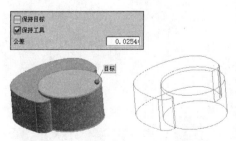

图5-16 "保持目标"的求差操作　　　　图5-17 "保持工具"的求差操作

》相交

该方式可以得到两个相交实体特征的共有部分或重合部分，即求实体与实体间的交集。它与"求差"工具正好相反，得到的是去除材料的那一部分实体。选择"相交"选项 ⚙，打开"相交"对话框，依次选择目标体和工具体进行相交操作，如图5-18所示。

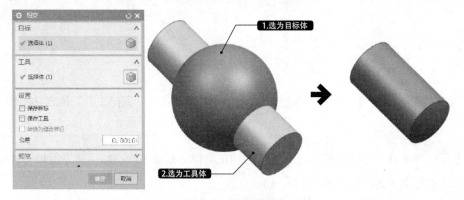

图5-18 相交操作

启用"设置"选项组中的"保持目标"复选框，在进行相交操作后，目标体特征依然显示在工作区，如图5-19所示；而启用"保持工具"复选框，在进行相交操作后，工具特征依然显示在工作区，如图5-20所示。

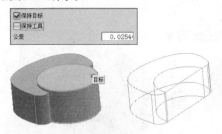
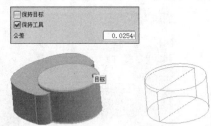

图5-19 "保持目标"的相交操作　　　　图5-20 "保持工具"的相交操作

5.1.2 》创建步骤

1. 创建基本形状

01 选择"主页"→"草图"选项 📐，打开"创建草图"对话框。在工作区中选择XC-YC平面为草图平面，绘制如图5-21所示的木梳截面草图。

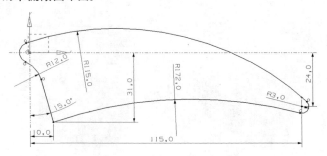

图5-21 绘制木梳截面草图

02 选择"主页"→"特征"→"拉伸"选项 ▣，在工作区中选择步骤 **01** 绘制的草图为截面曲线，设置拉伸"开始"和"结束"的"距离"为3和－3，如图5-22所示。

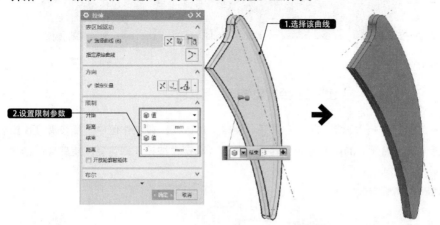

图5-22 创建木梳基本形状

2. 创建剪切旋转体

01 选择"主页"→"草图"选项 ▣，打开"创建草图"对话框。在工作区中选择XC-YC平面为草图平面，在木梳内侧的弧面任意点处绘制该点的相切线，如图5-23所示。

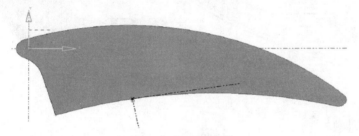

图5-23 绘制相切线

02 选择"主页"→"特征"→"基准平面"选项 ▢，选择"类型"下拉列表中的"点和方向"选项，在工作区中选择步骤 **01** 绘制的相切线端点，创建垂直于相切线的基准平面A，如图5-24所示。

图5-24 创建基准平面A

03 选择"主页"→"草图"选项 ▣，打开"创建草图"对话框。以基准平面A为草图平面，绘制如图5-25所示的旋转体截面草图。

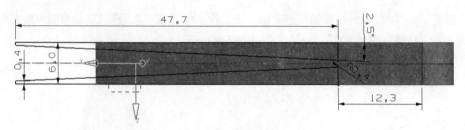

图5-25 绘制旋转体截面草图

04 选择"主页"→"特征"→"旋转"选项,打开"旋转"对话框。在工作区中选择步骤 **03** 绘制的草图为截面曲线,选择木梳内侧弧面的中心轴为旋转轴,单击"确定"按钮,即可完成旋转体的创建,创建方法如图5-26所示。

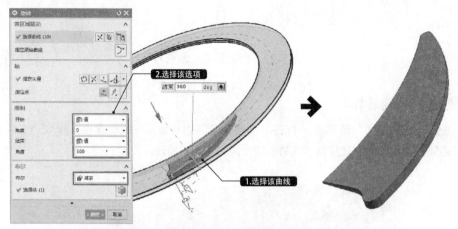

图5-26 创建剪切旋转体

3. 创建阵列槽

01 选择"主页"→"特征"→"基准平面"选项□,在工作区中选择木梳的侧面,系统会自动生成一个相切的基准平面B,如图5-27所示。

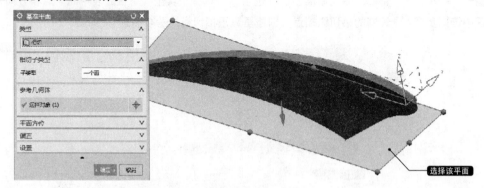

图5-27 创建基准平面B

02 选择"主页"→"草图"选项圖,打开"创建草图"对话框。以基准平面B为草图平面,绘制如图5-28所示的引导线。

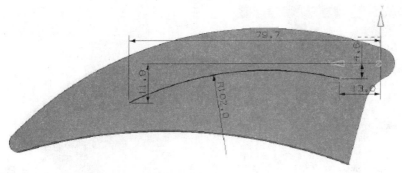

图5-28 绘制引导线

03 选择"曲线"→"派生的曲线"→"投影曲线"选项，打开"投影曲线"对话框。在工作区中选择步骤 **02** 绘制的引导线和木梳的侧面，将曲线投影到侧面上，单击"确定"按钮，即可完成投影曲线的创建，如图5-29所示。

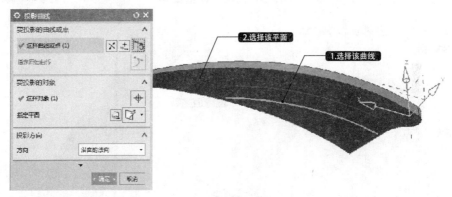

图5-29 创建投影曲线

04 选择"主页"→"草图"选项 🖼，打开"创建草图"对话框。以XC-YC平面为草图平面，绘制如图5-30所示的剪切槽截面草图。

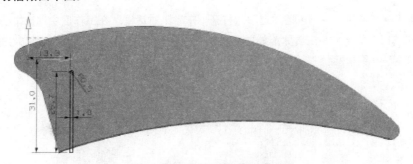

图5-30 绘制剪切槽截面草图

05 选择"主页"→"特征"→"拉伸"选项 🖼，在工作区中选择步骤 **04** 绘制的草图为截面曲线，设置拉伸"开始"和"结束"的"距离"为5和-5，如图5-31所示。

06 选择"菜单"→"插入"→"关联复制"→"阵列几何特征"选项，打开"阵列几何特征"对话框。在工作区中选择剪切槽实体和引导线，设置"数量""步距百分比"等参数，单击"确定"按钮，即可完成阵列几何特征的创建，如图5-32所示。

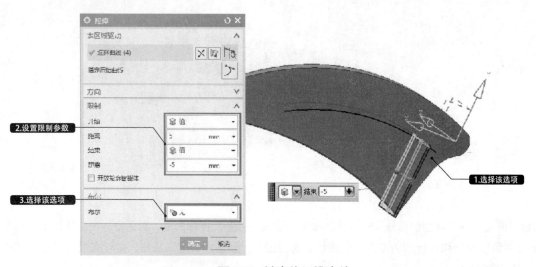

图5-31 创建剪切槽实体

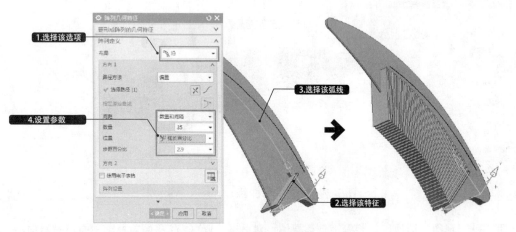

图5-32 阵列几何特征

07 选择"主页"→"特征"→"求差"选项，打开"求差"对话框。在工作区中选择木梳基本形体为目标体，依次逐个选择几何特征为工具体，单击"确定"按钮，即可完成求差运算，如图5-33所示。

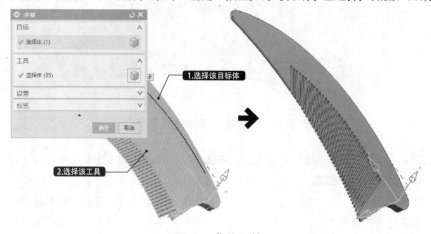

图5-33 求差运算

4. 创建边倒圆

选择"主页"→"特征"→"边倒圆"选项 ，打开"边倒圆"对话框。在对话框中设置"形状"为"圆形","半径1"为0.5,在工作区中选择木梳外侧的边,单击"确定"按钮,即可完成边倒圆的创建,如图5-34所示。至此,时尚木梳实体创建完成。

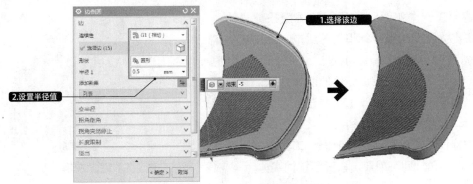

图5-34 创建边倒圆

5.1.3 扩展实例:创建铸件壳体实体

最终文件:素材\第5章\5.1-1.prt

本实例将创建一个如图5-35所示的铸件壳体实体。该铸件壳体由空腔、轴孔、凸台、螺孔等结构组成。在创建本实体时,可以先利用"旋转""拉伸""抽壳"等工具创建出铸件壳体的基本形状,然后利用"拉伸""引用几何体""镜像特征"等工具创建出凸台、轴孔和螺孔,最后利用"扫掠"工具创建出壳体断面的弧形体,以及利用"边倒圆"工具创建出连接处的圆角,即可创建出该铸件壳体实体。

5.1.4 扩展实例:创建托架实体

最终文件:素材\第5章\5.1-2.prt

本实例将创建一个如图5-36所示的托架实体。该托架由底板、轴孔套、支架等结构组成。在创建本实体时,可以先利用"拉伸""基准平面"等工具创建出托架的基本形状,然后利用"拉伸""孔"等工具创建出轴孔和底板上的螺孔,最后利用"边倒圆"工具创建出底板四条棱边和其他连接处的圆角,即可创建出该托架实体。

图5-35 铸件壳体实体

图5-36 托架实体

5.2 创建键盘按键实体

最终文件：素材\第5章\5.2键盘按键.prt
视频文件：视频教程\第5章 \5.2创建键盘按键.avi

本实例将创建一个如图5-37所示的键盘按键实体。该键盘按键由壳体、导向管、标识符等组成。在创建本实例时，可以先利用"长方体""拔模""扫掠""修剪体""抽壳"等工具创建出按键壳体的基本形状，然后利用"拉伸""加厚""拔模"等工具创建出壳体内的导向管，最后利用"直线""投影曲线""文本"等工具创建出按键表面的标识符，并利用"边倒圆"工具创建出按键顶面边缘线的倒圆角，即可创建出该键盘按键实体。

图5-37 键盘按键实体

5.2.1 相关知识点

1. 修剪体

该工具是利用平面、曲面或基准平面对实体进行修剪操作。这些修剪面必须完全通过实体，否则无法完成修剪操作。修剪后仍然是参数化实体，并保留实体创建时的所有参数。在菜单按钮中选择"插入"→"修剪"→"修剪体"选项，打开"修剪体"对话框。选择要修剪的实体对象，并利用"选择面或平面"工具指定基准面和曲面。该基准面或曲面上将显示绿色矢量箭头，矢量所指的方向就是要移除的部分，可单击"反向"按钮图，反向选择要移除的实体，如图5-38所示。

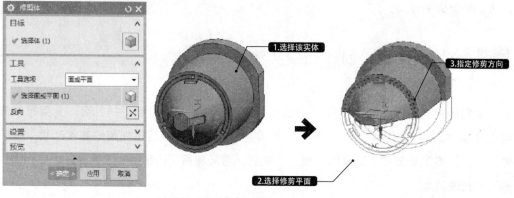

图5-38 创建修剪体

2. 拔模

注塑件和铸件往往需要一个拔模斜面才能顺利脱模，这就是所谓的拔模处理。拔模特征是通过指定一个拔模方向的矢量，输入一个沿拔模方向的拔模角度，使要拔模的面按照这个角度值进行向内或向外的变化。选择"主页"→"特征"→"拔模"选项 ，在打开的"拔模"对话框中提供了4

种创建拔模特征的方式，简要介绍如下。

》面

该方式指以选择的平面为参考平面，并与所指定的拔模方向成一定角度来创建拔模特征。选择"类型"下拉列表中的"面"选项并指定脱模方向，然后选择拔模的固定平面，并选择要进行拔模的曲面和设置拔模角度值，如图5-39所示。

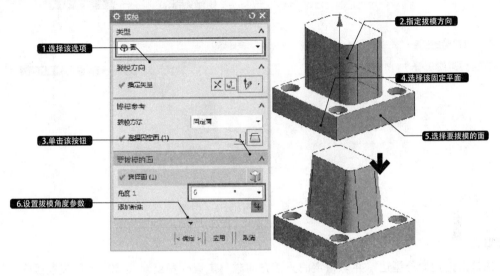

图5-39 利用"面"拔模

》边

该方式常用于从一系列实体的边开始，与拔模方向成一系列的拔模角度对指定的实体进行拔模操作。选择"类型"下拉列表中的"边"选项并指定拔模方向，然后选择拔模的固定边并设置拔模角度，如图5-40所示。

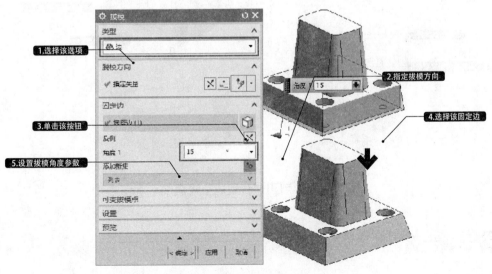

图5-40 利用"边"拔模

》》与面相切

该方式用于对相切表面拔模后仍保持相切的情况。选择"类型"下拉列表中的"与面相切"选项并指定拔模方向，然后选择要拔模的面，并选择与其相切的平面，设置拔模角度，如图5-41所示。

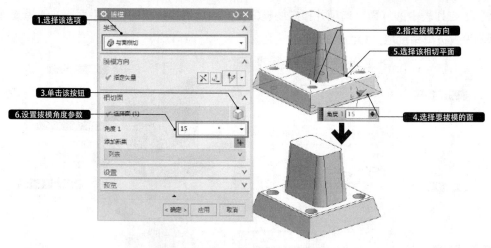

图5-41 利用"与面相切"拔模

》》分型边

该方式是沿指定的分型边，并与指定的拔模方向成一定拔模角度对实体进行的拔模操作。选择"类型"下拉列表中的"分型边"选项并指定拔模方向，然后选择拔模的固定平面和拔模的分型边，并设置拔模的角度，如图5-42所示。

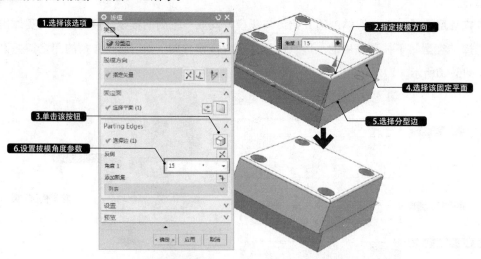

图5-42 利用"分型边"拔模

5.2.2 创建步骤

1. 创建按键壳体

01 选择"菜单"→"插入"→"设计特征"→"长方体"选项 ，打开"长方体"对话框。选择"类型"下拉列表中的"原点和边长"选项，设置长、宽、高分别为18、18、15的长方体，如图5-43所示。

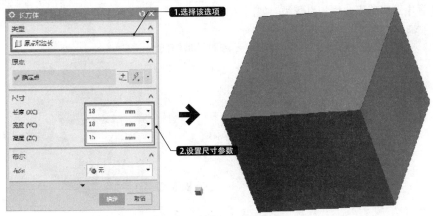

图5-43 创建长方体

02 选择"主页"→"特征"→"拔模"选项 ⬙，打开"拔模"对话框。选择"类型"下拉列表中的"边"选项，设置"拔模方向"为ZC正向，选择长方体的底边为固定边，并设置拔模"角度1"为15，如图5-44所示。

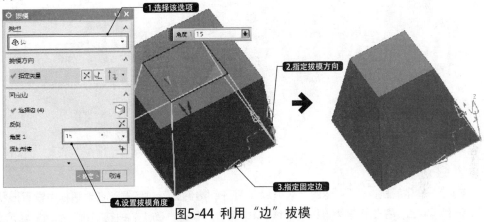

图5-44 利用"边"拔模

03 选择"主页"→"草图"选项 ▦，打开"创建草图"对话框。以YC-ZC平面为草图平面，绘制如图5-45所示的截面曲线；以与YC-ZC平面垂直且过长方体垂直中心轴的平面为草图平面，绘制如图5-46所示的引导线。

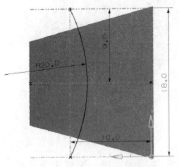

图5-45 绘制截面曲线

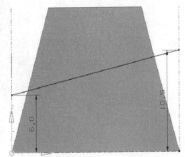

图5-46 绘制引导线

04 选择"主页"→"特征"→"曲面"→"更多"→"沿引导线扫掠"选项，打开"沿引导线扫掠"对话框。在工作区中选择截面曲线和引导线，如图5-47所示。

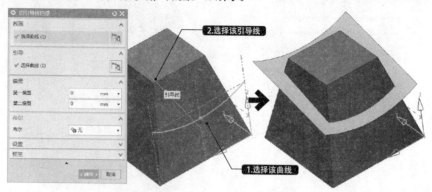

图5-47 创建扫掠曲面

05 选择"主页"→"特征"→"修剪体"选项，打开"修剪体"对话框。在工作区中选择拔模的长方体为目标，选择扫掠曲面为工具体，如图5-48所示。

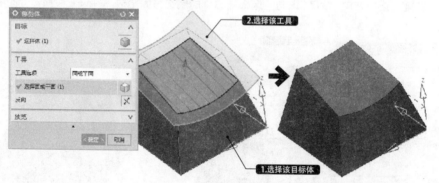

图5-48 创建修剪体

06 选择"主页"→"特征"→"边倒圆"选项📓，打开"边倒圆"对话框。在对话框中设置形状为"圆形"，"半径1"为1.5，在工作区中选择拔模体的4个棱边，单击"确定"按钮即可，如图5-49所示。

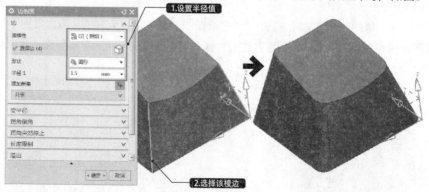

图5-49 创建边倒圆

07 选择"主页"→"特征"→"抽壳"选项📓，在工作区中选择按键的底面，设置壳体"厚度"为0.5，单击"确定"按钮，即可完成抽壳操作，如图5-50所示。

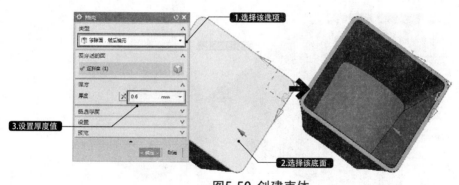

图5-50 创建壳体

2. 创建导向管

01 选择"主页"→"特征"→"基准平面"选项 □，在工作区中选择按键的底面，创建向外"偏置"的"距离"为3的基准平面，如图5-51所示。

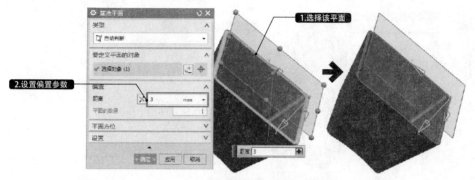

图5-51 创建基准平面

02 选择"主页"→"特征"→"拉伸"选项 ，在"拉伸"对话框中单击按钮 ，选择步骤 **01** 创建的基准平面为草图平面，以按键底面中心为圆心，绘制Φ5.5圆后返回"拉伸"对话框，设置"限制"选项组中的参数，选择"体类型"下拉列表中的"片体"选项，单击"确定"按钮，即可完成拉伸操作，如图5-52所示。

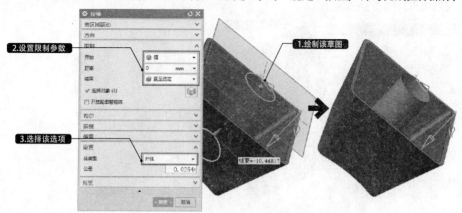

图5-52 创建拉伸片体

03 选择"主页"→"特征"→"更多"→"加厚"选项，打开"加厚"对话框。在工作区中选择拉伸片体，设置向内"偏置1"为0.6，如图5-53所示。

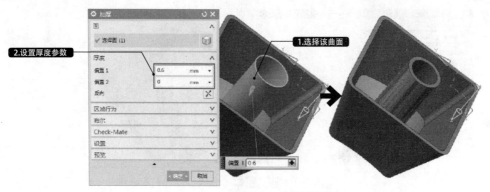

图5-53 加厚片体

04 选择"主页"→"特征"→"拔模"选项🔧，打开"拔模"对话框。选择"类型"下拉列表中的"边"选项，设置"拔模方向"为ZC方向，选择片体上端的边为固定边，并设置拔模"角度1"为3，如图5-54所示。

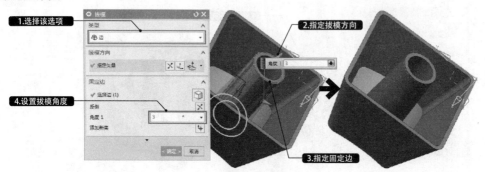

图5-54 拔模片体

3. 创建标识符

01 选择"曲线"→"直线"选项✏，打开"直线"对话框。在工作区中绘制按键顶部两侧的两条直线，然后连接这两条直线的中点，如图5-55所示。

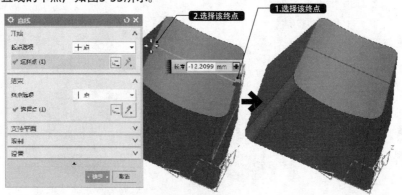

图5-55 绘制直线

02 选择"曲线"→"派生的曲线"→"投影曲线"选项，打开"投影曲线"对话框。在工作区中选择要投影的直线和投影的对象曲面，如图5-56所示。

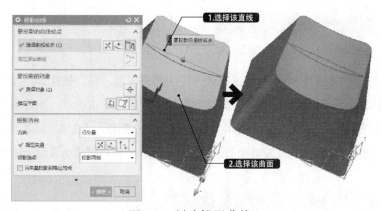

图5-56 创建投影曲线

03 选择"曲线"→"曲线"→"文本"选项，选择"类型"下拉列表中的"面上"选项，在工作区中选择文本放置面和面上位置（上步骤的投影曲线）；在"文本属性"选项组的文本框中输入Ctrl，设置"文本框"选项组中的尺寸参数，并启用"连结曲线"和"投影曲线"选项，单击"确定"按钮，即可完成文本的创建，如图5-57所示。

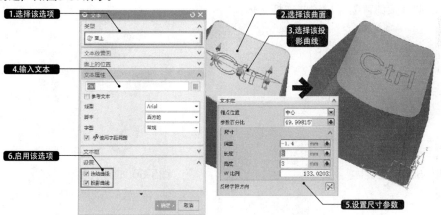

图5-57 创建文本

04 选择"主页"→"特征"→"边倒圆"选项 ⬛，打开"边倒圆"对话框。在对话框中设置"形状"为"圆形"，"半径1"为0.3，在工作区中选择按键顶部的边，单击"确定"按钮，即可完成边倒圆的创建，如图5-58所示。至此，键盘按键实体创建完成。

图5-58 创建边倒圆

5.2.3 ▶ 扩展实例：创建端盖实体

最终文件：素材\第5章\5.2-1.prt

本实例将创建一个如图5-59所示的端盖实体。该端盖由圆盘、孔、轴孔套、拔模、圆角等结构组成。在创建本实例时，可以先利用"旋转"等工具创建出端盖的基本形状，然后利用"孔""圆形阵列"等工具创建出壳体内的导向管，最后利用"直线""投影曲线""文本"等工具创建出按键表面的标识符，并利用"倒圆"工具创建处按键顶面边缘线的倒圆角，即可创建出该键盘按键的实体模型。

5.2.4 ▶ 扩展实例：创建曲连杆实体

最终文件：素材\第5章\5.2-2.prt

本实例将创建一个如图5-60所示的曲连杆实体。该曲连杆看上去复杂，但只要通过"拉伸""修剪体"两个工具即可完成。在创建本实例时，可以先利用"拉伸"工具创建出连杆纵向的基本形状。然后利用"拉伸"工具创建出纵向和横向的工具片体。最后利用"修剪体"工具修剪掉曲连杆拉伸体多余的部分，即可创建出该曲连杆实体。

图5-59 端盖实体

图5-60 曲连杆实体

5.3 创建化妆盒实体

最终文件：素材\第5章\5.3化妆盒实体.prt

视频文件：视频教程\第5章 \5.3创建化妆盒实体.avi

本例创建一个如图5-61所示的化妆盒实体。该化妆盒由3个曲面构成，利用"通过曲线组""通过网格曲面""有界平面""加厚"等工具可以完成本实例的创建。可以先利用"草图""基准平面""偏置曲线"等工具绘制出化妆盒的线框图；然后利用"通过曲线组""通过网格曲面""有界平面"等工具创建出化妆盒的曲面，并利用"加厚"工具将曲面转换为实体；最后利用"草图""文本""拉伸"等工具创建出文字标识，即可创建出该化妆盒实体。

图5-61 化妆盒实体

5.3.1 相关知识点

1. 通过曲线组

通过曲线组方法可以通过一系列截面线串（大致在同一方向）建立片体或实体。截面线串定义了曲面的U方向，截面线可以是曲线、体边界或体表面等几何体。此时直纹形状改变以穿过各截面，所生成的特征与截面线串相关联，当截面线串被编辑修改后，特征自动更新。"通过曲线组"创建曲面与"直纹曲面"的创建方法相似，区别在于："直纹曲面"只使用两条截面线串，并且两条线串之间总是相连的，而"通过曲线组"最多允许使用150条截面线串。

选择"主页"→"曲面"→"通过曲线组"选项 ，也可以选择 "曲面"→"曲面"→"通过曲线组"选项 ，或者选择菜单按钮中的"插入"→"网格曲面"→"通过曲线组"选项，打开"通过曲线组"对话框，如图 5-62所示。该对话框中常用选项组及选项的功能如下所述。

》连续性

在该选项组中可以根据生成片体的实际意义，来定义边界约束条件，以让它在第一条截面线串处和一个或多个被选择的体表面相切或等曲率过渡。

》输出曲面选项

在"输出曲面选项"选项组中可设置补片类型、构造方式、V向封闭和其他参数。

◆ "补片类型"：用于设置生成单个、多个或匹配线串。选择"单个"类型，则系统会自动计算V向阶次，其数值等于截面线数量减1；选择"多个"类型，则用户可以自己定义V向阶次，但所选择的截面数量至少比V向的阶次多一组。

◆ "构造"：该选项用于设置生成的曲面符合各条曲线的程度，具体包括"法向""样条点"和"简单"3种类型。其中"简单"是通过对曲线的数学方程进行简化，以提高曲线的连续性。

◆ "V向封闭"：勾选该复选框，并且选择封闭的截面线串，则系统自动创建出封闭的实体。

◆ "垂直于终止截面"：勾选该复选框后，所创建的曲面会垂直于终止截面。

◆ "设置"：该选项组如图 5-63所示。用于设置生成曲面的调整方式，与"直纹曲面"基本一样。

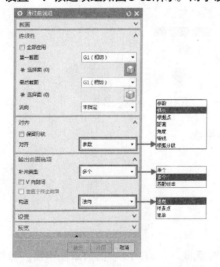

图 5-62 "通过曲线组"对话框

图 5-63 "设置"选项组

»公差

该选项组主要用于控制重建曲面相对于输入曲线精度的连续性公差。其中G0（位置）表示用于建模预设置的距离公差，G1（相切）表示用于建模预设置的角度公差，G2（曲率）表示相对公差的0.1倍或10%。

»对齐

"通过曲线组"中的"对齐"选项组与"直纹曲面"中的类似，这里以"参数"方式为例，介绍"对齐"选项组的应用。在工作区中依次选择第一条截面线串和其他截面线串，并选择"参数"对齐方式，接受默认的其他设置，单击"确定"按钮，如图5-64所示。

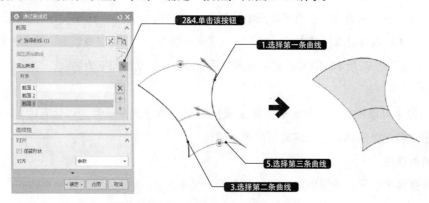

图5-64 利用"参数"对齐创建曲面

2. 有界平面

使用"有界平面"工具可以将在一个平面上的封闭曲线生成片体特征，所选择的曲线其内部不能相互交叉。在菜单按钮中选择"插入"→"曲面"→"有界平面"选项，打开"有界平面"对话框。该对话框中包含"平截面"和"预览"两个选项组，选择"选择曲线"选项，在工作区中选择要创建片体的曲线对象，然后单击"确定"按钮，即可创建有界平面，如图5-65所示。

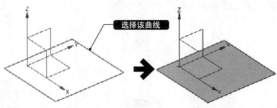

图5-65 创建有界平面

5.3.2 »创建步骤

1. 创建化妆盒线框

01 选择"主页"→"草图"选项🖼，打开"创建草图"对话框。以XC-YC平面为草图平面，绘制如图5-66所示的外轮廓草图。

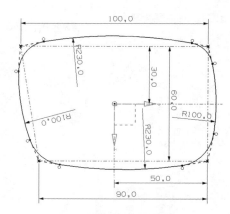

图5-66 绘制外轮廓草图

02 选择"主页"→"特征"→"基准平面"选项□，在工作区中选择XC-YC平面，创建向ZC方向"偏置"的"距离"为10的基准平面A，如图5-67所示。

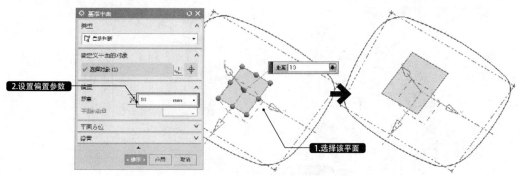

图5-67 创建基准平面A

03 选择"主页"→"草图"选项▣，以基准平面A为草图平面进入草绘环境。选择"主页"→"直接草图"→"偏置曲线"选项▣，选择工作区中外轮廓线，向内"偏置"的"距离"为10，如图5-68所示。

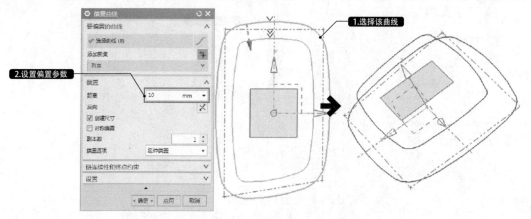

图5-68 偏置外轮廓曲线

04 选择"曲线"→"圆弧/圆"选项▣，打开"圆弧/圆"对话框。选择连接两轮廓线中间圆弧的中点，设置"半径"为10；按同样的方法绘制另一侧圆弧，如图5-69所示。

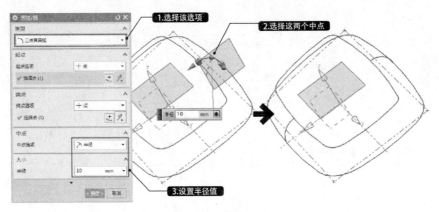

图5-69 创建圆弧

05 选择"主页"→"特征"→"基准平面"选项□，在工作区中选择XC-YC平面，创建向ZC方向"偏置"的"距离"为8.5的基准平面B，如图5-70所示。

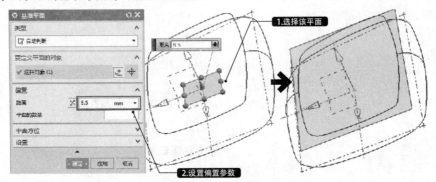

图5-70 创建基准平面B

06 选择"主页"→"草图"选项▦，以基准平面B为草图平面进入草绘环境。选择"主页"→"直接草图"→"偏置曲线"选项▧，选择工作区中的内轮廓线，向内"偏置"的"距离"为2，如图5-71所示。

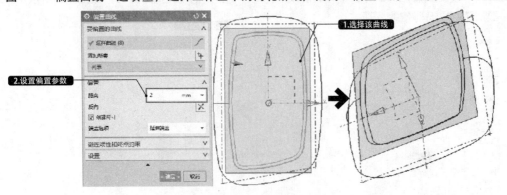

图5-71 偏置内轮廓线

2. 创建盒体

01 选择"主页"→"曲面"→"通过曲线组"选项，打开"通过曲线组"对话框。在工作区中依次选择曲线组，如图5-72所示。

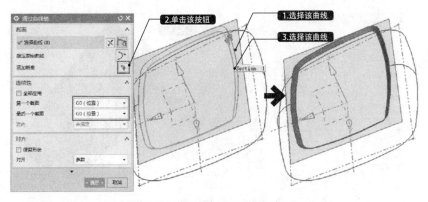

图5-72 通过曲线组创建曲面

02 选择"主页"→"曲面"→"通过曲线网格"选项 ，打开"通过曲线网格"对话框。在工作区中依次选择轮廓线为主曲线，选择圆弧为交叉曲线，如图5-73所示。

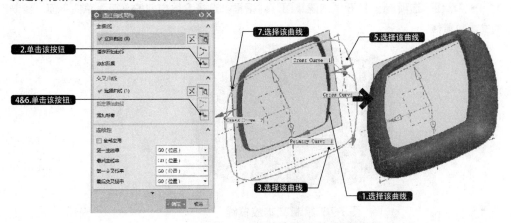

图5-73 通过曲线网格创建曲面

03 选择"主页"→"曲面"→"更多"→"有界平面"选项，打开"有界平面"对话框。在工作区中最内侧的轮廓线，单击"确定"按钮，即可创建有界平面，如图5-74所示。

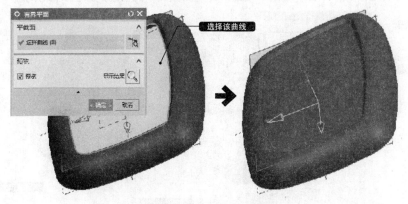

图5-74 创建有界平面

04 选择"主页"→"特征"→"更多"→"加厚"选项，打开"加厚"对话框。在工作区中选中所有曲面，设置向内"偏置1"的"厚度"为1，如图5-75所示。

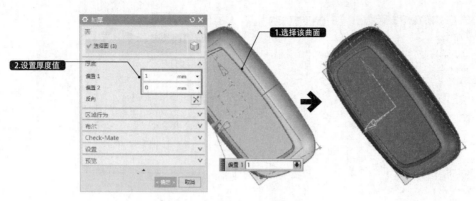

图5-75 加厚曲面

3. 创建文字标识

01 选择"主页"→"草图"选项，打开"创建草图"对话框。选择盒体中间的平面为草图平面，绘制如图5-76所示的文本放置线。

图5-76 绘制文本放置线

02 选择"曲线"→"曲线"→"文本"选项，选择"类型"下拉列表中的"面上"选项，在工作区中选择文本放置面和面上位置（上步骤的文本放置线），在"文本属性"选项组的文本框中输入V，设置"文本框"选项组中的尺寸参数，单击"确定"按钮，即可完成文本的创建，如图5-77所示。

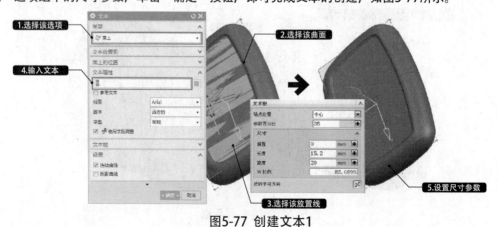

图5-77 创建文本1

03 按照同样的方法打开"文本"对话框，设置对话框中的参数，如图5-78所示。

图5-78 创建文本2

04 选择"主页"→"特征"→"拉伸"选项 ▦，在工作区中选择步骤 **02** 和步骤 **03** 创建的文本为截面曲线，设置拉伸"开始"和"结束"的"距离"为0和-0.1，如图5-79所示。

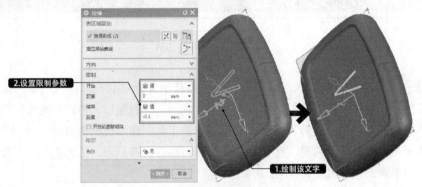

图5-79 拉伸文本标识

5.3.3 ▶扩展实例：创建花瓶实体

最终文件：素材\第5章\5.3-1.prt

本实例将创建一个如图5-80所示的花瓶实体。该花瓶比较简单，通过本实例可以回顾"有界平面""加厚""通过曲线网格"等工具的使用。在创建本实体时，可以先利用"草图"工具创建出瓶身的4条轮廓线以及瓶口和瓶底的椭圆，然后利用"通过曲线网格"工具创建出瓶身的曲面，最后利用"有界平面"工具创建瓶底的平面，以及利用"加厚"工具加厚曲面，即可创建出该花瓶实体。

5.3.4 ▶扩展实例：创建风机壳体实体

最终文件：素材\第5章\5.3-2.prt

本实例将创建一个如图5-81所示的风机壳体实体。该风机壳体由风叶箱、出风口、肋板、底板等组成。在创建本实体时，可以先利用"拉伸""旋转""通过曲线组"等工具创建出风机壳体的基本形状。然后利用"抽壳"工具将出风口端面和风叶箱端面移除，创建风机壳体形状。最后利用"孔""拉伸""合并""镜像特征"等工具创建出肋板、螺孔和底板，即可创建出该风机壳体实体。

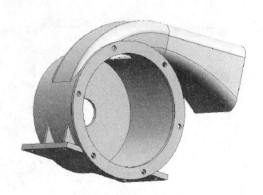

图5-80 花瓶实体　　　　　　　　　　　　图5-81 风机壳体实体

5.4 创建耳机外壳模型

最终文件：素材\第5章\5.4 耳机外壳模型.prt
视频文件：视频教程\第5章 \5.4创建耳机外壳模型.avi

　　本实例将创建一个如图5-82所示的耳机外壳模型。该耳机外壳由耳机体、出音罩、耳机柄等组成。创建本实例时，首先利用"圆""基准平面""椭圆""镜像""通过曲线组"等工具创建出耳机体的曲面，然后利用"旋转""修剪的片体"等工具创建耳机柄的曲面，并利用"旋转"工具创建出出音罩曲面，最后利用"缝合"工具将曲面缝合，并利用"边倒圆"工具创建出连接处的圆角，即可创建出该耳机外壳模型。

图5-82 耳机外壳模型

5.4.1 相关知识点

1. 通过曲线网格

　　使用"通过曲线网格"工具可以使一系列在两个方向上的截面线串建立片体或实体。截面线串可以由多段连续的曲线组成，这些线串可以是曲线、体边界或体表面等几何体。其中构造曲面时应该将一组同方向的截面线串定义为主曲线，而另一组大致垂直于主曲线的截面线串则为形成曲面的交叉线。由通过曲线网格生成的体相关联（这里的体可以是实体也可以是片体），当截面线边界修改后，特征会自动更新。

选择"主页"→"曲面"→"通过曲线网格"选项，打开"通过曲线网格"对话框，如图 5-83所示。该对话框中主要选项的含义及功能如下所述。

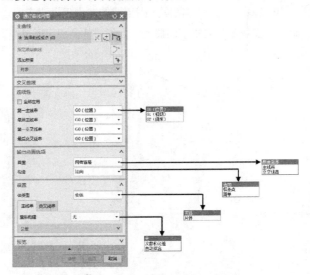

图5-83 "通过曲线网格"对话框

》主曲线

首先打开该对话框中的"主曲线"选项组中的"列表"框，选择一条曲线作为主曲线；然后依次单击"添加新集"按钮，选择其他主曲线，如图5-84所示。

》交叉曲线

选择主曲线后，打开"交叉曲线"选项组中的"列表"框，并选择一条曲线作为交叉曲线；然后依次单击该选项组中的"添加新集"按钮，选择其他交叉曲线，将显示曲面创建效果，如图5-84所示。

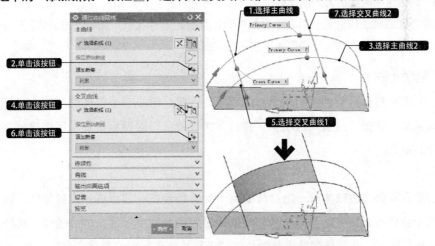

图5-84 选择"主曲线"与"交叉曲线"创建曲面

》着重

该选项用于控制系统在生成曲面时更靠近主曲线还是交叉曲线，或者在两者中间，它只有在主曲线和交叉曲线不相交的情况下才有意义，具体包括以下3种方式。

◆ "两者皆是"：完成"主曲线"和"交叉曲线"选择后，如果选择该方式，则创建的曲面会位于主曲线和交叉曲线之间，如图5-85所示。

◆ "主线串"：如果选择"主线串"方式创建曲面，则创建的曲面仅通过主曲线，如图5-86所示。

◆ "交叉线串"：如果选择"交叉线串"方式创建曲面，则创建的曲面仅通过交叉曲线，如图5-87所示。

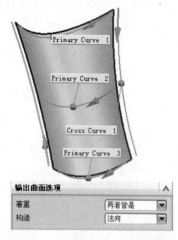
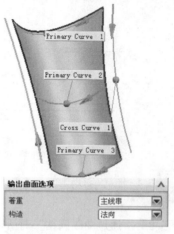
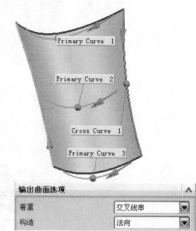

图5-85 "两者皆是"创建曲面   图5-86 "主线串"创建曲面   图5-87 "交叉线串"创建曲面

》重新构建

该选项用于重新定义曲线和交叉曲线的次数，从而构建与周围曲面光顺连接的曲面，包括以下3种方式。

◆ "无"：在曲面生成时不对曲面进行指定次数。

◆ "次数和公差"：在曲面生成时对曲面进行指定次数。如果是主曲线，则指定主曲线方向的次数；如果是横向，则指定横向线串方向的次数。

◆ "自动拟合：在曲面生成时系统对曲面进行自动计算指定最佳次数。如果是主曲线，则指定主曲线方向的次数；如果是横向，则指定横向线串方向的次数。

2. 片体的缝合

"缝合"工具是将具有公共边的多个片体缝合在一起，组成一个整体的片体，封闭的片体经过缝合能够变成实体。选择"缝合"选项 ，在打开的"缝合"对话框中提供了创建缝合特征的两种方式，具体介绍如下。

》片体

该方式指将具有公共边或具有一定缝隙的两个片体缝合在一起组成一个整体的片体。当对具有一定缝隙的两个片体进行缝合时，两个片体间的最短距离必须小于缝合的公差值。选择"类型"下拉列表中"片体"选项，然后依次选择目标片体和工具片体进行缝合操作，如图5-88所示。

》实体

该方式用于缝合选择的实体。要缝合的实体必须是具有相同形状、面积相近的表面。该方式尤其适用于无法用"合并"工具进行布尔运算的实体。选择"类型"下拉列表中的"实体"选项，然后依次选择目标面和工具面进行缝合操作，如图5-89所示。

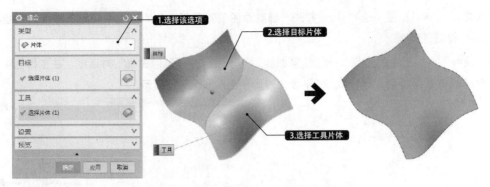

图5-88 利用"片体"创建缝合特征

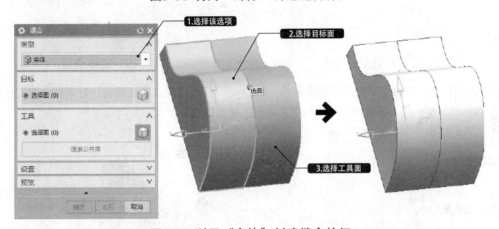

图5-89 利用"实体"创建缝合特征

5.4.2 创建步骤

1. 创建耳机体

01 选择"主页"→"草图"选项，打开"创建草图"对话框。以XC-YC平面为草图平面，绘制Φ14的圆。

02 先创建XC-YC平面向ZC方向偏置8的基准平面，然后以该平面为草图平面绘制"大半径"为4，"小半径"为2的椭圆，如图5-90所示。

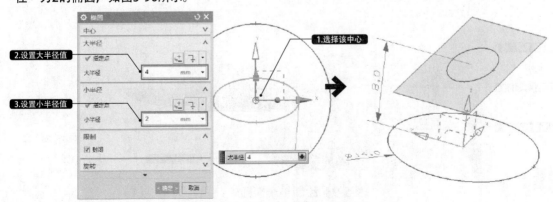

图5-90 绘制椭圆

03 选择 "主页" → "草图" 选项📷，打开 "创建草图" 对话框。以YC-ZC平面为草图平面，绘制如图5-91所示的机体截面轮廓。

04 选择 "曲线" → "派生的曲线" → "镜像曲线" 选项，打开 "镜像曲线" 对话框。在工作区中选择步骤 **03** 绘制的机体截面轮廓，选择XC-ZC平面为镜像平面，如图5-92所示。

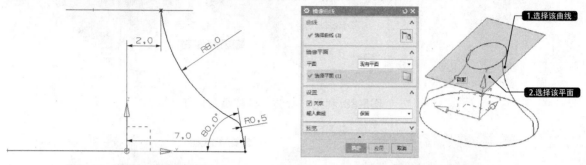

图5-91 绘制机体截面轮廓　　　　　　　　　图5-92 镜像曲线

05 选择 "主页" → "曲面" → "通过曲线网格" 选项📷，打开 "通过曲线网格" 对话框。在工作区中依次选择圆和椭圆为主曲线，选择镜像曲线为交叉曲线，如图5-93所示。

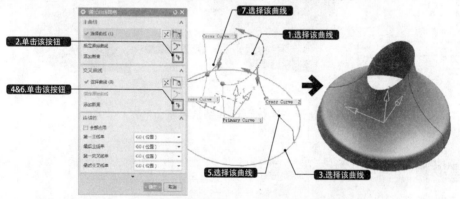

图5-93 通过曲线网格创建曲面

2. 创建耳机柄

01 选择 "主页" → "草图" 选项📷，以XC-ZC平面为草图平面，在工作区中绘制半个椭圆，如图5-94所示。

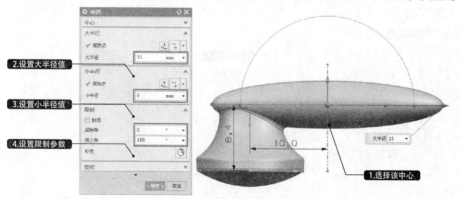

图5-94 绘制半个椭圆

02 在菜单按钮中选择"插入"→"设计特征"→"旋转"选项，打开"旋转"对话框。在工作区中选择步骤 **01** 绘制的半个椭圆为截面曲线，指定旋转的矢量轴，并设置"体类型"为"片体"，如图5-95所示。

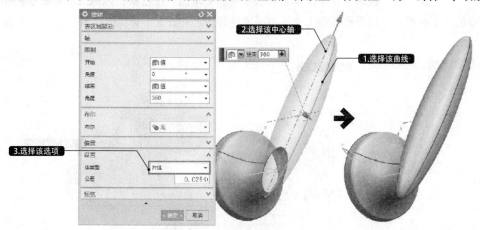

图5-95 创建旋转体1

03 选择"主页"→"特征"→"更多"→"修剪片体"选项，打开"修剪片体"对话框。在工作区中选择耳机柄为目标片体，选择耳机体为边界对象，单击"确定"按钮，即可完成修剪片体，如图5-96所示。

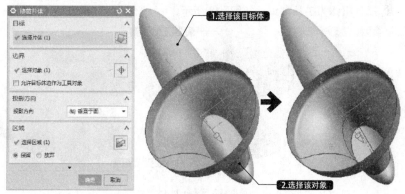

图5-96 修剪耳机柄多余片体

04 选择"主页"→"特征"→"更多"→"修剪片体"选项，打开"修剪片体"对话框。在工作区中选择耳机体为目标片体，选择耳机柄为边界对象，单击"确定"按钮，即可完成修剪片体，如图5-97所示。

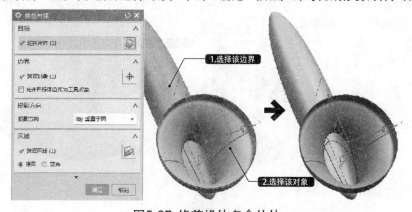

图5-97 修剪机体多余片体

3. 创建其他特征

01 选择"主页"→"特征"→"旋转"选项，单击对话框中的"草图"按钮 ，以XC-ZC平面为草图平面，绘制旋转体2的截面曲线。完成草图后在工作区中指定旋转轴，并设置"体类型"为"片体"，如图5-98所示。

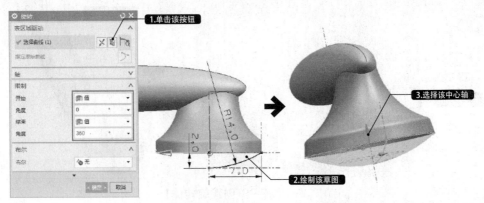

图5-98 创建旋转体2

02 在菜单按钮中选择"插入"→"组合体"→"缝合"选项，打开"缝合"对话框。在工作区中选中耳机柄为目标片体，选择耳机体为工具片体，如图5-99所示。

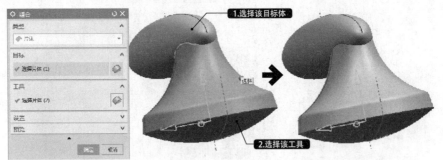

图5-99 缝合片体

03 选择"主页"→"特征"→"边倒圆"选项 ，打开"边倒圆"对话框。在对话框中设置"形状"为"圆形"，"半径1"为0.5，在工作区中选择耳机柄和耳机体的相交线，单击"确定"按钮，即可完成边倒圆的创建，如图5-100所示。

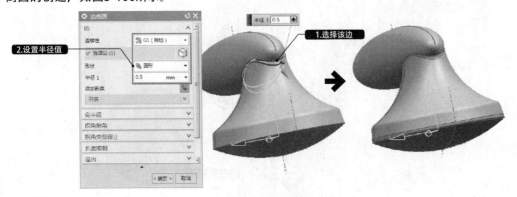

图5-100 创建边倒圆

5.4.3 ▶ 扩展实例：创建翻盖手机外壳实体

最终文件：素材\第5章\5.4-1.prt

本实例将创建如图5-101所示的翻盖手机外壳实体。该手机外壳属于普通的翻盖手机外壳，由上、下壳体组成，其结构比较简单。在创建该手机外壳的实体时，可以按照先总后分的思路创建。先利用"拉伸"工具创建出手机外壳的整体模型；然后利用"边倒圆"工具依次创建出圆角特征，并利用"拉伸""修剪的片体"和"缝合"工具创建出分型面；最后利用"修剪体"工具修剪掉上壳或下壳，即可完成该翻盖手机外壳实体的创建。

5.4.4 ▶ 扩展实例：创建香水瓶实体

最终文件：素材\第5章\5.4-2.prt

本实例将创建一个如图5-102所示的香水瓶实体。该香水瓶由瓶体、瓶盖、文字标识等组成。在创建本实体时，可以先利用"草图"工具创建出瓶身的4条轮廓线以及瓶口的圆；然后利用"通过曲线网格"工具创建出瓶身的曲面，以及利用"旋转"工具创建出瓶盖；最后利用"直线""投影曲线""文字"等工具创建出瓶身的文字，即可创建出该香水瓶实体。

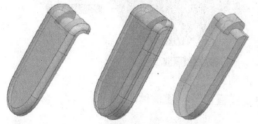

图5-101 翻盖手机外壳实体

图5-102 系香水瓶实体

5.5 ┃ 创建吹风机壳体

最终文件：素材\第5章\5.5 吹风机壳体.prt

视频文件：视频教程\第5章 \5.5创建吹风机壳体.avi

本实例将创建一个如图5-103所示的吹风机壳体。该吹风机由机体、出风口、散热罩、手柄等组成。在创建本实例时，可以先利用"基准平面""草图""通过曲线组"等工具创建机体和出风口的组合体。然后利用"球""修剪体""合并""抽壳"等工具创建出机体和散热罩的组合体，并利用"拉伸""矩形阵列"工具创建出散热槽。最后利用"基准平面""草图""投影"等工具创建出手柄的线框轮廓，并利用"扫掠""有界平面""缝合""边倒圆""加厚"等工具创建出手柄壳体，即可创建出该吹风机壳体。

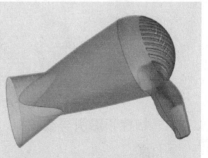

图5-103 吹风机壳体

5.5.1 ▶相关知识点

1. 创建球体

球体是三维空间中到一个点的距离相同的所有点的集合所形成的实体，广泛应用于机械、家具等结构设计中，如创建球轴承的滚子、球头螺栓及家具拉手等。选择"球"选项 ⊙，在打开的"球"对话框中提供了两种创建球体的方法，具体介绍如下。

▶中心点和直径

使用此方法创建球体特征时，先指定球体的直径，然后利用"球"对话框选择或创建球心，即可创建所需球体。选择"类型"下拉列表中的"中心点和直径"选项，并选择图中圆台顶面的中心为球心，然后输入球体的直径，如图5-104所示。

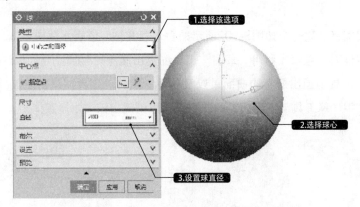

图5-104 利用"中心和直径"创建球体

▶圆弧

利用该方法创建球体时，只需在图中选择现有的圆或圆弧曲线为参考圆弧，即可创建出球体特征，如图5-105所示。

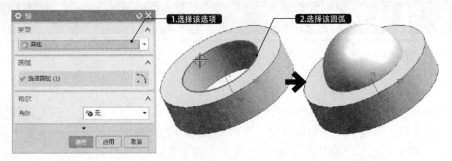

图5-105 利用"圆弧"创建球体

2. 扫掠和沿引导线扫掠

▶扫掠

扫掠操作是将一个截面图形沿指定的引导线运动，从而创建出三维实体或片体，其引导线可以是直线、圆弧或样条等曲线。在创建具有相同截面轮廓形状并具有曲线特征的实体模型时，可以先在两个互相垂直或成一定角度的基准平面内分别创建具有实体截面形状特征的草图轮廓线和具有实体曲率特征的扫掠路径曲线，然后利用"扫掠"工具即可创建出所需的实体。在特征建模中，拉伸和选择特征都算是扫掠特征。

选择"主页"→"曲面"→"扫掠"选项 ⟳，在打开的"扫掠"对话框中需要指定扫掠的截面曲线和扫掠的引导线，其中截面曲线只能选择一条，而引导线最多可以指定3条。当截面曲线为封闭的曲线时，扫掠生成实体特征，如图5-106所示。

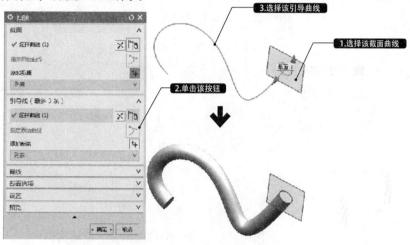

图5-106 创建扫掠实体特征

当截面曲线为不封闭的曲线时，扫掠生成曲面特征。依次选择图中的两条曲线分别作为截面曲线和引导曲线，创建扫掠曲面特征，如图5-107所示。

"扫掠"操作与"拉伸"既有相似之处，也有差别：利用"扫掠"和"拉伸"工具拉伸对象的结果完全相同，只不过轨迹线可以是任意的空间链接曲线，而"拉伸"轴只能是直线；而且"拉伸"既可以从截面处开始，也可以从起始距离处开始，而"扫掠"只能从截面处开始。因此，在轨迹线为直线时，最好采用"拉伸"方式。另外，当轨迹线为圆弧时，"扫掠"操作相当于"旋转"操作，旋转轴为圆弧所在轴线，从截面开始，到圆弧结束。

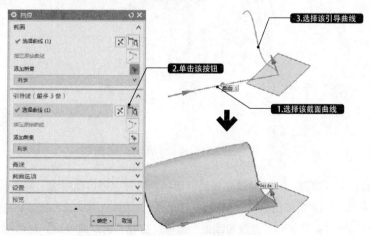

图5-107 创建扫掠曲面特征

»沿引导线扫掠

沿引导线扫掠是沿着一定的引导线进行扫描拉伸，将实体表面、实体边缘、曲线或链接曲线生成实体或片体。该方式与"扫掠"工具创建方法类似，不同之处在于，该方式可以设置截面图形的偏置参数，并且扫掠生成的实体截面形状与引导线相应位置法向平面的截面曲线形状相同。

选择"沿引导线扫掠"选项 ，打开"沿引导线扫掠"对话框，然后依次选择图中的曲线分别作为扫掠截面曲线和扫掠引导曲线，并设置偏置参数，即可完成扫掠操作，如图5-108所示。

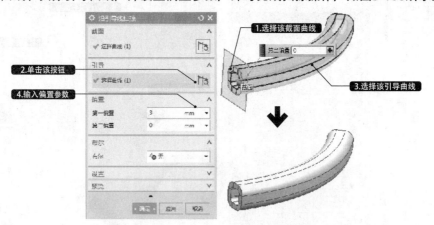

图5-108 利用"引导线扫掠"创建实体

5.5.2 创建步骤

1. 创建机体壳

01 利用"基准平面"工具创建与XC-YC平面分别相距-10、40、50、120的基准平面，然后在各个基准平面上，绘制如图5-109所示尺寸的机体轮廓。

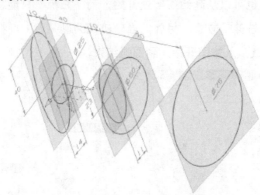

图5-109 绘制机体轮廓曲线

02 选择"主页"→"曲面"→"通过曲线组"选项，打开"通过曲线组"对话框。在工作区中依次选择两个椭圆为曲线组，创建机体出风口，如图5-110所示。

03 选择"主页"→"曲面"→"通过曲线组"选项，打开"通过曲线组"对话框。在工作区中依次选择3个圆，创建机体腰部，如图5-111所示。

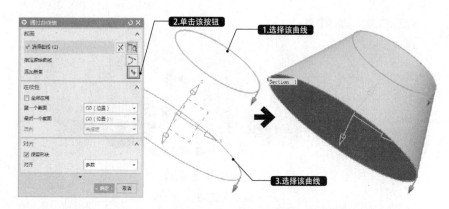

图5-110 创建机体出风口

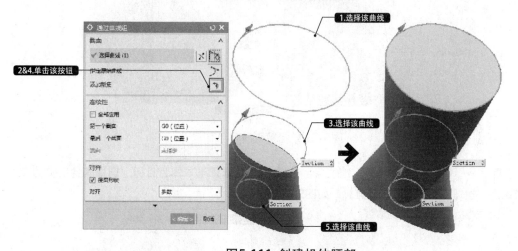

图5-111 创建机体腰部

04 选择菜单按钮中的"插入"→"设计特征"→"球"选项，在对话框的"类型"下拉列表中选择"圆弧"选项，选择工作区中Φ75的圆，创建球体，如图5-112所示。

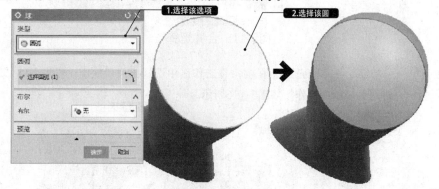

图5-112 创建球体

05 选择"主页"→"特征"→"基准平面"选项□，在对话框的"类型"下拉列表中选择"通过对象"选项，在工作区中选择Φ75的圆，单击"确定"按钮，即可创建基准平面A，如图5-113所示。

06 选择"主页"→"特征"→"修剪体"选项，打开"修剪体"对话框。在工作区中选择球体为目标体，选择基准平面A为工具体，修剪球体，如图5-114所示。

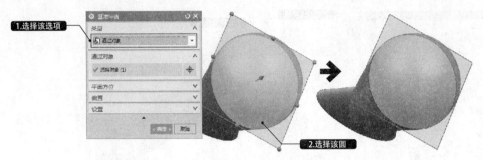

图5-113 创建基准平面A

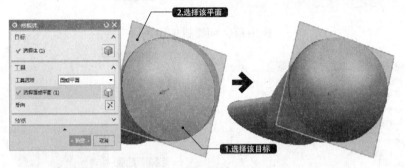

图5-114 修剪球体

07 选择"主页"→"特征"→"合并"选项 🔩，在工作区中选择半球体为目标，选择其他实体为工具体，单击"确定"按钮，即可完成合并运算，如图5-115所示。

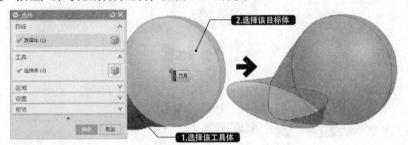

图5-115 合并运算

08 选择"主页"→"特征"→"抽壳"选项 🔳，在工作区中选择出风口底面，设置壳体"厚度"为1，单击"确定"按钮，即可完成抽壳操作，如图5-116所示。

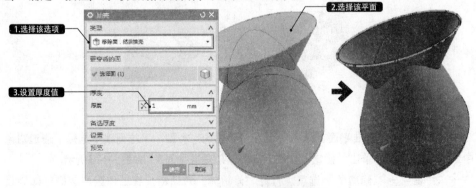

图5-116 抽壳操作

2. 创建散热槽

01 选择"主页"→"特征"→"基准平面"选项□，在"基准平面"对话框的"类型"下拉列表中选择"按某一距离"选项，在工作区中选择基准平面A，设置"偏置"的"距离"为20，单击"确定"按钮，即可创建基准平面B，如图5-117所示。

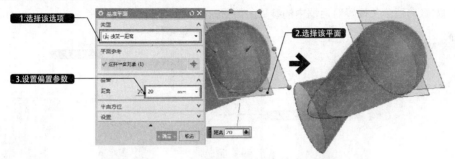

图5-117 创建基准平面B

02 选择"主页"→"特征"→"拉伸"选项▣，在"拉伸"对话框中单击按钮▦，选择基准平面B为草图平面，绘制如图5-118所示的草图后返回"拉伸"对话框.设置"限制"选项组中"开始"和"结束"的"距离"为0和20，选择工作区中半球体并对其进行"减去"运算，如图5-118所示。

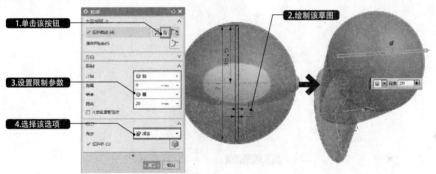

图5-118 创建散热槽

03 选择"主页"→"特征"→"阵列特征"选项，在"阵列特征"对话框中选择"布局"下拉列表中的"线性"选项，在工作区中选择散热槽，在"间距"下拉列表中选择"数量与节距"选项，"数量"为8，"节距"为4.5，选择XC方向为指定矢量，并启用"对称"复选框，如图5-119所示。

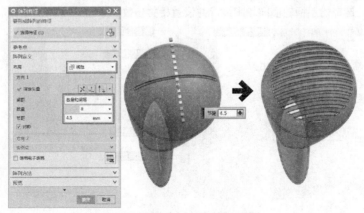

图5-119 线性阵列散热槽

3. 创建手柄壳体

01 利用"基准平面"工具创建与XC-ZC平面分别相距40、55、122的基准平面，然后在各个基准平面上绘制如图5-120所示的手柄轮纵向轮廓线。

02 选择"曲线"→"派生的曲线"→"投影曲线"选项，打开"投影曲线"对话框。在工作区中选择要投影的直线和投影的对象曲面，并设置对话框中的参数，如图5-121所示。

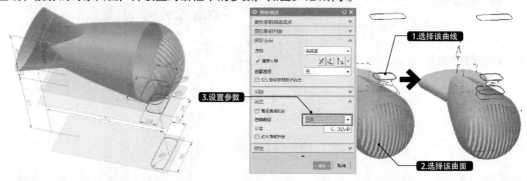

图5-120 绘制手柄轮纵向轮廓线　　　　　图5-121 投影曲线

03 选择"主页"→"草图" 📷 选项，打开"创建草图"对话框。以YC-ZC平面为草图平面，绘制如图5-122所示的手柄轮横向轮廓线。

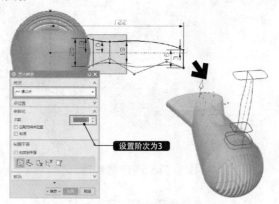

图5-122 绘制手柄横向轮廓线

04 选择"主页"→"特征"→"曲面"→"扫掠"选项，打开"扫掠"对话框。在工作区中选择纵向的轮廓线为截面曲线，选择的手柄轮横向轮廓线，并设置相关参数，如图5-123所示。

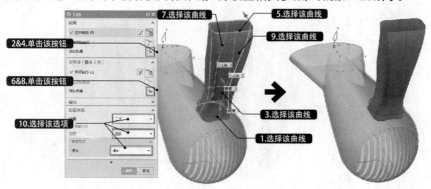

图5-123 扫掠创建手柄曲面

05 选择"主页"→"特征"→"曲面"→"更多"→"有界平面"选项，打开"有界平面"对话框。在工作区中选择手柄端面的边缘线，单击"确定"按钮，即可创建有界平面，如图5-124所示。

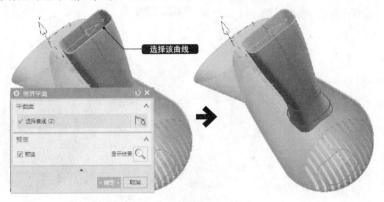

图5-124 创建有界平面

06 在菜单按钮中选择"插入"→"组合体"→"缝合"选项，打开"缝合"对话框。在工作区中选中手柄为目标片体，选择手柄底面为工具片体，如图5-125所示。

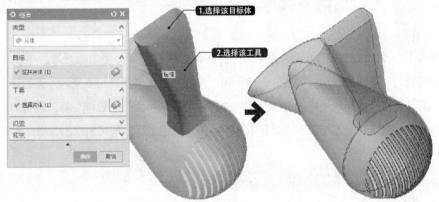

图5-125 缝合曲面

07 选择"主页"→"特征"→"边倒圆" 选项，打开"边倒圆"对话框。在对话框中设置"形状"为"圆形"，"半径1"为2，在工作区中小侄子手柄底面的边，单击"确定"按钮，即可完成边倒圆的创建，如图5-126所示。

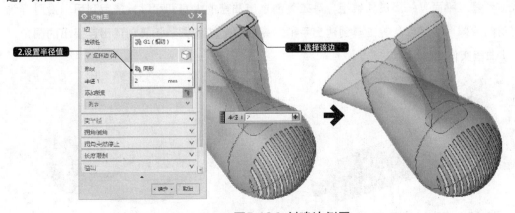

图5-126 创建边倒圆

08 选择"主页"→"特征"→"更多"→"加厚"选项，打开"加厚"对话框。在工作区中选择手柄曲面，设置向内"偏置1"的"厚度"为1，如图5-127所示。

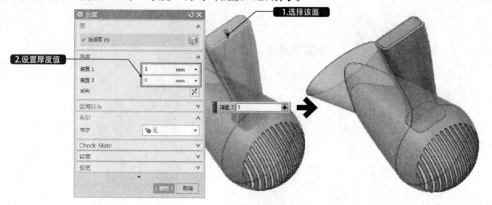

图5-127 加厚曲面

5.5.3 扩展实例：创建麦克风外壳实体

最终文件：素材\第5章\5.5-1.prt

本实例将创建一个如图5-128所示的麦克风外壳实体。该麦克风外壳由吸音罩、手柄、导线管等组成。在创建本实例时，可以先利用"圆锥""球"和"圆柱"等工具创建出麦克风外壳的基本形状；然后利用"抽壳"工具创建出麦克风外壳的壳体空腔，并利用"基准平面""拉伸"等工具剪切出吸音罩上的阵列孔；最后利用"旋转"等工具创建出吸音罩和手柄中间的固定环，即可创建出该麦克风外壳实体。

5.5.4 扩展实例：创建机油壶实体

最终文件：素材\第5章\5.5-2.prt

本实例将创建一个如图5-129所示的机油壶实体。机油壶的形状很不规则，如果利用实体建模是很难实现的，使用曲面工具进行创建会变得很简单。创建本实例时，首先利用"直线""圆弧"等工具创建出壶身的线框，并利用"通过网格曲面"和"有界平面"工具创建出壶身曲面；然后利用"偏置曲线""基准平面""通过曲线组"等工具创建出油壶的上身和壶嘴；最后利用"沿引导线扫掠""修剪的片体""缝合"等工具创建出手柄，并利用"边倒圆"工具创建出连接出的圆角，即可创建出机油壶实体。

图5-128 麦克风外壳实体

图5-129 机油壶实体

第6章

电子产品
装配设计

装配设计是 UG NX12.0 中集成的一个重要的应用模块，它不仅能将零部件快速地装配成产品，而且在装配过程中，可以参考其他部件进行部件关联设计，并可以对装配模型进行间隙分析和重量管理等。

本章通过 3 个典型的电子产品设计实例，介绍使用该软件进行电子产品装配设计的基本方法，包括装配约束、编辑组件、组件阵列、组件镜像等方法和技巧。

6.1 │ 三星 i908E 手机装配

原始文件：素材\第6章\6.1
最终文件：素材\第6章\6.1\三星i908E手机.prt
视频文件：视频教程\第6章\6.1三星i908E手机装配.avi

该手机由机身、后盖、前盖、上壳保护壳、芯片主板和屏幕保护片等组成。装配该实例时，可以先将机身和后盖通过绝对原点的方式定位在工作区中；然后通过约束的方式约束装配其他的部件，依次接触对齐约束芯片主板、前盖的装配；最后通过胶合的约束方式装配保护边框和屏幕保护片，即可完成三星i908E手机装配，效果如图6-1所示。

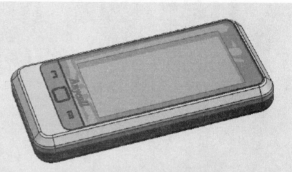

图6-1 三星i908E手机装配效果

6.1.1 ≫相关知识点

1. 添加组件

装配的首要工作是将现有的组件导入装配环境，才能进行必要的约束设置，从而完成组件定位效果。UG NX提供了多种添加组件的方式和放置组件的方式，并对于装配体所需相同组件可采用多重添加方式，避免烦琐的添加操作。

单击"装配"工具栏中的"添加组件"按钮，打开"添加组件"对话框，如图6-2所示。在该对话框的"部件"选项组中，可通过4种方式指定现有组件，第一种是单击"选择部件"按钮，直接在工作区选择组件执行装配操作；第二种是选择"已加载的部件"列表框中的组件名称，执行装配操作；第三种是选择"最近访问的部件"列表框的组件名称，执行装配操作；第四种是单击"打开"按钮，然后在打开的"部件名"对话框中指定路径选择部件。

2. 组件定位

在"添加组件"对话框的"位置"选项组中，可指定组件在装配中的定位方式。其设置方法是：单击"装配位置"右侧的按钮，在弹出的下拉列表中包含以下4种定位操作。

≫绝对坐标系-工作部件

使用绝对坐标系-工作部件定位，是指执行定位的组件与装配环境坐标系位置保持一致，也就是说按照绝对原点定位的方式确定组件在装配中的位置。通常将执行装配的第一个组件设置为"绝对定位"方式，其目的是将该基础组件"固定"在装配体环境中，这里所讲的固定并非真正的固定，仅仅是一种定位方式。

≫绝对坐标系-显示部件

使用绝对坐标系-显示部件定位，系统将通过指定原点定位的方式确定组件在装配中的位置，这样该组件的坐标系原点将与选择的点重合。通常情况下，添加第一个组件都是通过选择该选项确定组件在装配体中的位置，即选择该选项并单击"确定"按钮，指定点位置，如图6-3所示。

图6-2 "添加组件"对话框

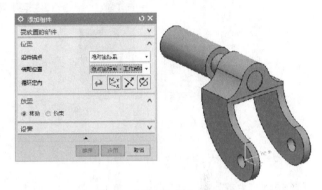

图6-3 设置原点定位组件

》约束

通过约束方式定位组件就是选择参照对象并设置约束方式，即通过组件参照约束来显示当前组件在整个装配中的自由度，从而获得组件定位效果。其中约束方法包括接触对齐、中心、平行和距离等。

》移动

将组件加到装配中后，需要相对于指定的基点移动，以将其定位。选择该选项，将打开"点"对话框，此时指定移动基点，单击"确定"按钮确认操作。在打开的对话框中进行组件移动定位操作，其设置方法将在实例中具体介绍。

6.1.2 》装配步骤

1. 定位机体

01 新建一个名为"三星i908E手机"的装配文件，进入装配环境，系统自动弹出"添加组件"对话框，在该对话框中单击"打开"按钮📷，打开"部件名"对话框。

02 浏览本书的配套素材，选择"机身.prt"文件，返回"添加组件"对话框后，指定"装配位置"为"绝对坐标系-显示部件"，将对象放置至点（0，2.7，0），如图6-4所示。

2. 装配后盖

01 选择"主页"→"装配"→"添加组件"选项📷，在弹出的对话框中单击"打开"按钮📷，打开"部件名"对话框。

02 选择本书配套素材中的"后盖.prt"文件，指定"装配位置"为"绝对坐标系-显示部件"，然后将对象放置至点（0，5.45，0），如图6-5所示。

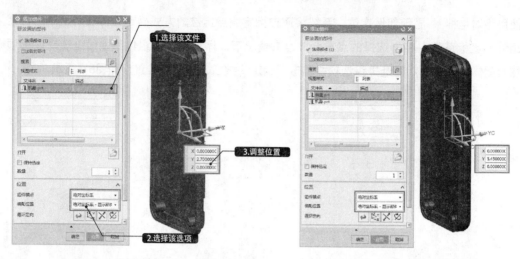

图6-4 定位机身　　　　　　　图6-5 装配后盖

3. 装配芯片主板

01 选择"主页"→"装配"→"添加组件"按钮，在对话框中单击"打开"按钮，选择本书配套素材中的"芯片主板.prt"文件，如图6-6所示。

02 指定"放置"方式为"约束"，在"约束类型"列表框中选择"接触对齐"选项，选择芯片主板的上表面；然后在工作区中选择芯片主板对应的贴合面，如果工作区中显示与预装相反，则单击对话框中的"反向"按钮，即可定位两组件的对齐约束，如图6-7所示。

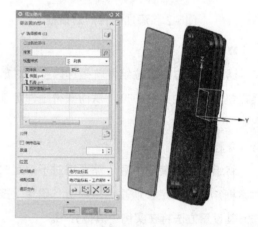

图6-6 添加芯片主板

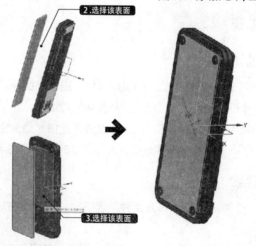

图6-7 装配芯片主板

4. 装配前盖

01 选择"主页"→"装配"→"添加组件"选项，在对话框中单击"打开"按钮，选择本书配套素材中的"前盖.prt文件"，指定"放置"的方式为"约束"。

02 在"添加组件"对话框的"约束类型"列表框中选择"接触对齐"选项，选择"组件预览"对话框上壳体螺孔套的端面，然后在工作区中选择对应的贴合面，如图6-8所示。

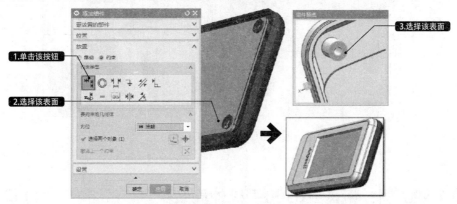

图6-8 装配前盖

5. 装配屏幕保护片

01 选择"主页"→"装配"→"添加组件"选项，在对话框中单击"打开"按钮，选择本书配套素材中的"屏幕保护片.prt"文件，指定"放置"的方式为"约束"。

02 在"约束类型"列表框中选择"接触对齐"选项，选择"组件预览"对话框中屏幕保护片的内侧表面；然后在工作区中选择对应的贴合面，如果工作区中显示与预装相反，单击对话框中的"反向"按钮，即可定位两组件的接触对齐约束，如图6-9所示。

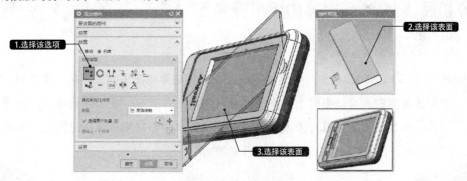

图6-9 装配屏幕保护片

6. 装配保护边框

01 选择"主页"→"装配"→"添加组件"选项，在对话框中单击"打开"按钮，选择本书配套素材中的"保护边框.prt"文件，指定放置方式为"约束"。

02 在"约束类型"列表框中选择"胶合"选项，选择"组件预览"对话框中的上壳保护壳；然后在工作区中选择保护边框对应的贴合面，单击对话框中的"确定"按钮，即可定位两组件的胶合约束，如图6-10所示。至此，三星手机装配完成。

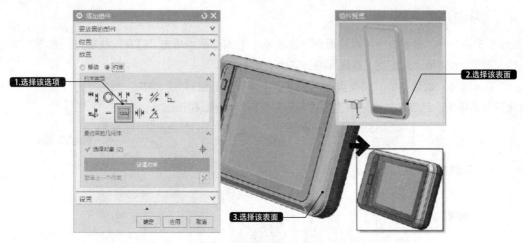

图6-10 装配保护边框

6.1.3 ▶ 扩展实例：诺基亚6300手机外壳装配

原始文件：素材\第6章\6.1.3\

最终文件：素材\第6章\6.1.3\诺基亚6300.prt

本实例将装配诺基亚6300手机外壳，效果如图6-11所示。该手机由机身、上壳体、电池盖、显示屏、键盘和屏幕保护片组成。装配该实例时，可以先将机身通过绝对原点的方式定位在工作区中；然后通过约束的方式约束装配其他的组件，依次接触对齐约束电池盖、上壳体、键盘和屏幕保护片，即可完成诺基亚6300手机的装配。

6.1.4 ▶ 扩展实例：LG KG810手机壳装配

原始文件：素材\第6章\6.1.4

最终文件：素材\第6章\6.1.4\LGKG810.prt

本实例将装配LG KG810手机壳，效果如图6-12所示。该手机属于翻盖手机，主要由上机身和下机身组成。装配该实例时，可以先将上机身通过绝对原点的方式定位在工作区中；然后通过约束的方式约束下机身，依次设置上下机身铰链处接触对齐约束和中心约束；最后设置上、下机身角度约束，使上、下机身展开，即可完成LG KG810手机壳的装配。

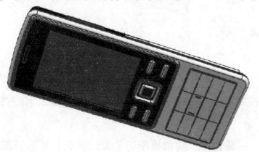

图6-11 诺基亚6300手机外壳装配效果   图6-12 LG KG810手机壳装配效果

6.1.5 ▶扩展实例：台灯外壳的装配

原始文件：素材\第6章\6.1.5

最终文件：素材\第6章\6.1.5\台灯外壳.prt

本实例将装配一台台灯外壳，效果如图6-13所示。该台灯由底座、支撑杆、灯罩、固定旋钮等组成。在装配该实例时，可以首先将底座和支撑杆固定在工作区中；然后以底座和支撑杆为工作部件，通过接触约束、对齐约束和距离约束依次装配灯罩和固定旋钮，即可完成台灯外壳的装配。

图6-13 台灯装配效果外壳

6.2 经典 MP3 的装配

原始文件：素材\第6章\6.2

最终文件：素材\第6章\6.2\ 经典MP3.prt

视频文件：视频教程\第6章\6.2经典MP3的装配.avi

本实例将装配市场上比较流行的一款MP3，效果如图6-14所示。该MP3由机身、上壳体、下壳体、LCD屏幕、PCB、MPU芯片、FM芯片、FLASH芯片、电池、USB接口、耳机接口、按键等组成。在装配该实例时，可以先将PCB上的全部电子元件装配到一个组件上；然后以机身为工作部件，通过接触约束、平行约束和距离约束依次装配PCB组件、开关和上、下壳体，即可完成经典MP3的装配。

图6-14 经典MP3装配效果

6.2.1 ▶相关知识点

1. 平行约束

在设置组件和部件、组件和组件之间的约束方式时，为定义两个组件保持平行对立的关系，可选择两组件对应参照面，使其面与面平行；为更准确显示组件间的关系；可定义面与面之间的距离参数，从而显示组件在装配体中的自由度。在"约束类型"列表框中选择"平行"选项，设置平行约束，使两组件的装配对象的方向矢量彼此平行。该约束方式与"接触对齐"约束相似，不同之处在于："平行"约束装配操作使两平面的法矢量同向，但"接触对齐"约束对其操作不仅使两平面法矢量同向，并且能够使两平面位于同一个平面上，如图6-15所示。

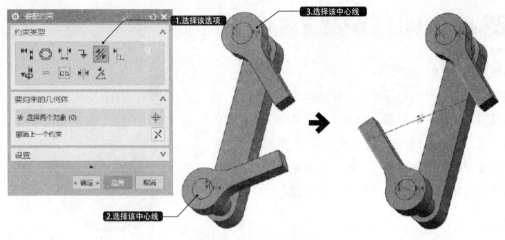

图6-15 设置平行约束

2. 距离约束

在"约束类型"列表框中选择"距离"选项，该约束类型用于指定两个组件对应参照面之间的最小距离，距离可以是正值也可以是负值，正负号确定相配组件在基础组件的哪一侧，如图6-16所示。

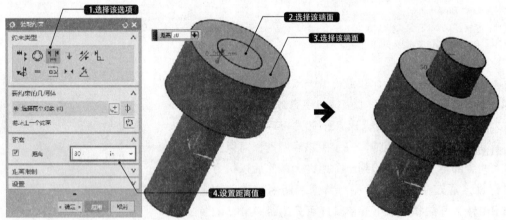

图6-16 设置距离约束

6.2.2 装配步骤

1. 装配PCB组件

01 新建一个名为"PCB板子组件.prt"的装配文件，在弹出的"添加组件"对话框中单击"打开"按钮 🔲，选择本书配套素材中的"PCB板.prt"文件，返回"添加组件"对话框后，指定"装配位置"为"绝对坐标系-显示部件"，如图6-17所示。

02 选择"主页"→"装配"→"添加组件"选项 🔲，选择本书配套素材中的"USB接口.prt"文件，指定"放置"方式为"约束"，如图6-18所示。

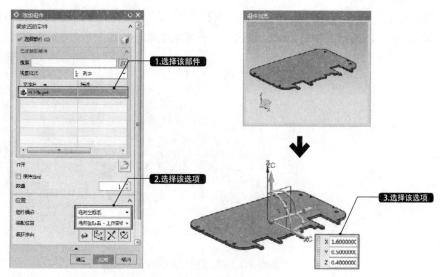

图6-17 定位PCB

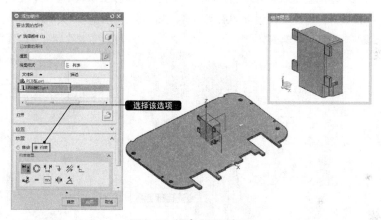

图6-18 添加USB接口

03 在"约束类型"列表框中选择"接触对齐"选项，在"组件预览"对话框中选择USB接口的侧面1，然后在工作区中选择PCB对应的贴合面，单击对话框中的"应用"按钮，即可定位两组件侧面对齐，如图6-19所示。

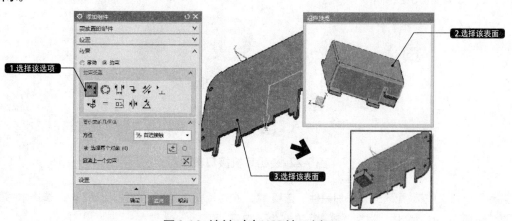

图6-19 接触对齐USB接口侧面1

04 在"组件预览"对话框中选择USB接口的侧面2，然后在工作区中选择PCB对应的贴合面，如果工作区中显示与预装相反，单击对话框中"反向"按钮🖾，即可定位两组件的"接触对齐"约束，如图6-20所示。

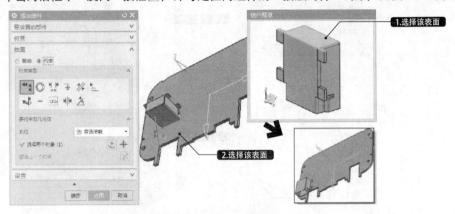

图6-20 接触对齐USB接口侧面2

05 在"组件预览"对话框中选择USB接口的安装片上表面，然后在工作区中选择PCB对应的贴合面，单击对话框中的"应用"按钮，即可定位两组件的底面对齐，如图6-21所示。

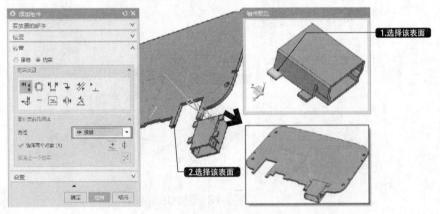

图6-21 接触对齐USB接口底面

06 按照USB接口装配同样的方法，选择本书配套素材中的"耳机接口.prt"文件，将耳机"接口接触"对齐到PCB上，效果如图6-22所示。

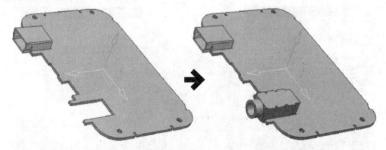

图6-22 装配耳机接口效果

07 选择"主页"→"装配"→"添加组件"选项🞄，在对话框中单击"打开"按钮🗁，选择本书配套素材中的"FM芯片.prt"文件，指定"放置"方式为"约束"。

08 在"约束类型"列表框中选择"接触对齐"选项，选择"组件预览"对话框中的FM芯片底面，然后在工作区中选择PCB的上表面，单击对话框中的"确定"按钮，即可定位两组件的接触对齐，如图6-23所示。

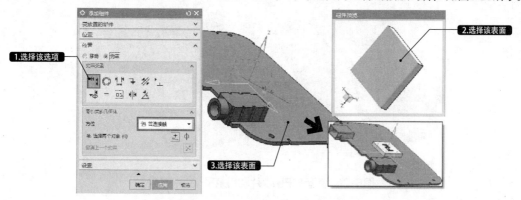

图6-23 接触对齐FM芯片底面

09 在"约束类型"列表框中选择"距离"选项，选择"组件预览"对话框中的FM芯片侧面1，然后在工作区中选择PCB对应的侧面，设置"距离"为7，单击对话框中的"应用"按钮，即可定位两组件的距离约束，如图6-24所示。

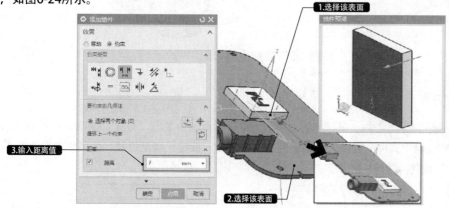

图6-24 距离约束FM芯片侧面1

10 选择"组件预览"对话框中的FM芯片侧面2，然后在工作区中选择PCB对应的另一侧面，设置"距离"为7，如图6-25所示。

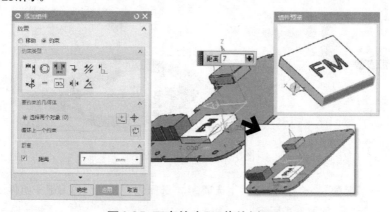

图6-25 距离约束FM芯片侧面2

11 按照装配FM芯片同样的方法，装配MPU芯片、FLASH芯片和电池，具体装配位置参照图6-26和图6-27所示，装配完成之后将该文件保存。

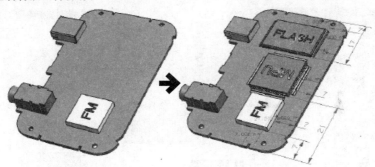

图6-26 装配MPU芯片和FLASH芯片效果

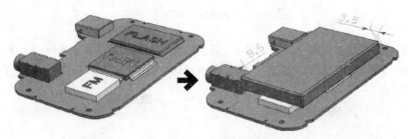

图6-27 装配电池效果

2. 装配PCB

01 新建一个名为MP3的装配文件，在弹出的"添加组件"对话框中单击"打开"按钮 🖻 ，选择本书配套素材中的"机身部件.prt"文件，返回"添加组件"对话框后，指定"装配位置"为"绝对坐标系-显示部件"，单击"确定"按钮，如图6-28所示。

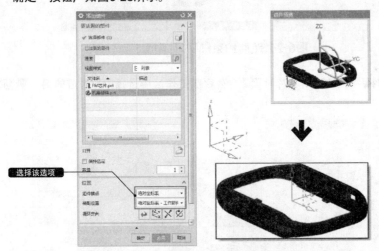

图6-28 定位机身部件

02 选择"主页"→"装配"→"添加组件"选项 🖳，选择刚创建的"PCB板子组件.prt"文件，指定"放置"方式为"约束"，如图6-29所示。

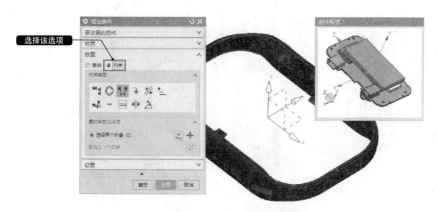

图6-29 添加PCB组件

03 在 "约束类型" 列表框中选择 "接触对齐" 选项，选择 "组件预览" 对话框中的USB接口的底面，然后在工作区中选择机身USB孔对应的贴合面，如图6-30所示。

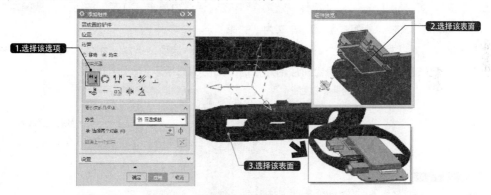

图6-30 接触对齐USB接口底面

04 选择 "组件预览" 对话框中的耳机接口的端面，然后在工作区中选择机身耳机孔对应的贴合面，单击对话框中的 "应用" 按钮，即可定位两组件端面对齐，如图6-31所示。

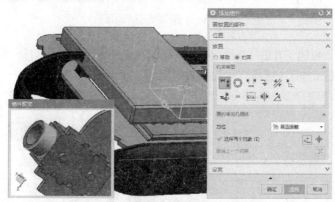

图6-31 接触对齐耳机接口端面

05 在 "添加组件" 对话框的 "方位" 下拉列表中选择 "自动判断中心/轴" 选项，选择 "组件预览" 对话框中的耳机孔的中心轴，然后在工作区中选择机身耳机孔对应的中心轴，单击对话框中的 "确定" 按钮，即可定位两组件中心对齐，如图6-32所示。

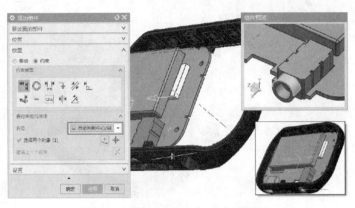

图6-32 自动判断中心对齐耳机孔

3. 装配下壳体

01 选择"主页"→"装配"→"添加组件"选项 ，在对话框中单击"打开"按钮 ，选择本书配套素材中的"下壳体.prt"文件，指定"放置"方式为"约束"。

02 在"添加组件"对话框的"方位"下拉列表中选择"对齐"选项，选择"组件预览"对话框中的下壳体的侧面1，然后在工作区中选择机身上对应的贴合面，如图6-33所示。

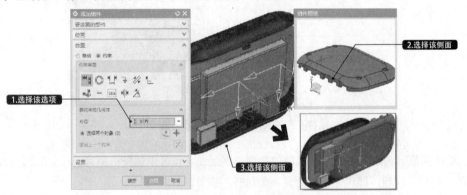

图6-33 对齐下壳体侧面1

03 在"添加组件"对话框的"方位"下拉列表中选择"首选接触"选项，选择"组件预览"对话框中的下壳体的侧面2，然后在工作区中选择机身上对应的贴合面，如图6-34所示。

图6-34 接触对齐下壳体侧面2

4. 装配按键

01 选择"主页"→"装配"→"添加组件"选项 📑，在对话框中单击"打开"按钮 📂，选择本书配套素材中的"按键.prt"文件，指定"放置"方式为"约束"。

02 在"约束类型"列表框中选择"接触对齐"选项，选择"组件预览"对话框中的按键的侧面，然后在工作区中选择机身按键槽对应的贴合面，如图6-35所示。

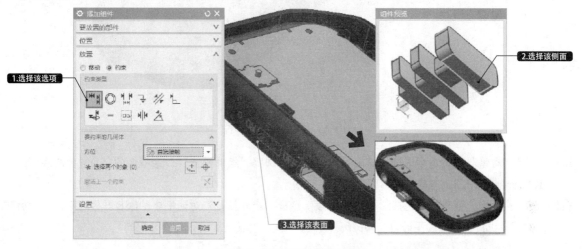

图6-35 接触对齐按键侧面

03 在"约束类型"列表框中选择"适合窗口"选项，选择"组件预览"对话框中的按键的表面，然后在工作区中选择机身对应的拟合面，如图6-36所示。

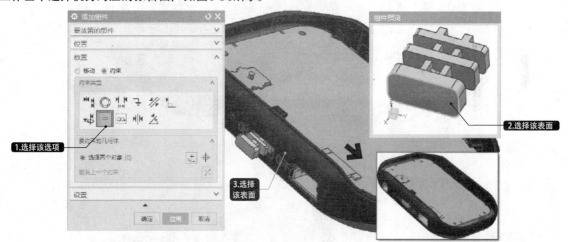

图6-36 拟合对齐按键表面

5. 装配LCD屏幕

01 选择"主页"→"装配"→"装配约束"选项 📑，选择"装配约束"对话框的"类型"列表框中的"固定"选项，在工作区中选择PCB，将其固定在工作区中，如图6-37所示。

02 选择"主页"→"装配"→"添加组件"选项 📑，在对话框中单击"打开"按钮 📂，选择本书配套素材中的"LCD屏幕.prt"文件，指定"放置"方式为"约束"。

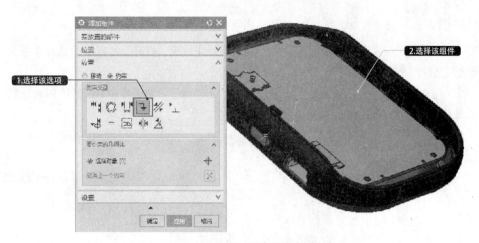

图6-37 固定PCB板部件

03 在"约束类型"列表框中选择"接触对齐"选项，选择"组件预览"对话框中的LCD屏幕的底面，然后在工作区中选择PCB上对应的贴合面，如图6-38所示。

04 在"约束类型"列表框中选择"平行"选项，选择"组件预览"对话框中的LCD屏幕的棱边，然后在工作区中选择机身上对应的平行边，如图6-39所示。

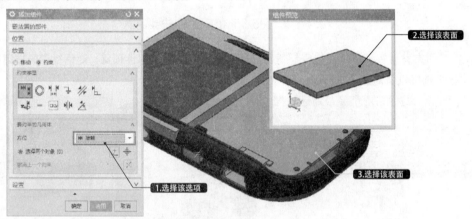

图6-38 接触对齐LCD屏幕

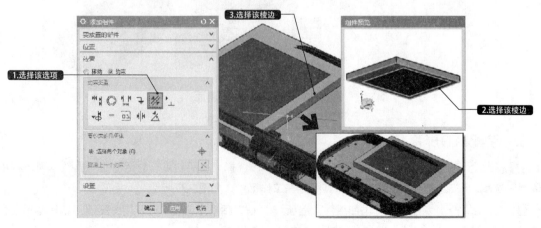

图6-39 平行约束LCD屏幕

05 在"约束类型"列表框中选择"距离"选项，选择"组件预览"对话框中的LCD屏幕的侧面，然后在工作区中选择机身上对应的侧面，分别设置"距离"为8.7和3，如图6-40所示。

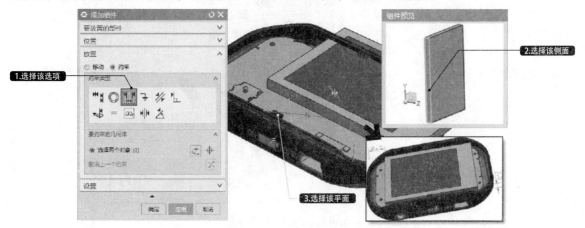

图6-40 距离约束LCD屏幕

6. 装配上壳体

01 选择"主页"→"装配"→"添加组件"选项，在对话框中单击"打开"按钮，选择本书配套素材中的"上壳体.prt"文件，指定"放置"方式为"约束"。

02 在"约束类型"列表框中选择"接触对齐"选项，选择"组件预览"对话框中的上壳体的侧面，然后在工作区中选择机身上对应的贴合面，如图6-41所示。

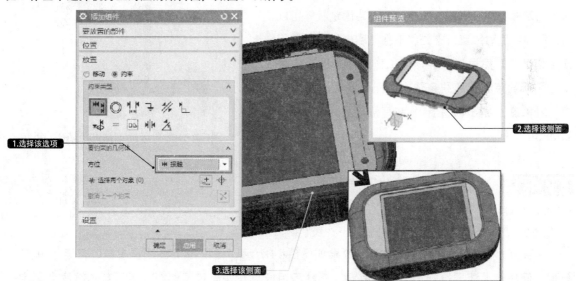

图6-41 接触对齐上壳体

03 选择"主页"→"装配"→"添加组件"选项，在对话框中单击"打开"按钮，选择本书配套素材中的"屏幕镜.prt"文件，指定"放置"方式为"约束"。

04 在"约束类型"列表框中选择"接触对齐"选项，选择"组件预览"对话框中的屏幕镜的侧面，然后在工作区中选择机身上对应的贴合面，如图6-42所示。至此，经典MP3装配完成。

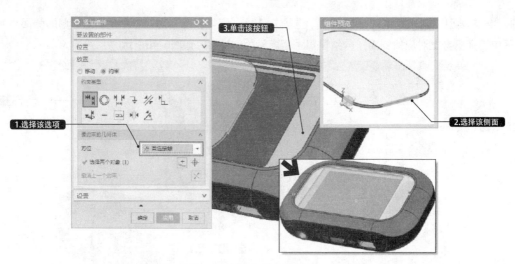

图6-42 接触对齐屏幕镜

6.2.3 扩展实例：时尚运动型MP3装配

原始文件：素材\第6章\6.2.3

最终文件：素材\第6章\6.2.3\时尚运动型MP3.prt

本实例将装配一款时尚运动型MP3，效果如图6-43所示。该MP3由上壳体、下壳体、电子元件板、挂钩板、固定板、耳机接头、屏幕镜、屏幕固定板等组成。在装配该实例时，可以首先将下壳体和电子元件板固定在工作区中；然后以下壳体为工作部件，通过接触约束、平行约束和距离约束依次装配固定板、屏幕固定板、屏幕镜、上壳体、挂钩板和耳机接头，即可完成这款MP3的装配。

图6-43 时尚运动型MP3装配效果

6.2.4 扩展实例：挖掘机模型装配

原始文件：素材\第6章\6.2.4

最终文件：素材\第6章\6.2.4\挖掘机.prt

本实例将装配一辆挖掘机模型，效果如图6-44所示。该挖掘机模型由车身、底盘、车轮、履带、液压箱、液压推杆、前臂、后臂、抓斗等组成。在装配该实例时，可以首先将底盘固定在工作区中；然后以底盘为工作部件，通过接触约束、平行约束、距离约束和中心约束依次装配车轮、履带、车身、液压箱到工作部件中。后臂和液压推杆的装配比较复杂，首先可以通过中心约束和距离约束将它们分别固定在液压箱上，然后重复利用自动判断中心约束将两个液压推杆的中心轴对齐；最后按照同样的方法装配前臂和其他的液压推杆，并通过中心约束和接触对齐约束抓斗，即可完成挖掘机模型的装配。

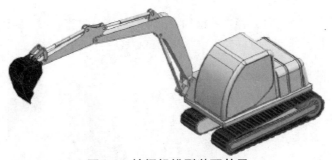

图6-44 挖掘机模型装配效果

6.2.5 扩展实例：铁路专用车辆模型装配

原始文件：素材\第6章\6.2.5

最终文件：素材\第6章\6.2.5\铁路专用车辆模型.prt

本实例装配一个铁路专用车辆模型，效果如图6-45所示。该模型由支撑架、支撑板、连杆、车轮和轴组成。创建该装配模型，主要用到中心、接触对齐、角度、平行等约束方式。支撑板固定在支撑架上的位置时，除了设置中心约束外，还要设置接触约束、角度约束，约束支撑板相对支撑架的角度。车轮和轴固定在支撑板上，同样通过中心和距离约束完成其装配。两连杆的装配约束比较复杂，首先可以通过中心约束和距离约束将它们分别固定在支撑板上，然后重复利用自动判断中心约束将两连杆接触对齐，最后通过中心约束和距离约束车轮。

图6-45 铁路专用车辆模型装配效果

6.3 壁挂风扇装配

原始文件：素材\第6章\6.3

最终文件：素材\第6章\6.3\壁挂风扇. prt

视频文件：视频教程\第6章\6.3壁挂风扇装配.avi

本实例将装配一台壁挂风扇，效果如图6-46所示。该壁挂风扇由固定夹、固定支撑杆、活动支撑杆、底托、后罩、电动机、风叶、前罩等组成。在装配该实例时，可以首先将后罩固定在工作区中，然后以后罩为工作部件，通过接触约束、平行约束、垂直约束、距离约束依次装配电动机、风叶、前罩，底托、活动支撑杆和固定夹，即可完成壁挂风扇的装配。

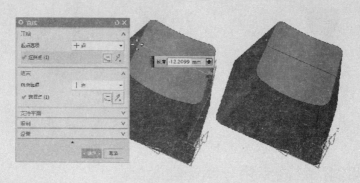

图6-46 壁挂风扇装配效果

6.3.1 相关知识点

1. 接触和首选接触

在"约束类型"列表框中选择"接触对齐"约束类型后，系统默认接触"方位"为"首选接触"方式，首选接触和接触属于相同的约束类型，即指定关联类型定位两个同类对象相一致。

其中，指定两平面对象为参照时，共面且法线方向相反，如图6-47所示。对于锥体，系统首先检查其角度是否相等，如果相等，则对齐轴线；对于曲面，系统先检验两个面的内外直径是否相等，如果相等，则对齐两个面的轴线和位置；对于圆柱面，要求相配组件直径相等才能对齐轴线。对于边缘、线和圆柱表面，接触类似于对齐。

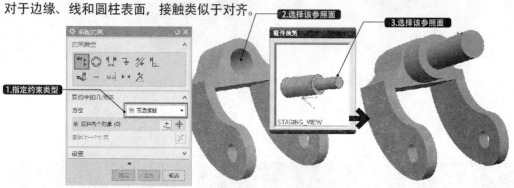

图6-47 接触约束

2. 自动判断中心/轴

"自动判断中心/轴"约束方式指对于选择的两回转体对象，系统将根据选择的参照自动判断，从而获得"接触对齐"约束效果。在"方位"下拉列表中选择"自动判断中心/轴"方式后，依次选择两个组件对应参照，即可获得该约束效果，如图6-48所示。

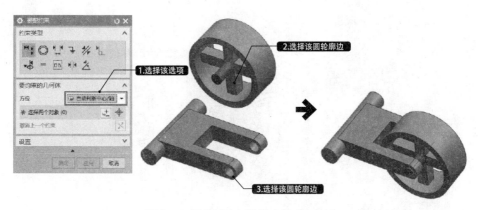

图6-48 设置自动判断中心/轴约束

6.3.2 装配步骤

1. 固定后罩

新建一个名为"壁挂风扇"的装配文件，在弹出的"添加组件"对话框中单击"打开"按钮 📂，选择"后罩.prt"文件，返回"添加组件"对话框后，指定"装配位置"为"绝对坐标系-显示部件"，如图6-49所示。

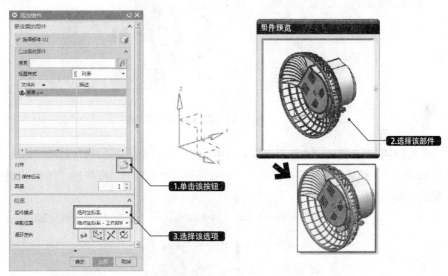

图6-49 固定后罩

2. 装配电动机

01 选择"主页"→"装配"→"添加组件"选项 🔧，选择本书配套素材中的"电动机.prt"文件，指定放置方式为"约束"，如图6-50所示。

02 在"约束类型"列表框中选择"接触对齐"选项，选择"组件预览"对话框中电动机的上端面，然后在工作区中选择后罩对应的贴合面，单击对话框中的"应用"按钮，即可定位两组件端面对齐，如图6-51所示。

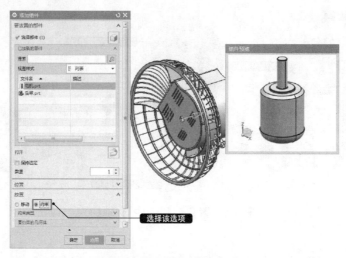

图6-50 添加电动机部件

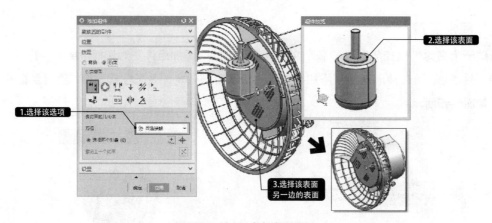

图6-51 接触对齐电动机

03 在"添加组件"对话框的"方位"下拉列表中选择"自动判断中心/轴"选项，选择"组件预览"对话框中电动机轴中心，然后在工作区中选择后罩对应孔中心，单击对话框中的"确定"按钮，即可完成电动机的装配，如图6-52所示。

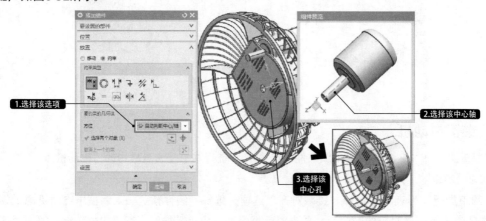

图6-52 中心接触对齐电动机

3. 装配风叶

01 选择"主页"→"装配"→"添加组件"选项 ，选择本书配套素材中的"风叶.prt"文件，指定"放置"方式为"约束"。

02 在"约束类型"列表框中选择"接触对齐"选项，选择"组件预览"对话框中风叶的轴孔底面，然后在工作区中选择电动机对应的贴合面，如图6-53所示。

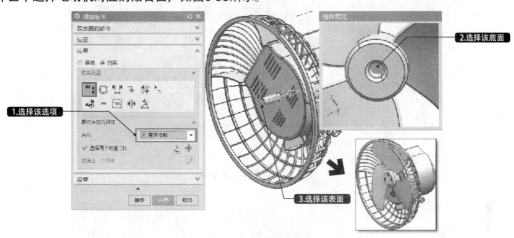

图6-53 接触对齐风叶

03 在"添加组件"对话框的"方位"下拉列表中选择"自动判断中心/轴"选项，选择"组件预览"对话框中风叶中心轴，然后在工作区中选择电动机的轴中心，单击对话框中的"确定"按钮，即可完成风叶的装配，如图6-54所示。

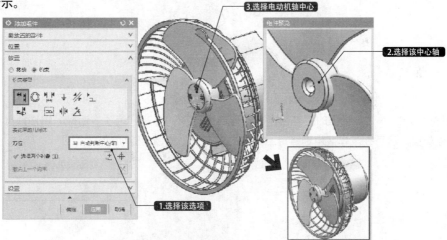

图6-54 中心接触对齐风叶

4. 装配前罩

01 选择"主页"→"装配"→"添加组件"选项 ，选择本书配套素材中的"前罩.prt"文件，指定放置方式为"约束"。

02 在"约束类型"列表框中选择"接触对齐"选项，选择"组件预览"对话框中前罩的安装面，然后在工作区中选择后罩对应的贴合面，如图6-55所示。

03 在"添加组件"对话框的"方位"下拉列表中选择"自动判断中心/轴"选项，选择"组件预览"对话框中前罩的中心轴，然后在工作区中选择后罩的中心轴，如图6-56所示。

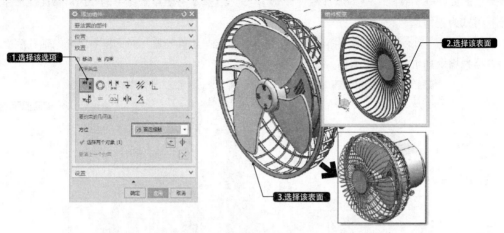

图6-55 接触对齐前罩

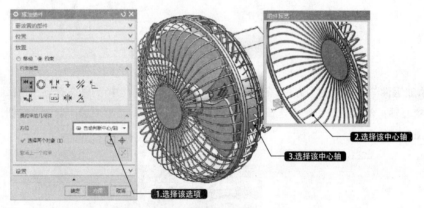

图6-56 中心接触对齐前罩

04 在"添加组件"对话框的"方位"下拉列表中选择"对齐"选项，选择"组件预览"对话框中前罩的定位板侧面，然后在工作区中选择后罩对应的对齐面，如图6-57所示。

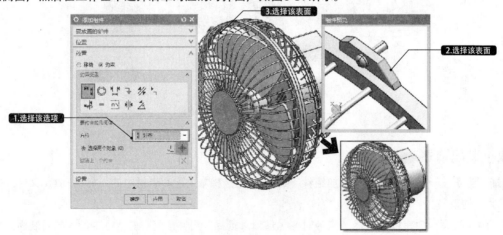

图6-57 接触对齐前罩定位板

5. 装配底托

01 添加本书配套素材中的"底托.prt"文件，在"约束类型"列表框中选择"接触对齐"选项，选择"组件预览"对话框中底托的安装面，然后在工作区中选择后罩对应的贴合面，如图6-58所示。

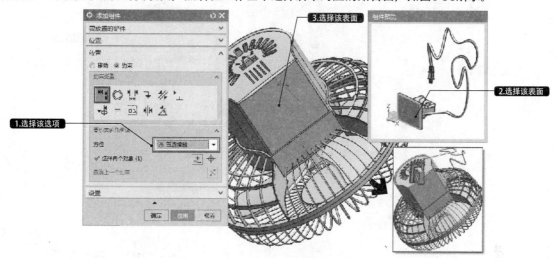

图6-58 接触对齐底托

02 在"约束类型"列表框中选择"平行"选项，选择"组件预览"对话框中底托的安装面边缘线，然后在工作区中选择后罩与其平行的边缘线，如图6-59所示。

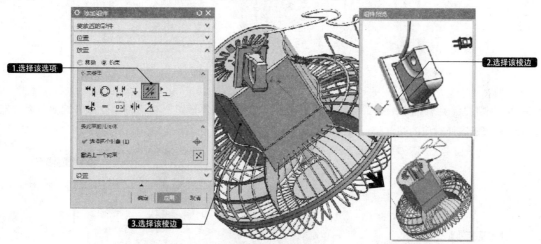

图6-59 平行约束底托

03 在"约束类型"列表框中选择"距离"选项，选择"组件预览"对话框中底托的安装面边缘线，然后在工作区中选择后罩与其平行的边缘线，约束其"距离"分别为15和18，如图6-60所示。

6. 装配活动支撑杆

01 添加本书配套素材中的"活动支撑杆.prt"文件，在"约束类型"列表框中选择"中心"选项，选择"组件预览"对话框中活动支撑杆的插销孔中心，然后在工作区中选择底托对应的中心轴，如图6-61所示。

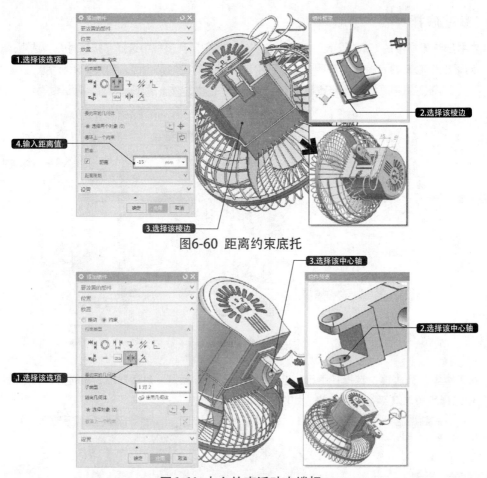

图6-60 距离约束底托

图6-61 中心约束活动支撑杆

02 在"约束类型"列表框中选择"接触对齐"选项，选择"组件预览"对话框中支撑杆的安装面，然后在工作区中选择底托对应的贴合面，如图6-62所示。

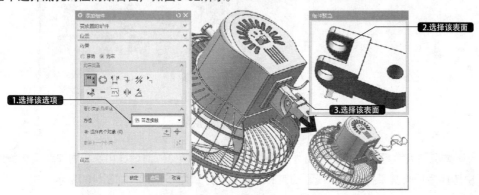

图6-62 接触对齐活动支撑杆

03 添加本书配套素材中的"插销.prt"部件到工作区中，选择"主页"→"装配"→"移动组件"按钮 ，在工作区中选择插销部件的手柄坐标，将其移动到插销孔中间即可，如图6-63所示（以下的插销按同样的方法装配，不再单独列出装配步骤）。

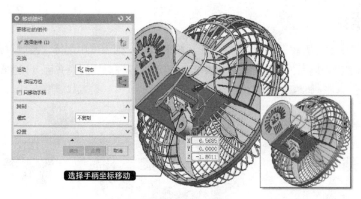

选择手柄坐标移动

图6-63 移动插销

7. 装配固定支撑杆

01 添加本书配套素材中的"固定支撑杆.prt"文件，在"约束类型"列表框中选择"接触对齐"选项，选择"组件预览"对话框中固定支撑杆的安装面，然后在工作区中选择活动支撑杆对应的贴合面，如图6-64所示。

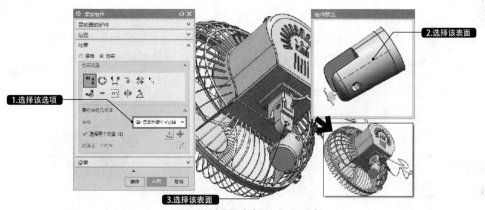

1.选择该选项

2.选择该表面

3.选择该表面

图6-64 接触对齐固定支撑杆

02 在"添加组件"对话框的"方位"下拉列表中选择"自动判断中心/轴"选项，选择"组件预览"对话框中固定支撑杆的孔中心，然后在工作区中选择活动支撑杆的孔中心，如图6-65所示。

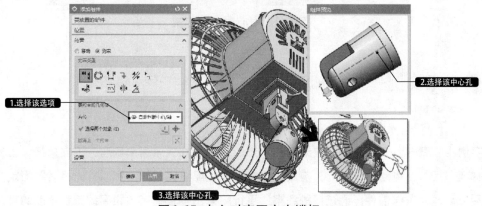

1.选择该选项

2.选择该中心孔

3.选择该中心孔

图6-65 中心对齐固定支撑杆

8. 装配固定夹

01 添加本书配套素材中的"固定夹.prt"文件，在"约束类型"列表框中选择"接触对齐"选项，选择"组件预览"对话框中固定夹内侧面，然后在工作区中选择固定支撑杆对应的对齐面，如图6-66所示。

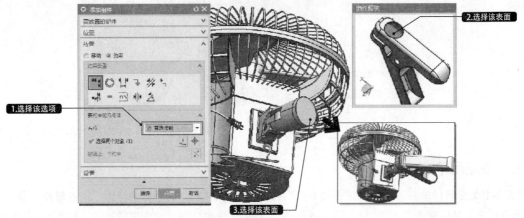

图6-66 接触对齐固定夹

02 在"添加组件"对话框的"方位"下拉列表中选择"自动判断中心/轴"选项，选择"组件预览"对话框中固定夹的中心轴，然后在工作区中选择固定支撑杆的中心轴，如图6-67所示。壁挂风扇装配完成。

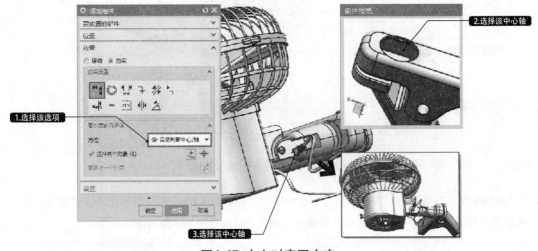

图6-67 中心对齐固定夹

6.3.3 ▶扩展实例：立式风扇的装配

原始文件：素材\第6章\6.3.3

最终文件：素材\第6章\6.3.3\立式风扇.prt

　　本实例将装配一台立式风扇，效果如图6-68所示。该立式风扇由底座、下支撑杆、上支撑杆、转动支撑座、后罩、电动机、风叶、前罩等组成。在装配该实例时，可以首先将后罩固定在工作区中，然后以后座为工作部件，通过接触约束、平行约束、垂直约束、距离约束和角度约束依次装配电动机、风叶、前罩、转动支撑座、上支撑杆、下支撑杆和底座，即可完成立式风扇的装配。

6.3.4 ▷ 扩展实例：齿轮组件装配

原始文件：素材\第6章\6.3.4

最终文件：素材\第6章\6.3.4\齿轮组件.prt

　　本实例将装配一个齿轮组件，效果如图6-69所示。该齿轮组件由轴、键、轴套、齿轮等组成。在装配该实例时，可以首先将轴固定在工作区中，然后以轴为工作部件，通过接触对齐约束将键装配到对应的键槽中，最后通过接触约束和中心约束将齿轮和轴套依次安装到工作区中，即可完成齿轮组件的装配。

图6-68 立式风扇装配效果

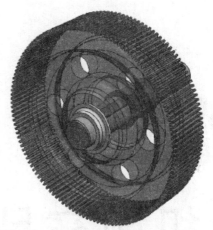

图6-69 齿轮组件装配效果

6.3.5 ▷ 扩展实例：立式快速夹装配

原始文件：素材\第6章\6.3.5

最终文件：素材\第6章\6.3.5\立式快速夹.prt

　　本实例将装配一个立式快速夹，效果如图6-70所示。该快速夹由底架、手柄、连板、夹臂、螺栓、螺母等组成。在装配该实例时，可以首先将底架固定在工作区中，然后以底架为工作部件，通过接触约束、中心约束和垂直约束将手柄装配到底架上，最后通过接触约束、中心约束和距离约束依次将连扳、夹臂、螺栓和螺母装配到底架和手柄上，即可完成立式快速夹的装配。

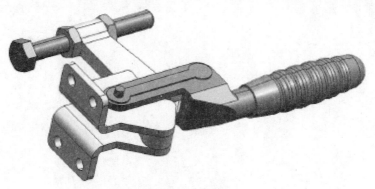

图6-70 立式快速夹装配效果

第7章

机械产品
装配设计

在 UG NX 中完成模型装配后，还可以建立爆炸视图
和装配顺序动画，并将其导入到装配工程图中。

本章将通过 3 个典型的机械装配设计实例，介绍了
机械产品的装配方法，同时还介绍爆炸视图和装配顺
序动画等操作方法。

7.1 蜗杆减速器装配

原始文件：素材\第7章\7.1
最终文件：素材\第7章\7.1\ 蜗杆减速器.prt
视频文件：视频教程\第7章\7.1蜗杆减速器装配.avi

本实例将装配一台蜗杆减速器，效果如图7-1所示。该蜗杆减速器由通气器、观察盖板、上箱体、蜗轮、蜗轮轴、蜗轮轴承盖、蜗杆、轴承盖、下箱体等组成。在装配该实例时，可以首先装配蜗杆子组件和蜗轮子组件，并分别保存为单独的文件，然后以下箱体为工作部件，通过接触约束、平行约束、距离约束和组件镜像依次装配蜗杆子组件、蜗轮子组件、端盖、上箱体、观察盖板、通气器和螺栓，即可完成杆轮减速器的装配。

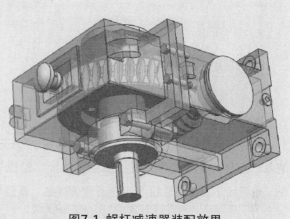

图7-1 蜗杆减速器装配效果

7.1.1 相关知识点

1. 组件镜像

在装配过程中，对于沿一个基准面对称分布的组件，可使用"镜像组件"工具一次获得多个特征，并且镜像的组件将按照原组件的约束关系进行定位。因此，它特别适合像汽车底盘等这样对称的组件装配，仅仅需要完成一边的装配即可。

>> 创建组件镜像

选择"主页"→"装配"→"镜像装配"选项，打开"镜像装配向导"对话框，如图7-2所示。在该对话框中单击"下一步"按钮，然后在打开对话框中选择待镜像的组件，其中组件可以是单个或多个，如图7-3所示。

单击"下一步"按钮，并在打开的对话框中选择基准面为镜像平面。如果没有，可单击"创建基准面"按钮，然后在打开的对话框中创建一个基准面为镜像平面，如图7-4所示。

图7-2 "镜像装配向导"对话框

>> 指定镜像平面和类型

完成上述步骤后单击"下一步"按钮，即可在打开的对话框中设置镜像类型，可选择镜像组件，然后单击按钮，可执行指派镜像体操作，同时"指派重定位操作"按钮将被激活，也就是说默认镜像类型为指派重定位操作；单击按钮⊠，将执行指派删除组件操作，如图7-5所示。

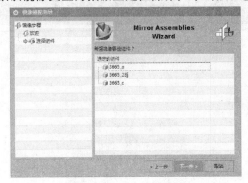

图7-3 选择镜像组件

图7-4 选择或参加镜像平面

» 设置镜像定位方式

设置镜像类型后，单击"下一步"按钮，将打开新的对话框，如图7-6所示。在该对话框中可指定各个组件的多个定位方式。其中，选择"定位"列表框中各列表项，系统将执行对应的定位操作，也可以多次单击按钮，查看定位效果。最后单击"完成"按钮，即可获得镜像组件效果。

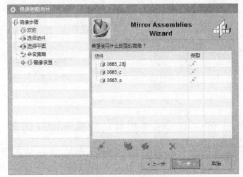

图7-5 指定镜像类型

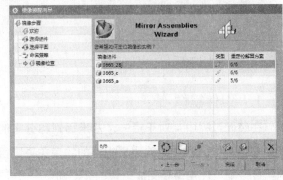

图7-6 指定镜像定位方式

创建组件镜像效果如图7-7所示。

图7-7 创建组件镜像效果

2. 组件圆周阵列

在添加组件时，可设置一定的重复数量，从而添加多个相同组件到装配中，但这些组件之间没有确定的位置关系。对于装配体中按规律分布的重复组件，可使用组件阵列来创建。可以选择"装配"→"组件"→"阵列组件"选项 ，或者选择菜单按钮中的"装配"→"组件"→"阵列组件"选项，打开"阵列组件"对话框，如图7-8所示。在"要形成阵列的组件"选项组中选择要阵列的组件，在"阵列定义"选项组中定义布局方式和阵列参数，包含以下三种阵列布局方式。

◆ "线性"：选择此方式，需要定义阵列的方向参考，选择一个方向参考则激活XC方向参数，选择两个方向参考则激活两个方向参数。

◆ "圆形"：选择此方式，需要定义阵列的中心轴参考，选择轴参考之后，参数选项激活，输入要生成的组件总数和总角度，单击"确定"按钮即完成阵列。

◆ "参考"：参照已有的特征阵列规律来阵列组件。使用此阵列方式之前，被阵列的组件必须约束到了某个阵列特征。如图7-9所示，先将圆柱约束到阵列出的圆孔，然后使用此方式阵列组件，组件将按特征的阵列方式阵列，且每个组件添加了与原组件相同的约束。

图 7-8 "阵列组件"对话框

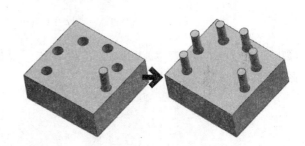
图 7-9 从阵列特征生成组件阵列

7.1.2 装配步骤

1. 装配蜗杆子组件

01 新建一个名为"蜗杆减速器"的装配文件，在弹出的"添加组件"对话框中单击"打开"按钮 ，添加本书配套素材中的"蜗杆.prt"文件。返回"添加组件"对话框后，指定"装配位置"为"绝对坐标系-显示部件"，如图7-10所示。

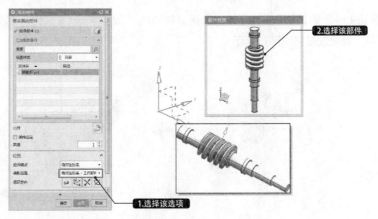
图7-10 固定蜗轮杆

02 选择"主页"→"装配"→"添加组件"选项，选择本书配套素材中的"62轴承.prt"文件，指定"放置"方式为"约束"。

03 在"方位"下拉列表中选择"自动判断中心/轴"选项，选择"组件预览"对话框中的轴承中心轴，然后在工作区中选择蜗杆的中心轴，如图7-11所示。

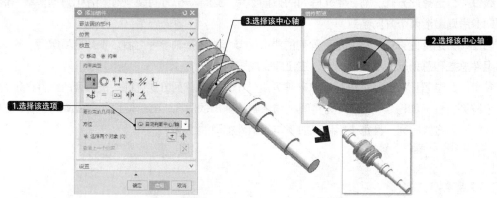

图7-11 中心对齐62轴承

04 在"方位"下拉列表中选择"首选接触"选项，选择"组件预览"对话框中端盖的端面，然后在工作区中选择蜗杆的贴合面，如图7-12所示。

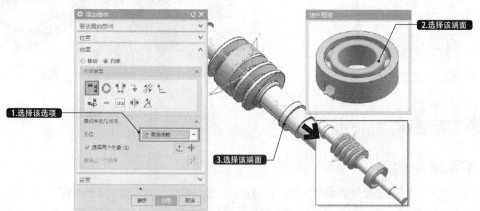

图7-12 接触对齐轴承端面

05 按照步骤 **02** ～步骤 **04** 同样的方法，选择素材中的"62轴承.prt"文件，装配蜗杆另一端的轴承，并将该文件保存，装配效果如图7-13所示。

图7-13 另一端62轴承的装配效果

2. 装配蜗轮子组件

01 新建一个名为"蜗轮子组件"的装配文件,在弹出的"添加组件"对话框中单击"打开"按钮🖼,选择本书配套素材中的"蜗轮轴.prt文件"。返回"添加组件"对话框后,指定"装配位置"为"绝对坐标系-工作部件",单击"确定"按钮,如图7-14所示。

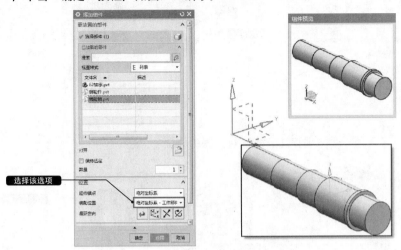

图7-14 固定蜗轮轴

02 选择"主页"→"装配"→"添加组件"选项🖼,添加本书配套素材中的"键.prt"文件,在"方位"下拉列表中选择"首选接触"选项,分别选择"组件预览"对话框中键的底面和侧面,然后在工作区中选择蜗轮轴对应的贴合面,如图7-15所示。

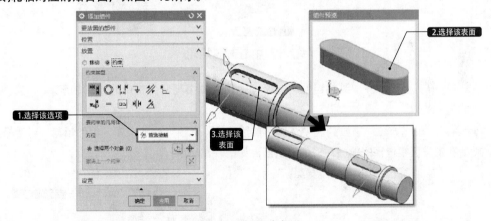

图7-15 接触对齐键

03 选择"主页"→"装配"→"添加组件"选项🖼,添加本书配套素材中的"蜗轮.prt"文件,指定"放置方式为"约束"。

04 在"方位"下拉列表中选择"首选接触"选项,选择"组件预览"对话框中蜗轮的端面,然后在工作区中选择蜗轮轴对应的贴合面,如图7-16所示。

05 在"方位"下拉列表中选择"自动判断中心/轴"选项,选择"组件预览"对话框中蜗轮的中心轴,然后在工作区中选择蜗轮轴的中心轴,如图7-17所示。

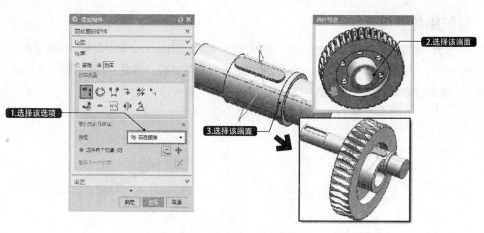

图7-16 接触对齐蜗轮端面

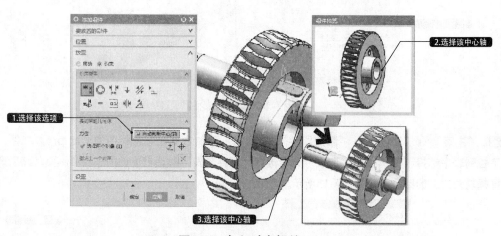

图7-17 中心对齐蜗轮

06 选择"主页"→"装配"→"添加组件"选项，添加本书配套素材中的"80轴承.prt"文件，指定"放置"方式为"约束"。

07 在"约束类型"的"方位"下拉列表中选择"首选接触"选项，分别选择"组件预览"对话框中80轴承端面，然后在工作区中选择蜗轮轴对应的贴合面，如图7-18所示。

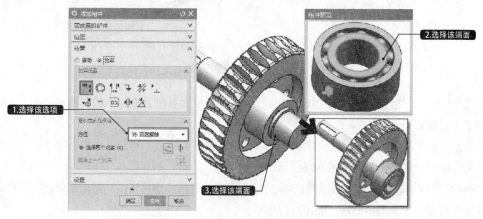

图7-18 接触对齐80轴承端面

08 在"方位"下拉列表中选择"自动判断中心/轴"选项,选择"组件预览"对话框中轴承的80中心轴,然后在工作区中选择蜗轮轴的中心轴,如图7-19所示。

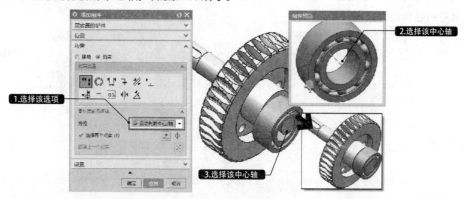

图7-19 中心对齐80轴承

09 按照步骤 **06** ~步骤 **08** 的方法,选择配套素材中的"80轴承.prt"文件,装配蜗轮轴另一端的轴承,并将该文件保存,装配效果如图7-20所示。

图7-20 另一端80轴承的装配效果

3. 装配下箱体组件

01 新建一个名为"蜗杆减速器"的装配文件,在弹出的"添加组件"对话框中单击"打开"按钮,选择本书配套素材中的"下箱体.prt"文件。返回"添加组件"对话框后,指定"装配位置"为"绝对坐标系-工作部件",如图7-21所示。

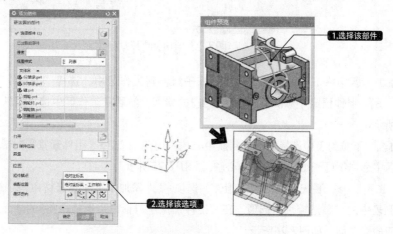

图7-21 固定下箱体

02 选择"主页"→"装配"→"添加组件"选项 ，添加本书配套素材中的"端盖1.prt"文件。在"方位"下拉列表中选择"首选接触"选项，选择"组件预览"对话框中端盖1的安装面，然后在工作区中选择下箱体对应的贴合面，如图7-22所示。

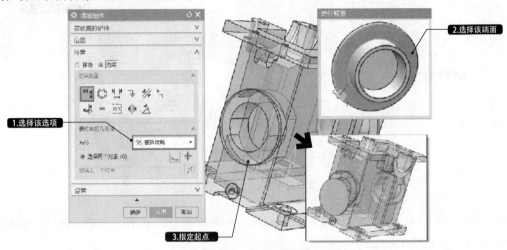

图7-22 接触对齐端盖1

03 在"方位"下拉列表中选择"自动判断中心/轴"选项，选择"组件预览"对话框中端盖1的中心轴，然后在工作区中选择下箱体对应的中心轴，如图7-23所示。

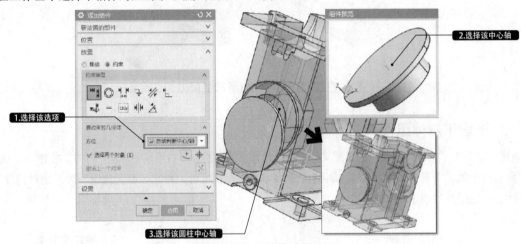

图7-23 中心对齐端盖1

04 首先在工作区中将下箱体隐藏，添加蜗杆子组件到工作区中。选择"方位"下拉列表中的"首选接触"选项，在"组件预览"对话框中选择端盖2的端面，然后在工作区中选择蜗杆子组件对应的贴合面，如图7-24所示。

05 在"方位"下拉列表中选择"自动判断中心/轴"选项，选择"组件预览"对话框中端盖的中心轴，然后在工作区中选择蜗杆子组件对应的中心轴，如图7-25所示。

06 选择"主页"→"装配"→"添加组件"选项 ，添加本书配套素材中的"端盖3.prt"文件，选择"方位"列表中的"首选接触"选项，在"组件预览"对话框中选择端盖3的端面，然后在工作区中选择下箱体对应的贴合面，如图7-26所示。

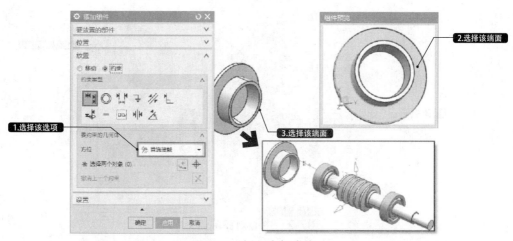

图7-24 接触对齐端盖

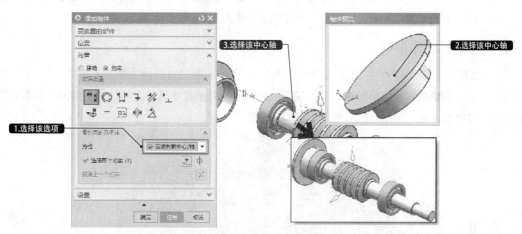

图7-25 中心对齐端盖

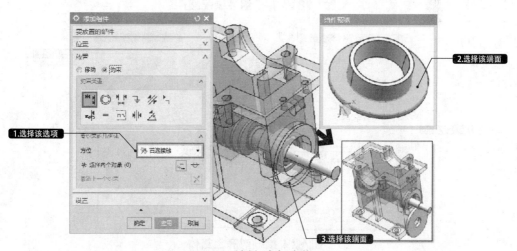

图7-26 接触对齐端盖3

07 在"方位"下拉列表中选择"自动判断中心/轴"选项,选择"组件预览"对话框中端盖的中心轴,然后在工作区中选择下箱体对应的安装中心轴,如图7-27所示。

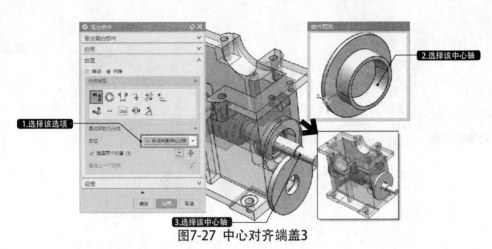

图7-27 中心对齐端盖3

08 按照装配蜗杆子组件同样的方法，依次选择素材中的"端盖0.prt""蜗轮子组件.prt""端盖2.prt组件"，在下箱体上装配端盖和蜗轮子组件，装配顺序如图7-28所示。

4. 装配上箱体组件

01 选择"主页"→"装配"→"添加组件"选项 🖼，添加本书配套素材中的"上箱体.prt"文件。选择"方位"下拉列表中的"首选接触"选项，在"组件预览"对话框中选择上箱体的安装面，然后在工作区中选择下箱体的贴合面，如图7-29所示。

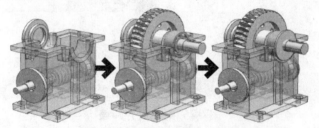

图7-28 蜗轮子组件装配顺序

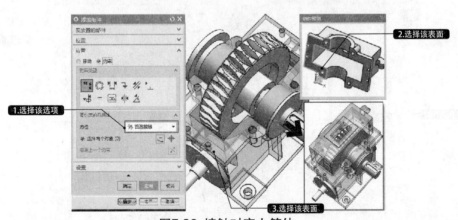

图7-29 接触对齐上箱体

01 在"方位"下拉列表中选择"自动判断中心/轴"选项，选择"组件预览"对话框中上箱体的螺栓孔中心轴，然后在工作区中选取下箱体对应的螺栓孔中心轴，如图7-30所示。

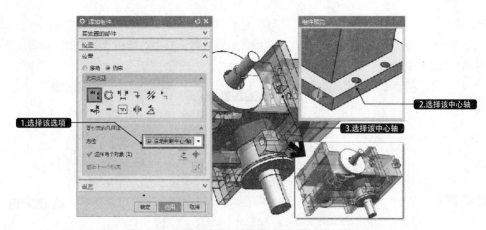

图7-30 中心对齐上箱体

03 选择"主页"→"装配"→"添加组件"选项，添加本书配套素材中的"观察盖板.prt"文件，选择"方位"下拉列表中的"首选接触"选项，在"组件预览"对话框中选择观察盖板的下表面，然后在工作区中选择上箱体对应的贴合面，如图7-31所示。

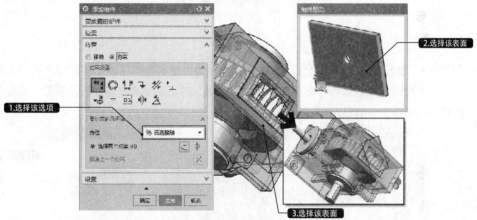

图7-31 接触对齐观察盖板

04 选择"方位"下拉列表中的"对齐"选项，在"组件预览"对话框中选择观察盖板的侧面，然后在工作区中选择上箱体对应的对齐面，如图7-32所示。

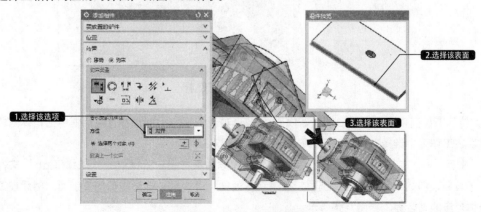

图7-32 对齐观察盖板侧面

05 选择"主页"→"装配"→"添加组件"选项 🔧，添加本书配套素材中的"通气器.prt"文件，选择"方位"下拉列表中的"首选接触"选项，在"组件预览"对话框中选择通气器的安装表面，然后在工作区中选择盖板对应的贴合面，如图7-33所示。

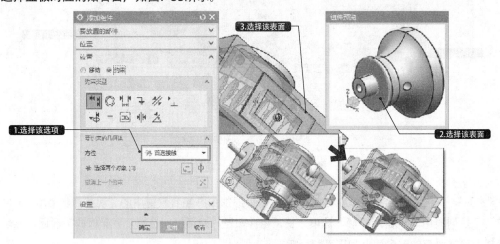

图7-33 接触对齐通气器

5. 装配螺栓

01 选择"主页"→"装配"→"添加组件"选项 🔧，添加本书配套素材中的"螺杆12×95".prt文件.选择"方位"下拉列表中的"首选接触"选项，在"组件预览"对话框中选择螺杆的安装面，然后在工作区中选择上箱体对应的贴合面，如图7-34所示。

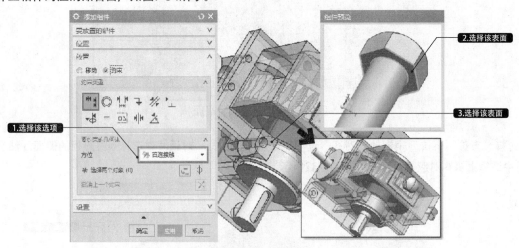

图7-34 接触对齐螺杆

02 在"方位"下拉列表中选择"自动判断中心/轴"选项，选择"组件预览"对话框中上箱体的螺栓的中心轴，然后在工作区中选择下箱体对应的孔中心轴，如图7-35所示。

03 选择"主页"→"装配"→"添加组件"选项 🔧，添加本书配套素材中的"12螺母.prt"文件，选择"方位"下拉列表中的"首选接触"选项，在"组件预览"对话框中选择螺母的安装面，然后在工作区中选择上箱体对应的贴合面，如图7-36所示。

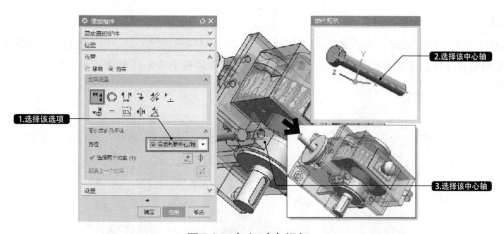

图7-35 中心对齐螺杆

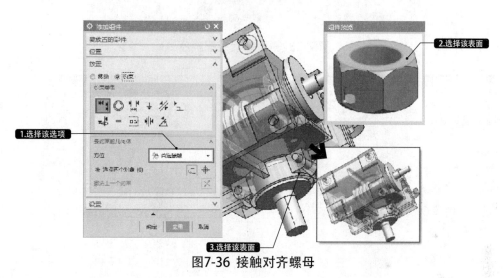

图7-36 接触对齐螺母

04 在方位"下拉列表中选择"自动判断中心/轴"选项，选择"组件预览"对话框中螺母的中心轴，然后在工作区中选择螺杆对应的中心轴，如图7-37所示。

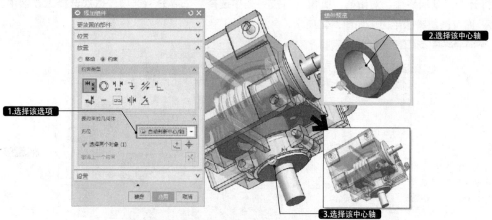

图7-37 中心对齐螺母

05 按照步骤 **01** ～步骤 **04** 的方法，选择素材中的"螺杆9×43.prt"和"螺母9.prt"部件，装配箱体侧面的螺栓，装配顺序如图7-38所示。

06 选择"主页"→"装配"→"镜像装配"选项 ，打开"镜像装配向导"对话框。在工作区中选择箱体正面的螺栓组件，依次单击"下一步"按钮，在第3个对话框中单击"创建基准平面"按钮 ，如图7-39所示。

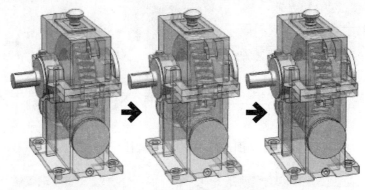

图7-38 侧面螺栓装配顺序

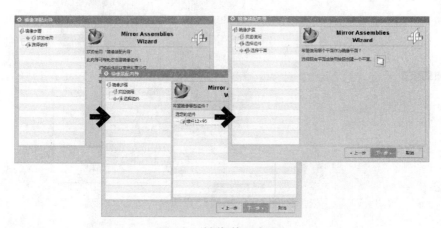

图7-39 镜像装配向导

07 在打开的"基准平面"对话框"类型"下拉列表中选择"二等分"选项，依次选择工作区中箱体的两个侧面，即可创建镜像平面，如图7-40所示。

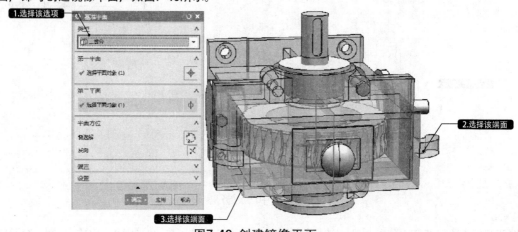

图7-40 创建镜像平面

08 完成选择镜像组件和镜像平面后，依次单击"镜像装配向导"对话框中的"下一步"按钮，即可完成螺栓的镜像装配，如图7-41所示。

图7-41 镜像装配螺栓

09 按照步骤 **06** ～步骤 **08** 的方法，依次镜像装配箱体正面和侧面的螺栓，装配顺序如图7-42所示。蜗轮减速器装配完成。

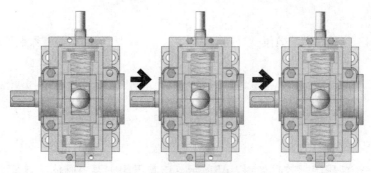

图7-42 螺栓镜像装配顺序

7.1.3 ▶ 扩展实例：齿轮泵的装配

原始文件：素材\第7章\7.1.3
最终文件：素材\第7章\7.1.3\齿轮泵.prt

　　本实例装配一个齿轮泵，效果如图7-43所示。齿轮泵是机械设备中最常见的装配实体，其工作原理是通过调整泵缸与啮合齿轮间所形成的工作容积，从而达到输送液体或增压作用。该齿轮泵由泵体、长轴齿轮、短轴齿轮、端盖、泵盖、带轮等组成。装配该实例时，可以先将泵体固定在工作区中，然后以泵体为工作部件，通过接触对齐约束、中心约束依次将长轴齿轮、短轴齿轮、端盖、泵盖和带轮装配到工作区中，即可完成齿轮泵的装配。

7.1.4 ▶ 扩展实例：柱塞泵的装配

原始文件：素材\第7章\7.1.4
最终文件：素材\第7章\7.1.4\柱塞泵.prt

本实例装配一个柱塞泵，效果如图7-44所示。该柱塞泵由泵体、轴套、压盖、端盖、柱塞、阀体、阀盖等组成。装配该实例时，可以先将泵体固定在工作区中；然后以泵体为工作部件，通过接触对齐约束、中心约束依次将轴套、柱塞、端盖装配到泵体上；最后通过接触对齐约束、中心约束、垂直约束和距离约束依次将阀体、阀盖和其他的部件装配到工作区中，即可完成柱塞泵的装配。

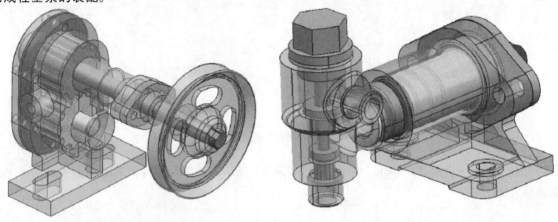

图7-43 齿轮泵装配效果　　　　　　　　图7-44 柱塞泵装配效果

7.1.5 扩展实例：减压阀的装配

原始文件：素材\第7章\7.1.5
最终文件：素材\第7章\7.1.5\减压阀.prt

本实例装配一个减压阀，效果如图7-45所示。该减压阀主要由阀体、弹簧、端盖、阀盖、活塞、阀盘、旋柄、螺栓、螺母等组成。装配该实例时，可以先将阀体通过绝对坐标系的方式定位在工作区中，然后通过接触约束、中心约束和距离约束将弹簧、活塞、阀盘、阀盖、旋柄装配到工作区中，最后，通过组件圆周阵列将螺栓和螺母圆周阵列到减压阀的螺栓孔中，即可完成减压阀的装配。

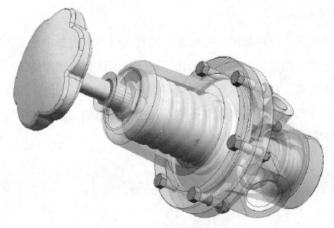

图7-45 减压阀装配效果

7.2 四驱车装配顺序动画

原始文件: 素材\第7章\7.2\四驱车.prt
最终文件: 素材\第7章\7.2\四驱车-OK.prt
动画文件: 素材\第7章\7.2\movie.avi
视频文件: 视频教程\第7章\7.2四驱车装配顺序动画.avi

本实例将创建一个四驱车装配顺序动画，如图7-46所示。该四驱车主要由底盘、车轮、马达组件、减速器组件、机翼、外壳、转轮、开关、接触片、锁套等组成。创建该四驱车的装配顺序动画时，首先要创建装配序列，进入装配序列状态；然后在装配序列状态下按照装配顺序添加各部件；最后利用"装配次序回放"工具导出动画到磁盘，即可创建出四驱车装配顺序动画。

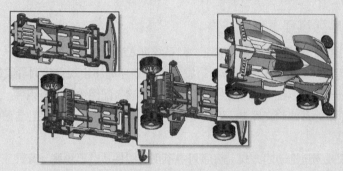

图7-46 四驱车装配顺序动画

7.2.1 相关知识点

1. 装配次序相关命令面板

>> "装配次序和运动"面板

在"装配"工具栏中单击"装配序列"按钮 ，系统就会进入装配排序环境，显示"装配次序和运动"面板，如图7-47所示。

图7-47 "装配次序和运动"面板

该面板中主要按钮功能如下。

◆ 插入运动 ：在序列中插入运动步骤。此时拖动手柄将显示图标选项，用于在运动步骤中创建动作。

◆ 装配 ：在选定组件的关联序列中创建装配步骤，如果选择的组件多于一个，则按照指定时的顺序为每个组件创建步骤。

◆ 一起装配 ：在一个序列中创建子组件。

◆ 拆卸 ▣：为选定的组件创建拆卸步骤。

◆ 一起拆卸 ▣：将在一个序列步骤内选定的子装配或组件集一起拆卸。

◆ 记录摄像位置 ▣：创建摄像步骤，用于在回放过程中重新定位序列视图。

◆ 插入暂停 ▣：在序列中插入暂停步骤，使其暂时停顿在一个画面上。

◆ 抽取路径 ▣：为选定的组件创建一个无碰撞抽取路径序列步骤，以便在起始和终止位置之间移动。

◆ 删除 ▣：删除选定的项目，如序列或步骤。

◆ 在序列中查找 ▣：在序列导航器中查找一个指定的组件。

◆ 显示所有序列 ▣：当切换开关为"开"时，序列导航器显示所有的序列，当切换开关为"关"时，允许将关联序列显示在序列导航器中。

◆ 捕捉布置 ▣：允许将装配组件的当前位置捕捉为当前。

◆ 运动包络 ▣：通过连续序列运动步骤扫掠选定的对象（装配组件、实体、片体或组件中的小平面体），在显示部件（或新部件）中创建一个运动包络体。

2. 创建装配序列过程

◆ 在"装配"工具栏中单击"装配序列"按钮 ▣，系统进入装配序列环境。

◆ 在"装配次序和运动"面板中单击"新建"按钮 ▣，新序列将出现在序列导航器中，文件夹命名为"已忽略"和"已预装"。在"已预装"文件夹中包含该装配图中的所有组件。如果正在组装一个装配，则还会出现"未处理的"文件夹，这种情况下，"未处理的"文件夹包含装配中的所有组件，如图7-48所示。

◆ 使用忽略弹出选项或通过拖动的方式，将序列中不用的组件从"已预装"文件夹移动到"已忽略"文件夹中。

◆ 每个次序步骤可以包含一个组件、一个子组、一个摄像步骤（视图方位）或一个动作（以及形成该动作的移动）。

◆ 通过使用工具栏和菜单栏选项，或者通过拖动，拆装剩余组件或希望拆装成步骤节点的组件。

◆ 通过从该工具栏或序列导航器中打开菜单选择选项，按照操作示意图更改序列。

◆ 如果想创建另一个序列，则再次单击"新建"按钮 ▣，可通过单击"显示所有序列"按钮来显示序列导航器中的所有现有的序列。

7.2.2 创建步骤

1. 创建装配序列

01 启动UG NX12.0后，打开本书配套素材中的"四驱车.prt"文件，系统将自动进入装配环境。

02 在"装配"工具栏中单击"装配序列"按钮 ▣，或在菜单按钮中选择"装配"→"序列"选项，系统将自动进入装配序列环境，如图7-49所示。

03 选择"主页"→"装配序列"→"新建"选项，新序列"序列-1"将出现在序列导航器中，系统自动命名文件夹为"已忽略"和"已预装"。在"已预装"文件夹中包含该装配图中的所有组件，如图7-50所示。

图7-48 序列导航器

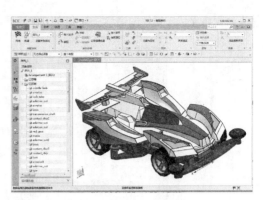

图7-49 装配序列环境界面

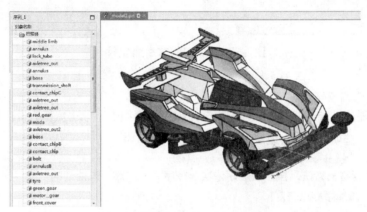

图7-50 新建序列和序列导航器

2. 创建安装顺序

01 在序列导航器中选择"已预装"文件夹中四驱车装配体中的所有组件，单击鼠标右键，在打开的快捷菜单中选择"移除"选项，此时所有组件将被移除到"未处理的"文件夹中，工作区将变成空白，如图7-51所示。

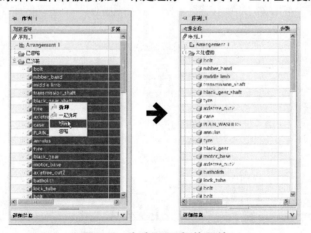

图7-51 移除四驱车装配体

02 选择"主页"→"序列"→"装配"选项，打开"类选择"对话框；然后在序列导航器的"未处理的"文件夹中选择batholith组件，并单击"确定"按钮，四驱车底盘将添加到装配序列中。在"已预装"

文件夹后面将显示该组件的名称，并会在工作区显示底盘组件，如图7-52所示。

图7-52 添加四驱车底盘组件

> 提示
>
> 　　在序列导航器的"未处理的"文件夹中选择batholith组件，单击鼠标右键，在打开的快捷菜单中选择"装配"选项，同样可以将组件添加到装配序列中。

03 按照添加底盘的同样的方法，按照装顺序依次选择序列导航器"未处理的"文件夹中的组件，将它们添加到装配序列中，添加顺序见表7-1。

3. 创建动画

01 选择"主页"→"回放"→"导出至电影"选项，打开"录制电影"对话框.在对话框中选择要导出电影文件的路径文件夹，设置电影文件文件名，如图7-53所示。

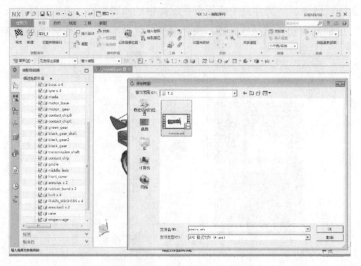

图7-53 设置动画文件名和路径

02 设置好要创建动画的文件名和路径后，单击"录制电影"对话框中的"确定"按钮，在工作区中将显示四驱车的装配顺序，系统在后台自动录制动画，如图7-54所示。

表7-1 四驱车部件装配顺序表

顺序号	部件名称	顺序号	部件名称	顺序号	部件名称
1	batholith	19	black _ gear	37	PLAIN _ WASHERS（后左）
2	axletree _ out（后右）	20	boss（后左）	38	annulusB（后左）
3	axletree_out 2（后右）	21	tyre（后左）	39	bolt（后左）
4	axletree _ out（后左）	22	red _ gear	40	PLAIN _ WASHERS（后右）
5	axletree_out 2（后左）	23	axletree_out（前右）	41	annulusB（后右）
6	green _ gear	24	axletree_out2（前右）	42	bolt（后右）
7	red _ gear	25	axletree_out（前左）	43	PLAIN _ WASHERS（前左）
8	transmission _ shaft	26	axletree_out2（前左）	44	annulusB（前左）
9	mada	27	shaft（前轮轴）	45	bolt（前左）
10	motor _ base	28	contact _ chip	46	rubber _ band（前左）
11	shaft（后轮轴）	29	on － off	47	PLAIN _ WASHERS（前右）
12	boss（后右）	30	front _ cover	48	annulus（前右）
13	tyre（后右）	31	boss（前左）	49	bolt（前右）
14	contact _ chipB	32	boss（前右）	50	rubber _ band（前右）
15	contact _ chipC	33	tyre（前右）	51	case
16	black _ gear _ shaft	34	tyre（前左）	52	empennage
17	motor __ gear	35	girdle	53	lock _ tube
18	black _ gear 2	36	middle limb		

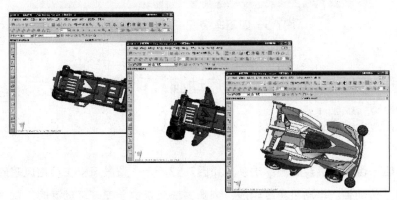

图7-54 动画录制过程

03 软件录制好动画后，系统将自动弹出"导出至电影"对话框，提示保存动画的路径地址，单击"确定"按钮即可，如图7-55所示。

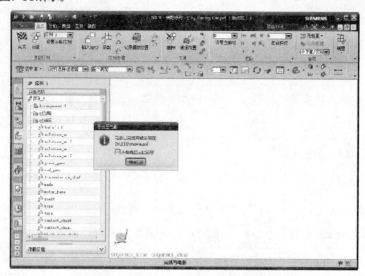

图7-55 "导出至电影"对话框

04 按照上步骤中"导出至电影"对话框的提示路径，浏览素材文件，找到该动画文件，即可用播放器打开该文件，观看装配顺序动画，如图7-56所示。

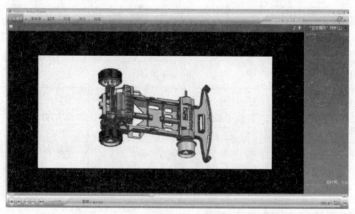

图7-56 四驱车装配顺序动画播放

7.2.3 扩展实例：鼓风机装配顺序动画

原始文件：素材\第7章\7.2.3\鼓风机.prt
最终文件：素材\第7章\7.2.3\鼓风机-OK.prt
动画文件：素材\第7章\7.2.3\movie.avi

本实例将创建一台鼓风机装配顺序动画，如图7-57所示。该鼓风机主要由风箱底座、风箱盖、风叶、电动机座、传动轴、电动机盖等组成。创建该鼓风机的装配顺序动画时，首先要创建装配序列，进入装配序列环境，然后在装配序列环境下按照装配顺序添加各组件，最后利用"回放"工具导出动画到磁盘，即可创建出鼓风机装配顺序动画。

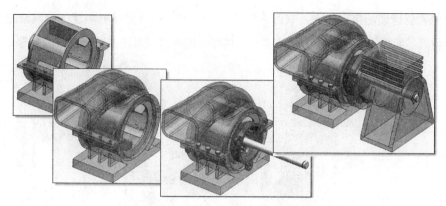

图7-57 鼓风机装配顺序动画

7.2.4 扩展实例：磨床虎钳装配顺序动画

原始文件：素材\第7章\7.2.4\磨床虎钳.prt

最终文件：素材\第7章\7.2.4\磨床虎钳-OK.prt

动画文件：素材\第7章\7.2.4\ movie.avi

本实例将创建一台磨床虎钳装配顺序动画，如图7-58所示。该磨床虎钳由底座、支架、转座、横轴、心轴、固定钳口、活动钳口、螺杆、螺杆头、手柄等组成。创建该装配顺序动画时，首先要创建装配序列，进入装配序列和环境，然后在装配序列环境下按照装配顺序添加各组件，最后利用"回放"工具导出动画到磁盘，即可创建出磨床虎钳装配顺序动画。

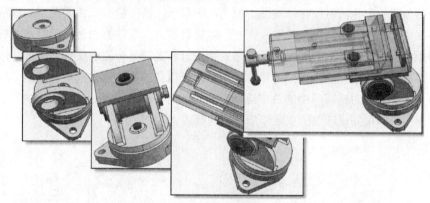

图7-58 磨床虎钳装配顺序动画

7.2.5 扩展实例：二级减速器装配顺序动画

原始文件：素材\第7章\7.2.5\二级减速器.prt

最终文件：素材\第7章\7.2.5\二级减速器-OK.prt

动画文件：素材\第7章\7.2.5\movie.avi

本实例将创建一台二级减速器装配顺序动画，效果如图7-59所示。该减速器由缸体、端盖、轴承、齿轮、轴、齿轮轴、缸盖、观察盖板、通气器、油标螺杆、螺栓螺母等组成。创建该装配顺序动画时，首先要创建装配序列，进入装配序列环境，然后，在装配序列环境下按照装配顺序添加各组件，最后利用"回放"工具导出动画到磁盘，即可创建出二级齿轮减速器的装配顺序动画。

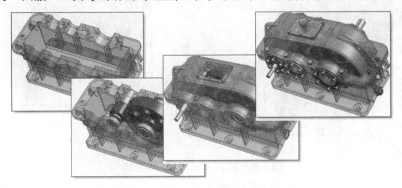

图7-59 二级减速器装配顺序动画

7.3 飞机引擎爆炸视图

原始文件：素材\第7章\7.3 飞机引擎.prt
推进缸爆炸视图文件：素材\第7章\7.3 飞机引擎2.prt
变速缸爆炸视图文件：素材\第7章\7.3 飞机引擎3.prt
视频文件：视频教程\第7章\7.3 飞机引擎爆炸视图.avi

本实例将创建一个飞机引擎爆炸视图，如图7-60所示。该飞机引擎由变速缸、螺旋桨、推进缸等组成。其中，推进缸由缸体、缸盖、活塞、连杆等组成，变速缸由缸体、缸盖、轴承、偏心轴、齿轮等组成。创建该实例的爆炸视图，需对推进缸和变速缸分别创建爆炸视图，以清晰表达整个飞机引擎的结构。在创建推进缸的爆炸视图时，可以先对其他部件和组件隐藏，然后创建该推进缸的爆炸视图，再对该视图中的各个组件手动移动到合适的位置。按照同样的方法，创建变速缸的爆炸视图，即可完成该飞机引擎爆炸视图的创建。

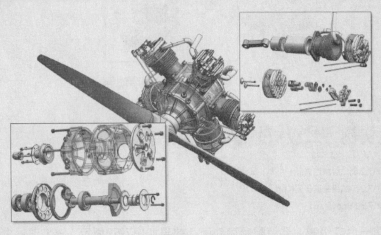

图7-60 飞机引擎爆炸视图

7.3.1 ▶ 相关知识点

1. 创建爆炸视图

要查看装配实体爆炸效果，需要首先创建爆炸视图。通常创建该视图的方法是：选择"装配"→"爆炸图"选项📷，在打开的"爆炸图"中单击"创建爆炸"按钮📷，打开"新建爆炸"对话框，如图7-61所示。可在该对话框的"名称"文本框中输入爆炸图名称，或接受系统的默认名称,Explosion 1，单击"确定"按钮，即可创建一个爆炸图。

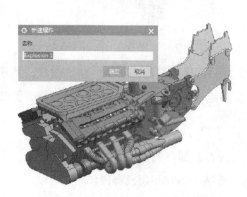

图7-61 "创建爆炸"对话框

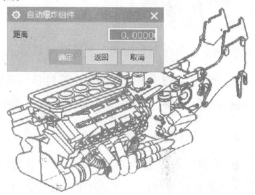

图7-62 "自动爆炸组件"对话框

> **提示**
>
> 如果视图已有一个爆炸视图，可以使用现有分解作为起始位置创建新的分解，这对于定义一系列爆炸图来显示一个被移动的不同组件是很有用的。

》自动爆炸组件

通过新建一个爆炸视图即可执行组件的爆炸操作，UG NX 12.0装配中的组件爆炸的方式为自动爆炸，该爆炸方式是基于组件之间保持关联条件，沿表面的正交方向自动爆炸组件。

要执行该方式的爆炸操作，可单击"爆炸图"组中的"自动爆炸组件"按钮📷，打开"类选择"对话框。在工作区选择要进行爆炸的组件，单击"确定"按钮，打开"自动爆炸组件"对话框，如图7-62所示。

在该对话框的"距离"文本框中输入数值，即可自动调整组件间的间隙，如图7-63所示。

》手动创建爆炸视图

在执行自动爆炸操作之后，各个零部件的相对位置并非按照正确的规律分布，还需要使用"编辑爆炸"工具将其调整为最佳的位置。单击"爆炸图"组中的"编辑爆炸"按钮📷，打开"编辑爆炸"对话框，如图7-64所示。首先选择"选择对象"单选按钮，直接在工作区选择将要移动的组件，选择的对象将以红色显示；选择"移动对象"单选按钮，即可将该组件移动或旋转到适当的位置。

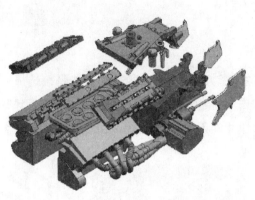

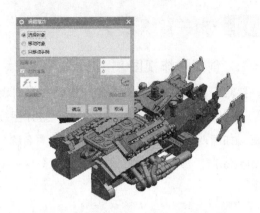

图7-63 启用"添加间隙"复选框爆炸效果 　　　　　图7-64 "编辑爆炸"对话框

图7-65所示的是拖动发动机中组件移动到合适的位置。选择"只移动手柄"单选按钮，用于移动由标注X轴、Y轴、Z轴方向的箭头所组成的手柄，以便在组件繁多的爆炸视图中仍然可移动组件。

2. 编辑爆炸视图

在UG NX12.0装配环境中，执行手动和自动爆炸视图操作，即可获得理想的爆炸视图效果。为满足各方面的编辑操作，还可以对爆炸视图进行位置编辑、复制、删除和切换等操作。

》删除爆炸图

当不必显示装配体的爆炸效果时，可执行删除爆炸图操作将其删除。单击"爆炸图"组中的"删除爆炸"按钮，打开"爆炸图"对话框，如图7-66所示。该对话框中列出了所有爆炸图的名称，可在列表框中选择要删除的爆炸图，单击"确定"按钮，即可删除已建立的爆炸图。

注 意：在工作区中显示的爆炸图不能够直接将其删除。如果要删除它，先要将其复位，方可进行删除爆炸视图的操作。

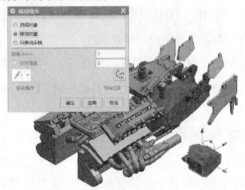

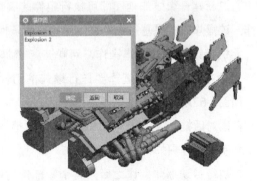

图7-65 移动爆炸视图中的组件 　　　　　图7-66 "爆炸图"对话框

》显示组件

在UG NX12.0装配过程中，可将多个组件进行显示操作。具体的设置方法是：单击"爆炸图"工具栏中的按钮，打开如图7-67所示的"显示视图中的组件"对话框。在该对话框中列出了所创建的和正在编辑的组件名称。可以根据设计需要，在该列表框中选择要在图形窗口中显示的组件，进行组件的显示。

» 隐藏组件

执行隐藏组件操作是将当前图形窗口中的组件隐藏。具体的设置方法是：单击"爆炸图"组中的"隐藏视图中的组件"按钮 🔲，打开"隐藏视图中的组件"对话框。在工作区选择要隐藏的组件，单击"确定"按钮，即可将其隐藏，如图7-68所示。此外，该组中的"显示视图中的组件"按钮 🔲 是隐藏组件的逆操作，即将已隐藏的组件重新显示在工作区中。

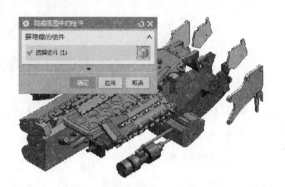

图7-67 "显示视图中的组件"对话框   图7-68 隐藏组件

7.3.2 创建步骤

1. 隐藏其他部件

01 启动UG NX12.0后，打开本书配套素材中的"飞机引擎.prt"文件，系统将自动进入装配环境。

01 在工作区中选择飞机引擎的螺旋桨和推进缸的外部部件，单击鼠标右键，在弹出的快捷菜单中选择"隐藏"选项，如图7-69所示。

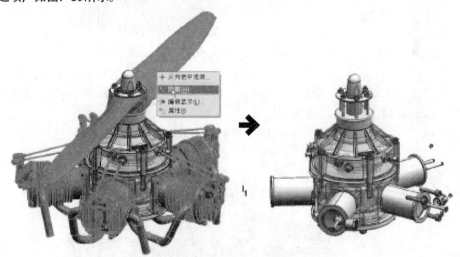

图7-69 隐藏螺旋桨和推进缸外部部件

03 在工作区中选择飞机引擎推进缸其他的部件，单击鼠标右键，在弹出的快捷菜单中选择"隐藏"选项，如图7-70所示。

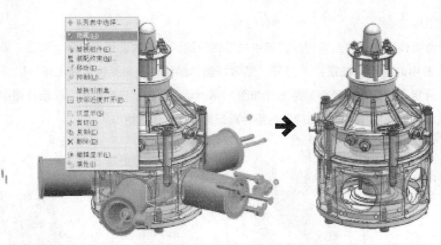

图7-70 隐藏推进缸其他部件

2. 创建爆炸视图

01 选择"爆炸图"→"新建爆炸"选项 ，打开"创建爆炸"对话框。在该对话框的"名称"文本框中输入爆炸图名称，或接受系统的默认名称为Explosion 1，如图7-71所示。

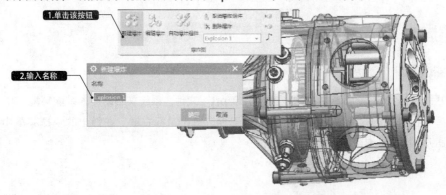

图7-71 "创建爆炸"对话框

02 单击"创建爆炸"对话框中的"确定"按钮后，"爆炸图"组中的所有选项将激活，并显示当前的工作爆炸视图为Explosion 1，如图7-72所示。

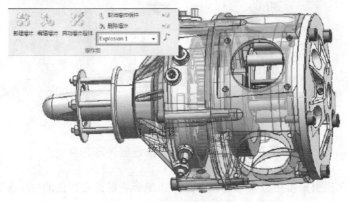

图7-72 创建爆炸视图

3. 编辑爆炸视图

01 在"爆炸图"组中单击"编辑爆炸"按钮 🐷，打开"编辑爆炸"对话框。在工作区中选择变速缸外部的所有部件，如图7-73所示。

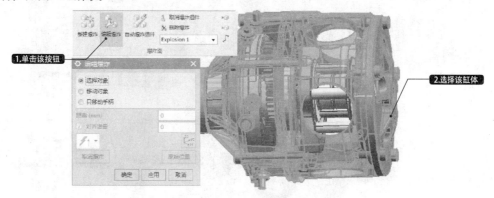

图7-73 选择变速缸缸体

02 在"编辑爆炸"对话框中选择"移动对象"单选按钮，工作区将出现移动手柄坐标。选择该手柄坐标，将变速缸缸体移动到合适的位置，如图7-74所示。

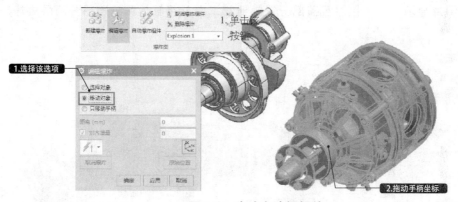

图7-74 移动变速缸缸体

03 在"爆炸图"组中单击"编辑爆炸"按钮 🐷，选择工作区中的缸盖。在"编辑爆炸"对话框中选择"移动对象"选项，选择工作区中方向轴，将激活"编辑爆炸"对话框中的"距离"文本框。在该文本框中输入距离，即可设置缸盖在指定的方向轴上移动的距离，如图7-75所示。

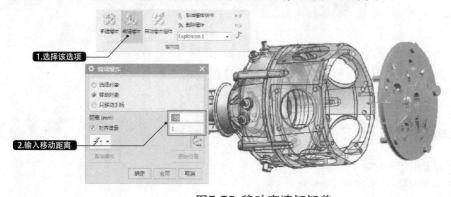

图7-75 移动变速缸缸盖

[04] 按照步骤 **[03]** 同样的方法，在缸体的中心轴向上移动展开变速缸其他的部件，爆炸效果如图7-76所示。

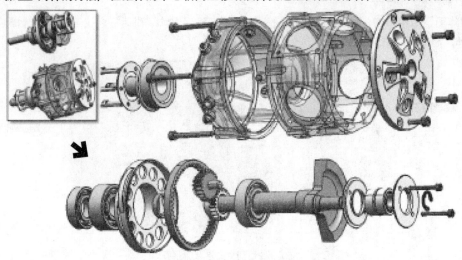

图7-76 变速缸爆炸效果

推进缸的爆炸方法与变速缸相同，可以将推进缸中的所有部件沿活塞的中心轴向展开。为了便于在本书中图片显示，本实例将缸盖部分复制到第二层，将缸体和缸盖部分两层爆炸，如图7-77所示。

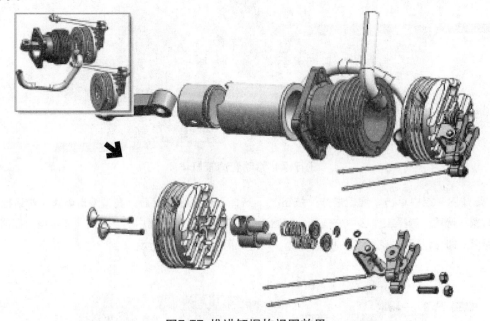

图7-77 推进缸爆炸视图效果

7.3.3 ▶ 扩展实例：丝杆传动系统爆炸视图

原始文件：素材\第7章\7.3.3\丝杆传动系统.prt

最终文件：素材\第7章\7.3.3\丝杆传动系统2.prt

本实例将创建一个丝杆传动系统爆炸视图，如图7-78所示。该丝杆传动系统由轴承组件、螺母座、丝杆等组成。创建该实例的爆炸视图时，可以先将丝杆和键平行移动到合适的位置，然后将该视图中的轴承组件和螺母座沿丝杆的轴向移动，使每个组件沿着轴向展开，其中右侧与左侧的轴承组件相同，展开其中的一个即可。

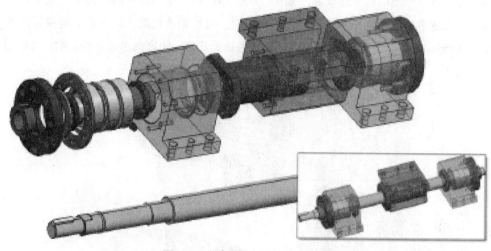

图7-78 丝杆传动系统爆炸视图

7.3.4 扩展实例：连续模具爆炸视图

原始文件：素材\第7章\7.3.4\连续模具.prt

最终文件：素材\第7章\7.3.4\连续模具2.prt

本实例将创建一个连续模具爆炸视图，如图7-79所示。该连续模具由凹模、承料板、导料板、下模座、导板、凸固板、凸模、细凸模、垫板、模柄、上模座、导正销、档销等组成。创建该实例的爆炸视图时，可以先将上模座和下模座沿轴向两端展开。然后，对导板上的承料板和导料板纵向展开，再将其他的组件沿轴向展开，即可创建该连续模具的爆炸视图。

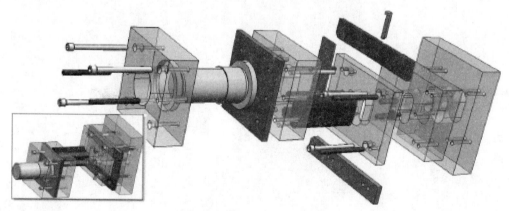

图7-79 连续模具爆炸视图

7.3.5 扩展实例：电动机爆炸视图

原始文件：素材\第7章\7.3.5\电动机.prt

最终文件：素材\第7章\7.3.5\电动机2.prt

本实例将创建一个电动机爆炸视图，如图7-80所示。该电动机由机座、定子、转子、轴承、端盖、风扇、风扇罩等组成。创建该实例的爆炸视图时，可以先将机座、端盖和风扇罩纵向移动到合适的位置，然后分别将机壳组件和电动机内部部件沿轴向展开，即可创建该电动机的爆炸视图。

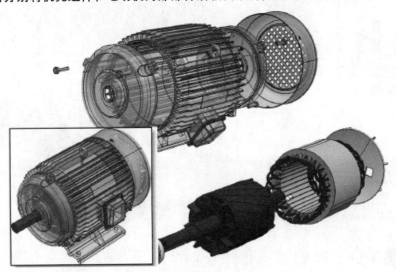

图7-80 电动机爆炸视图

第 8 章

机械产品
工程图设计

在 UG NX12.0 中利用建模模块创建的三维实体模型，都可以利用工程图模块投影生成二维工程图，并且所生成的工程图与该实体模型是完全关联的。当实体模型改变时，工程图尺寸会同步自动更新，缩短因三维模型的改变而引起二维工程图更新所需的时间，从根本上避免了传统二维工程图与实体设计尺寸之间的矛盾、丢线漏线等常见错误，保证了二维工程图的正确性。

本章将通过 7 个典型的实例，介绍使用该软件进行工程图绘制的基本方法，内容包括添加基本视图、投影视图、半剖视图、全剖视图、局部剖视图、旋转剖视图、放大视图、尺寸标注、几何公差标注、表面粗糙度标注、文本的标注和编辑等内容。

8.1 绘制管接头工程图

原始文件：素材\第8章\8.1 管接头.prt

最终文件：素材\第8章\8.1 管接头-OK.prt

视频文件：视频教程\第8章\8.1绘制管接头工程图.avi

　　本实例绘制一个管接头工程图，如图8-1所示。管接头常用于管道的连接，在天然气管道、自来水管道和石油管道中经常可以见到。在管接头两端均有螺纹，用于螺纹连接两端的管道。该工程图图纸大小为A4，绘图比例为3:1。在创建本实例工程图时，首先可创建全剖视图和俯视图，剖视图即可表达内部孔的结构；然后添加直径和螺纹尺寸以及水平尺寸；最后添加注释文本和图纸标题栏，即可完成该管接头工程图的绘制。

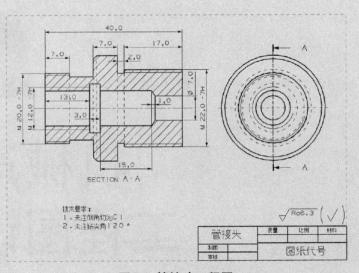

图8-1 管接头工程图

8.1.1 相关知识点

1．设置工程图首选项

　　在制图环境中，为了更准确有效地创建图纸，还可以通过制图首选项进行相关的基本参数预设置，如线宽、隐藏线的显示、视图边界线的显示和颜色的设置等。

　　在制图环境中，选择"菜单"→"首选项"→"制图"选项，打开"制图首选项"对话框，如图8-2所示。

　　该对话框左侧的列表框中包括10个设置项目，每个项目展开之后又包含多个子项设置，其中主要项目设置的功能简单介绍如下。

图8-2 "制图首选项"对话框

- ◆ "常规/设置"：该项目下可设置制图的常规设置，包括制图的工作流、欢迎界面、表面粗糙度和焊接符号的标准设置等。工作流指创建图纸的一系列操作流程，例如，在"工作流"设置选项的"基于模型"选项组中，在"始终启动"下拉列表中选择"无视图命令"选项，如图 8-3 所示，则在新建空白图纸页时，系统不会自动弹出"视图创建向导"对话框。
- ◆ "公共"：该项目下可设置图纸中的文本和尺寸的显示样式，以及尺寸的前缀和后缀符号设置。
- ◆ "图纸格式"：用于设置图纸的编号方式及标题栏的对齐位置。
- ◆ "视图"：用于设置视图的各种显示格式和样式，如显示视图标签、视图比例、截面线及断开线的显示样式等。
- ◆ "尺寸"：用于设置尺寸的显示样式，如尺寸的精度、公差样式及倒角标注的样式等。
- ◆ "注释"：用于设置各种注释的样式，如表面粗糙度的颜色和线宽、剖面线的图案和填充比例等，如图 8-4 所示。
- ◆ "表"：用于设置表格的格式，如零件明细表、折弯表及孔表等。

图 8-3 关闭"视图创建向导"的自动启动　　　图 8-4 设置注释样式

2. 创建工程图

创建工程图即是新建图纸页，而新建图纸页是进入工程图环境的第一步。在工程图环境中建立的任何图形都将在创建的图纸页上完成。在进入工程图环境时，系统会自动创建一张图纸页。选择"插入"→"图纸页"选项，或选择"主页"→"新建图纸页"选项 ，都可以打开"图纸页"对话框，如图 8-5 所示。该对话框中主要选项的功能及含义如下所述。

- ◆ 大小：该下拉列表用于指定图样的尺寸规范。可以直接在其下拉列表中选择与工程图相适应的图纸规格。图纸的规格随选择的工程单位不同而不同。
- ◆ 比例：该下拉列表用于设置工程图中各类视图的比例大小。一般情况下，系统默认的图纸比例是 1:1。
- ◆ 图纸页名称：该文本框用于输入新建工程图的名称。系统会自动按顺序排列，也可以根据需要指定相应的名称。
- ◆ 投影：该选项组用于设置视图的投影角度方式。对话框中共提供了两种投影角度方式，即第一象限角投影和第三象限角投影。按照我国的制选项准，应选择第一象限角度投影和毫米公制选项。

此外，在该对话框中"大小"选项组下包括了3种类型的图纸建立方式。

》使用模板

选择该单选按钮，打开如图8-6所示的对话框。此时，可以直接在对话框的"大小"选项组中直接选择系统默认的图纸选项，单击"确定"按钮，即可直接应用于当前的工程图中。

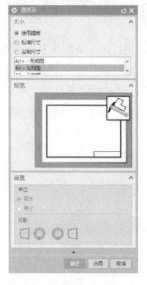  

图8-5 "图纸页"对话框　　　图8-6 "使用模板"建立工程图　　图8-7 "定制尺寸"建立工程图

》标准尺寸

如图8-5所示的对话框即是选择该方式时对应的对话框。在该对话框的"大小"下拉列表中，选择从A0~A4国标图纸中的任意一个作为当前工程图的图纸。还可以在"比例"下拉列表中直接选择工程图的比例。另外，"图纸中的图纸页"显示了工程图中所包含的所有图纸名称和数量。在"设置"选项组中，可以选择工程图的尺寸单位以及视图的投影视角。

》定制尺寸

选择该单选按钮，打开如图8-7所示的对话框。在该对话框中，可以在"高度"和"长度"文本框中自定义新建图纸的高度和长度，还可以在"比例"文本框中选择当前工程图的比例。其他选项与选择"标准尺寸"单选按钮时的对话框中的选项相同，这里不再介绍。

8.1.2 》绘制步骤

1. 新建图纸页

01 打开本书配套素材中的"素材\第8章\8.1 管接头.prt"文件，选择"应用模块"→"设计"→"制图"选项，进入制图环境。

02 选择"菜单"→"首选项"→"可视化"选项，打开"可视化首选项"对话框。在该对话框中选择"颜色/字体"选项卡，在"图纸部件设置"选项组中启用"单色显示"复选框，如图8-8所示。

03 选择"主页"→"新建图纸页"选项，打开"图纸页"对话框，在"大小"选项组中的"大小"下拉列表中选择"A4-210×297"选项，其余保持默认设置，如图8-9所示。

04 选择 "菜单" → "首选项" → "制图" 选项，打开 "制图首选项" 对话框。在对话框中选择 "视图" 选项，在 "边界" 选项组中禁用 "显示" 复选框，如图8-10所示。

图8-8 "可视化首选项" 对话框 　　图8-9 "图纸页" 对话框 　　图8-10 "制图首选项" 对话框

2. 添加视图

01 选择 "主页" → "视图" → "基本视图" 选项 ，打开 "基本视图" 对话框。在 "模型视图" 选项组中的 "要使用的模型视图" 下拉列表中选择 "前视图" 选项，选择 "比例" 下拉列表中的 "比率" 选项，设置比例为3:1，在工作区中合适位置放置俯视图，如图8-11所示。

02 选择 "主页" → "视图" → "剖视图" 选项 ，打开 "剖视图" 对话框。在 "定义" 下拉列表中选择 "动态"，在 "方法" 下拉列表中选择 "简单剖/阶梯剖" 选项，其余选项保持默认。在视图中选择剖切线位置，然后在合适位置放置剖视图即可，如图8-12所示。

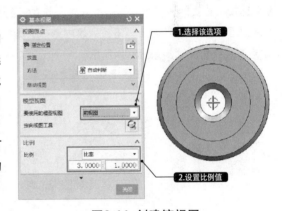

图8-11 创建俯视图

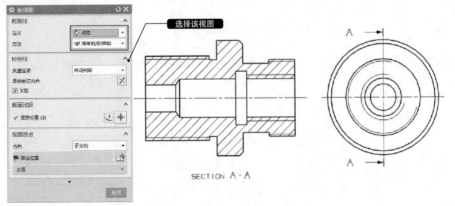

图8-12 创建剖视图

3. 标注线性尺寸

01 选择"主页"→"尺寸"→"线性"选项,打开"线性尺寸"对话框。在工作区中选择管接头左端外表面,在"方法"下拉列表中选择"竖直"。放置尺寸后然后双击该尺寸,打开"文本编辑器"对话框。在对话框尺寸前面的文本框中输入M,在后面的文本框中输入-7H,单击"确定"按钮,然后放置尺寸线到合适位置,即可标注螺纹的尺寸,如图8-13所示。

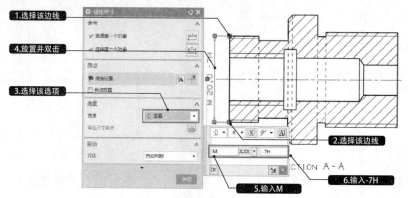

图8-13 标注螺纹尺寸

02 选择"主页"→"尺寸"→"线性"选项,打开"线性尺寸"对话框。在工作区中选择管接头右端外的孔内侧表面,在"方法"下拉列表中选择"圆柱式",单击"确定"按钮,将尺寸线放置到合适位置,即可标注孔的尺寸,如图8-14所示。

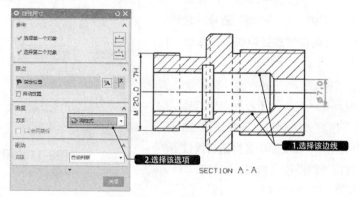

图8-14 标注孔尺寸

03 按照标注孔和螺纹同样的方法,标注其他的线性尺寸,如图8-15所示。

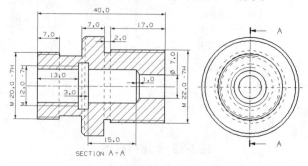

图8-15 标注其他线性尺寸

4. 标注表面粗糙度

选择"主页"→"注释"→"表面粗糙度符号"选项，打开"表面粗糙度"对话框。在"除料"下拉列表中选择"修饰符，需要除料"选项，在"切除（f1）"文本框中输入Ra6.3。在"样式"中设置"字符大小"为2.5，在工作区中右下方放置表面粗糙度符号，如图8-16所示。

5. 插入并编辑表格

01 选择"主页"→"表"→"表格注释"选项，工作区中的光标即会显示为矩形框，选择工作区右下方放置表格即可，如图8-17所示。

02 选择表格中的第一个单元格，按住鼠标左键，拖动到第二行第二列所在的单元格，选择的表格为桔红色高亮显示。单击鼠标右键，选择"合并单元格"选项，合并单元格，如图8-18所示。按同样的方法，创建另一合并单元格，如图8-19所示。

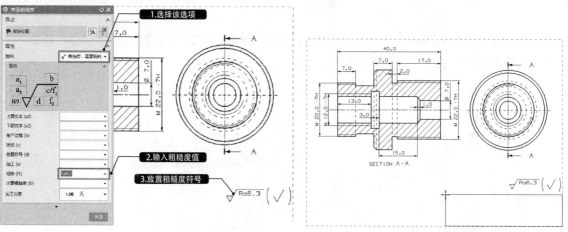

图8-16 标注表面粗糙度　　　　　　　图8-17 插入表格

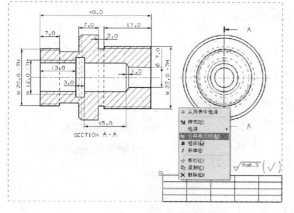
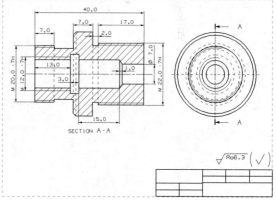

图8-18 合并单元格　　　　　　图8-19 创建另一合并单元格

6. 添加文本注释

01 选择"主页"→"注释"→"注释"选项，打开"注释"对话框。在"文本输入"文本框中输入如图8-20所示的注释文字，并添加工程图相关的技术要求。

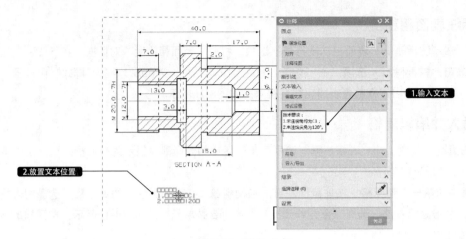

图8-20 添加文本

02 选择"主页"→"编辑设置"选项 🔧，打开"类选择"对话框。选择步骤 **01** 添加的文本，单击"确定"按钮，如图8-21所示。

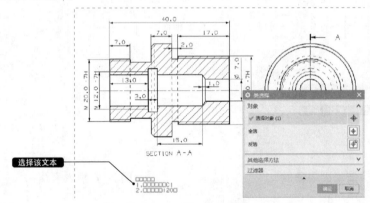

图8-21 选择编辑样式

03 在弹出的"设置"对话框中设置文本的"高度"为5，选择文字字体下拉列表中的chinesef选项，单击"确定"按钮，即可将方框文字显示为汉字，如图8-22所示。

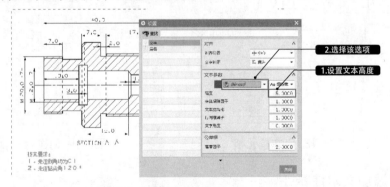

图8-22 设置文本参数

04 重复上述步骤，添加其他文本注释，在"设置"对话框中设置合适的文本参数，将文本注释移动到合适位置，如图8-23所示。

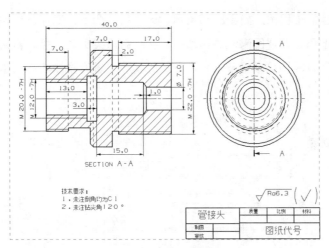

图8-23 添加其他文本注释

8.1.3 扩展实例：绘制箱体工程图

原始文件：素材\第8章\8.1.3 箱体.prt

最终文件：素材\第8章\8.1.3 箱体-OK.prt

本实例绘制一个箱体工程图，如图8-24所示。箱体类零件主要用于支承及包容其他零件。该类零件结构一般比较复杂，常带有空腔、轴孔、肋板、凸台、沉孔及螺孔等结构，一般需要3个以上的视图进行表达。在绘制该实例时，可以首先创建俯视图、全剖视图和半剖视图3个视图，然后添加水平、竖直、圆弧半径及轴孔直径等的尺寸，最后添加注释文本和图纸标题栏，即可完成该箱体工程图的绘制。

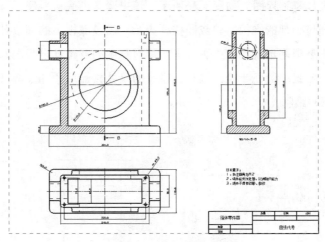

图8-24 箱体工程图

8.1.4 扩展实例：绘制盖板工程图

原始文件：素材\第8章\8.1.4 盖板.prt

最终文件：素材\第8章\8.1.4 盖板-OK.prt

本实例绘制一个盖板工程图，如图8-25所示。该盖板由凸台、底槽、键槽和孔组成。结构相对简单，可以通过俯视图和全剖视图来表达其结构。在绘制该实例时，可以首先创建俯视图和全剖视图。然后添加水平、竖直、圆弧半径及轴孔直径等的尺寸，最后添加注释文本和图纸标题栏，即可完成该盖板工程图的绘制。

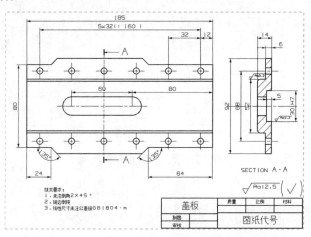

图8-25 盖板工程图

8.1.5 扩展实例：绘制夹紧座工程图

原始文件：素材\第8章\8.1.5 夹紧座.prt
最终文件：素材\第8章\8.1.5 夹紧座-OK.prt

本实例绘制一个夹紧座工程图，如图8-26所示。该夹紧座由底板、座体、简单孔、沉头孔和螺纹孔组成。该夹紧座通过顶部的螺栓将轴或圆柱杆夹紧，通过底板上的螺纹孔固定在基座上。在绘制该实例时，可以首先创建基本视图和投影视图，再对其中的各种孔进行局部剖切，以清晰表达其结构；然后添加水平、竖直、圆弧半径、轴孔直径等的尺寸；最后添加注释文本和图纸标题栏，即可完成该夹紧座工程图的绘制。

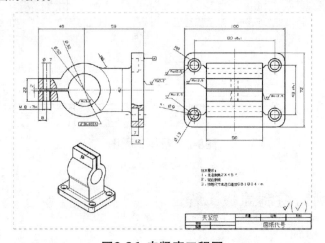

图8-26 夹紧座工程图

8.2 绘制固定杆工程图

原始文件：素材\第8章\8.2 固定杆.prt

最终文件：素材\第8章\8.2 固定杆-OK.prt

视频文件：视频教程\第8章\8.2绘制固定杆工程图.avi

本实例绘制一个固定杆工程图，如图8-27所示。该固定杆由滑槽板、螺栓板和底板组成。螺栓板固定在基座上，滑块可以在滑槽板中滑动。该工程图图纸大小为A2，绘图比例为2:1。在绘制该实例时，可以首先创建基本视图，再创建基本视图的剖视图和投影视图；然后添加水平、竖直、圆弧半径、孔直径等的尺寸，以及添加形位公差和表面粗糙度；最后添加注释文本和图纸标题栏，即可完成该固定杆工程图的绘制。

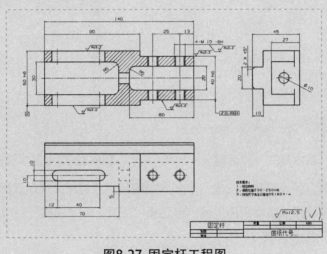

图8-27 固定杆工程图

8.2.1 相关知识点

1. 添加基本视图

基本视图是零件向基本投影面投影所得的图形。它包括零件模型的主视图、后视图、俯视图、仰视图、左视图、右视图、等轴测图等。一个工程图中至少包含一个基本视图，因此在绘制工程图时，应该尽量建立能反映实体模型的主要形状特征的基本视图。

选择"主页"→"视图"→"基本视图"选项 ，打开"基本视图"对话框，如图8-28所示。该对话框中主要选项组的含义和功能介绍如下。

◆ 部件：该选项组用于选择需要建立工程图的部件模型文件。

◆ 放置：该选项组用于选择基本视图的放置方法。

◆ 模型视图：该选项组用于选择添加基本视图的种类。

◆ 刻度尺：该选项组用于选择添加基本视图的比例。

◆ 视图样式：该选项组用于编辑基本视图的样式。单击该选项，打开"视图样式"对话框。在该对话框中可以对基本视图中的隐藏线段、可见线段、追踪线段、螺纹、透视等样式进行详细设置。

利用"基本视图"对话框，可以在当前图纸中建立基本视图，并设置视图样式、基本视图比例等参数。在"要使用的模型视图"下拉列表中选择基本视图，接着在工作区适合的位置放置基本视图，即可完成基本视图的建立。建立基本视图的效果如图8-29所示。

2. 添加投影视图

一般情况下，单一的基本视图是很难将一个复杂实体模型的形状表达清楚的，在添加完成基本视图后，还需要对其视图添加相应的投影视图才能够完整地将实体模型的形状和结构特征表达清楚。投影视图是从父视图产生的正投影视图。

图8-28 "基本视图"对话框

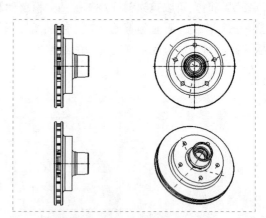

图8-29 建立基本视图的效果

在建立基本视图时，如设置建立完成一个基本视图后，此时继续拖动鼠标，可添加基本视图的其他投影视图。若已退出添加基本视图操作，可选择"主页"→"视图"→"投影视图"选项 ，打开"投影视图"对话框，如图8-30所示。

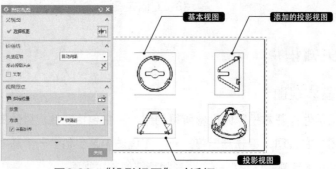

图8-30 "投影视图"对话框

利用该对话框，可以对投影视图的放置位置、放置方法以及反转视图方向等进行设置。该对话框中的选项和其操作步骤与建立基本视图基本类似，这里不再叙述。

8.2.2 绘制步骤

1. 新建图纸页

01 打开本书配套素材中的"素材\第8章\8.2 固定杆.prt"文件，选择"应用模块"→"设计"→"制图"

选项，进入制图环境。

02 选择"菜单"→"首选项"→"可视化"选项，打开"可视化首选项"对话框。在对话框中选择"颜色/字体"选项卡，在"图纸部件设置"选项组中启用"单色显示"复选框，如图8-31所示。

03 选择"主页"→"新建图纸页"选项 🗂，打开"工作表"对话框。在"大小"选项组中的"大小"下拉列表中选择"A2-420×594"选项，其余保持默认设置，如图8-32所示。

04 选择"菜单"→"首选项"→"制图"选项，打开"制图首选项"对话框。在对话框中选择"视图"→"工作流程"选项，在"边界"选项组中禁用"显示"复选框，如图8-33所示。

图8-31 "可视化首选项"对话框　　图8-32 "工作表"对话框　　图8-33 "制图首选项"对话框

2. 添加视图

01 选择"主页"→"视图"→"基本视图"选项 📷，打开"基本视图"对话框。在"模型视图"选项组中的"要使用的模型视图"下拉列表中选择"左视图"选项，设置"比例"为2:1，在工作区中合适位置放置左视图，如图8-34所示。

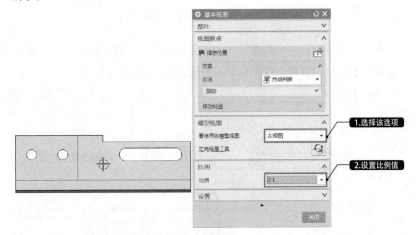

图8-34 创建左视图

02 选择图纸中的俯视图，单击鼠标右键，在弹出的快捷菜单中选择"设置"选项，打开"设置"对话框。在"角度"文本框中输入180，单击"确定"按钮，即可将视图旋转，如图8-35所示。

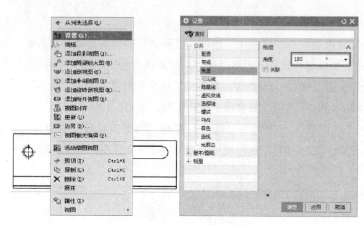

图8-35 旋转视图

03 选择"主页"→"视图"→"剖视图"选项 ▣，打开"剖视图"对话框。在"定义"下拉列表中选择"动态"，在"方法"下拉列表中选择"简单剖/阶梯剖"选项，在视图中选择剖切线位置，然后在合适位置放置剖视图即可，如图8-36所示。

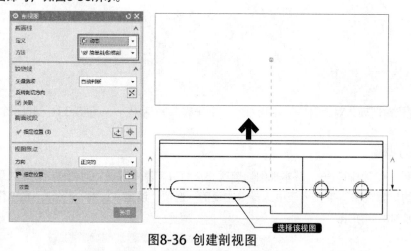

图8-36 创建剖视图

04 选择"菜单"→"插入"→"曲线"→"直线"选项，打开"直线"对话框。在剖视图中选择两个断面，补上端面的两条直线，并将剖视图注释及符号隐藏，如图8-37所示。

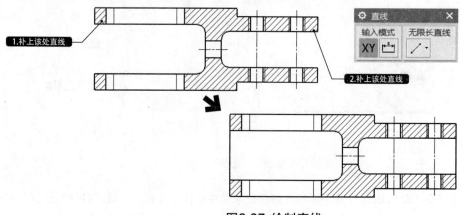

图8-37 绘制直线

05 首先选择剖视图，然后选择"主页"→"视图"→"投影视图"选项 ⬚，打开"投影视图"对话框后，图纸中将出现投影视图，将其拖动到合适位置即可，如图8-38所示。

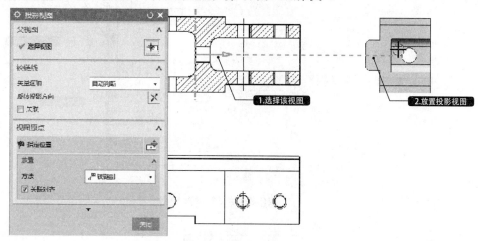

图8-38 添加投影视图

3. 标注线性尺寸

01 选择"主页"→"尺寸"→"线性"选项，打开"线性尺寸"对话框。在工作区中选择螺纹孔的两个竖直线，在"方法"下拉列表中选择"水平"。放置尺寸后然后双击该尺寸，打开"文本编辑器"对话框，在该对话框 ⬚ 前文本框中输入4-M，在后文本框中输入-6H，单击"确定"按钮，然后放置尺寸线到合适位置即可，如图8-39所示。

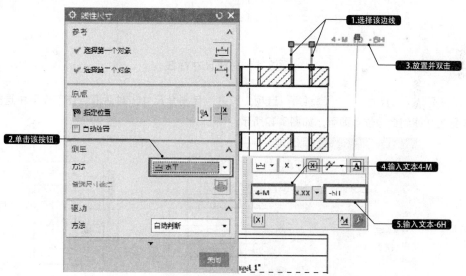

图8-39 标注水平尺寸

02 选择"主页"→"尺寸"→"线性"选项，打开"线性尺寸"对话框。在工作区中选择底座套筒外表面，在"方法"下拉列表中选择"竖直"。放置尺寸后双击该尺寸，打开"文本编辑器"对话框。在对话框 ⬚ 后面的文本框中输入h6，单击"确定"按钮，然后放置尺寸线到合适位置即可，如图8-40所示。

03 按照同样的方法，标注其他的水平和竖直尺寸，完成尺寸标注，如图8-41所示。

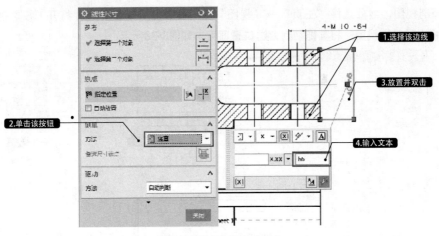

图8-40 标注竖直尺寸

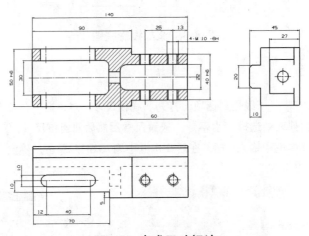

图8-41 完成尺寸标注

04 选择"主页"→"尺寸"→"倒斜角"选项，打开"倒斜角尺寸"对话框。在工作区中选择倒斜角斜面线，放置尺寸线到合适位置即可，如图8-42所示。

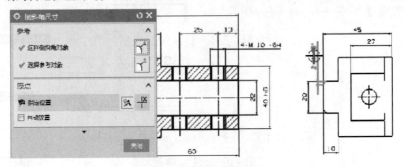

图8-42 标注倒斜角尺寸

4. 标注圆和圆弧尺寸

01 选择"主页"→"尺寸"→"径向"选项，打开"径向尺寸"对话框。选择"方法"为"径向"，在工作区中选择侧板和筋板的圆角，放置半径尺寸线到合适位置即可，如图8-43所示。

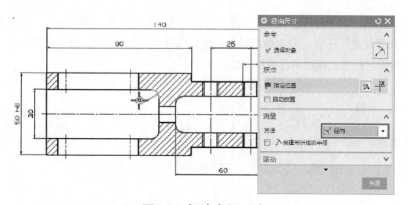

图8-43 标注半径尺寸

02 选择"主页"→"尺寸"→"径向"选项，打开"径向尺寸"对话框。选择"方法"为"直径"，在工作区中选择中间的孔，放置直径尺寸线到合适位置即可，如图8-44所示。

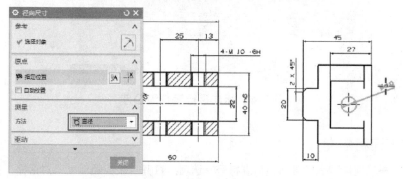

图8-44 标注直径尺寸

5. 标注形位公差

01 选择"主页"→"注释"→"基准特征符号"选项，打开"基准特征符号"对话框。在"基准标识符"选项组中的"字母"文本框中输入A，单击"指引线"选项组中的按钮，选择工作区中滑槽板的竖直尺寸线，最后放置基准特征符号到合适位置即可，如图8-45所示。

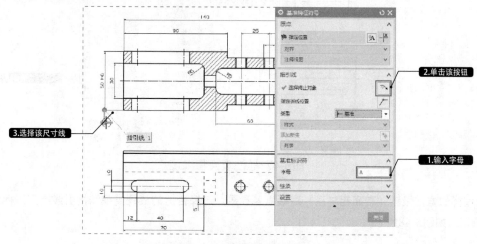

图8-45 标注基准特征符号

02 选择"主页"→"注释"→"注释"选项 A，打开"注释"对话框。在"符号"选项组的"类别"下拉列表中选择"几何公差"选项，依次单击对话框中的按钮 ⊞、//、A，在"文本输入"文本框中输入0.03，按照图8-46所示的方法标注平行度几何公差。

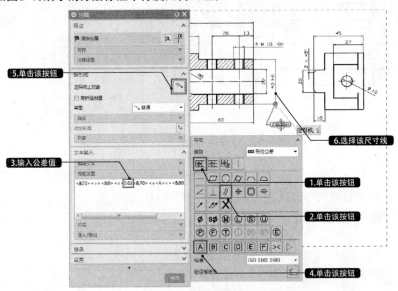

图8-46 标注平行度几何公差

6. 标注表面粗糙度

01 选择"主页"→"注释"→"表面粗糙度符号"选项，打开"表面粗糙度"对话框。在"除料"下拉列表中选择"修饰符，需要除料"选项，在"切除（f1）"文本框中输入Ra3.2，在"样式"中设置"字符大小"为2.5，选择工作区中固定杆外侧表面，放置表面粗糙度即可，如图8-47所示。

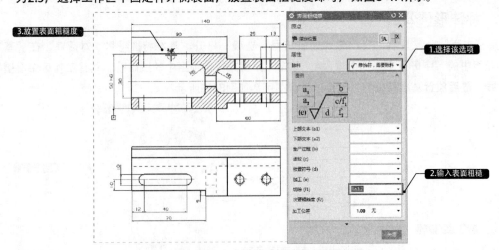

图8-47 标注表面粗糙度

02 按照同样的方法设置"表面粗糙度"对话框各参数，选择合适的放置类型和指引线类型，标注其他的表面粗糙度，如图8-48所示。

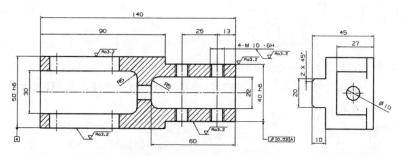

图8-48 标注其他表面粗糙度

7. 插入并编辑表格

01 选择"主页"→"表"→"表格注释"选项，工作区中的光标即会显示为矩形框，选择工作区右下方，放置表格即可，如图8-49所示。

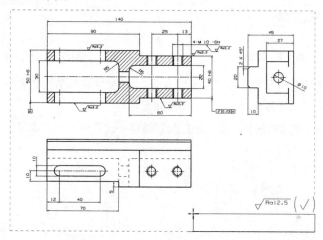

图8-49 插入表格

02 选择表格中的第一个单元格，按住鼠标左键，拖动到第二行第二列所在的单元格，选择的表格为桔红色高亮显示，单击鼠标右键，选择"合并单元格"选项，合并单元格，如图8-50所示。按照同样的方法创建另一合并单元格，如图8-51所示。

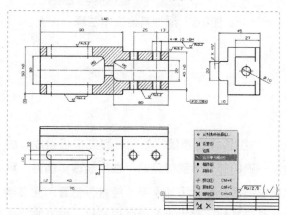

图8-50 合并单元格

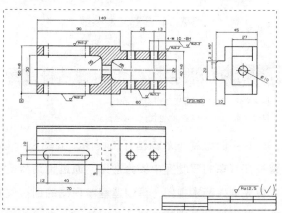

图8-51 创建另一合并单元格

8. 添加注释文本

01 选择"主页"→"注释"→"注释"选项，打开"注释"对话框。在"文本输入"文本框中输入图8-52所示的注释文本，添加工程图相关的技术要求。

02 选择"主页"→"编辑设置"选项，打开"类选择"对话框。选择步骤 **01** 添加的注释文本，单击"确定"按钮，如图8-53所示。

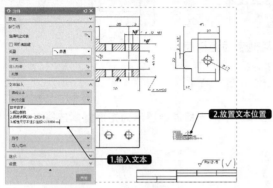

图8-52 添加注释文本   图8-53 选择编辑样式

03 在弹出的"设置"对话框中设置文本"高度"为5，选择文字字体下拉列表中的chinesef选项，单击"确定"按钮，即可将方框文字显示为汉字，如图8-54所示。

04 重复上述步骤，添加其他文本注释。在"设置"对话框中设置合适的文本参数，并将注释文本移动到合适位置，如图8-55所示。

图8-54 设置文本参数

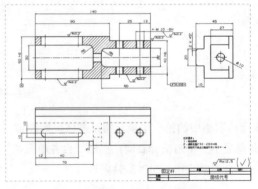

图8-55 添加其他文本注释

8.2.3 扩展实例：绘制脚踏杆工程图

原始文件：素材\第8章\8.2.3 脚踏杆.prt

最终文件：素材\第8章\8.2.3 脚踏杆-OK.prt

本实例绘制一个脚踏杆工程图，如图8-56所示。该脚踏杆由踏板、轴孔套和连接板组成。脚踏杆在汽车的驾驶室中较为常见，通过脚踏板撬动另一端的部件做圆弧运动。在绘制该实例时，可以首先创建基本视图，再创建基本视图的剖视图和投影视图；然后添加水平、竖直、垂直、圆弧半径、孔直径，角度等的尺寸，以及添加表面粗糙度；最后添加注释文本和图纸标题栏，即可完成该脚踏杆工程图的绘制。

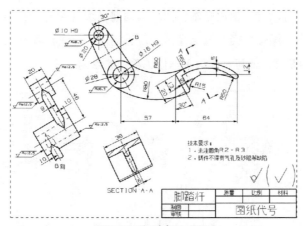

图8-56 脚踏杆工程图

8.2.4 ▶▶ 扩展实例：绘制导向支架工程图

原始文件：素材\第8章\8.2.4 导向支架.prt

最终文件：素材\第8章\8.2.4 导向支架-OK.prt

　　本实例绘制一个导向支架工程图，如图8-57所示。该导向支架由导向座、左导向块、右导向块、轴孔等组成，该导向支架可以保证通过的两个轴的平行度在公差之内。在绘制该实例时，可以首先创建基本视图，再创建基本视图的全剖视图、投影视图以及各个孔的局部剖视图，然后添加水平、竖直、圆弧半径、孔直径等的尺寸以及几何公差和表面粗糙度，最后添加注释文本和图纸标题栏，即可完成该导向支架工程图的绘制。

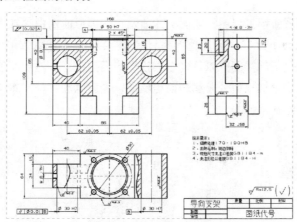

图8-57 导向支架工程图

8.2.5 ▶▶ 扩展实例：绘制夹具体工程图

原始文件：素材\第8章\8.2.5 夹具体.prt

最终文件：素材\第8章\8.2.5 夹具体-OK.prt

　　本实例绘制一个夹具体工程图，如图8-58所示。该夹具体由一个轴孔座、螺栓座、底扳和挡板组成。在绘制该实例时，可以首先创建基本视图，再创建基本视图的折叠剖视图以及纵向的全剖视图；然后添加水平、竖直、圆弧半径、孔直径、角度等的尺寸，再添加几何公差和表面粗糙度；最后添加注释文本和图纸标题栏，即可完成该夹具体工程图的绘制。

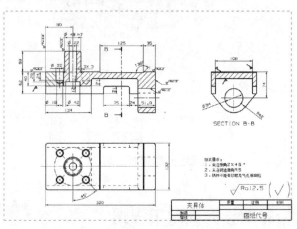

图8-58 夹具体工程图

8.3 绘制扇形曲柄工程图

原始文件：素材\第8章\8.3 扇形曲柄.prt
最终文件：素材\第8章\8.3 扇形曲柄-OK.prt
视频文件：视频教程\第8章\8.3绘制扇形曲柄工程图.avi

本实例绘制一个扇形曲柄工程图，如图8-59所示。该扇形曲柄由轴孔座、连板、肋板和扇形块组成。该工程图图纸大小为A3，绘图比例为1:1。在绘制该实例时，可以首先创建基本视图，再创建基本视图上孔的局部剖视图，以及向右端投影的全剖视图；然后添加水平、竖直、圆弧半径、角度等的尺寸，以及添加几何公差和表面粗糙度；最后添加注释文本和图纸标题栏，即可完成该扇形曲柄工程图的绘制。

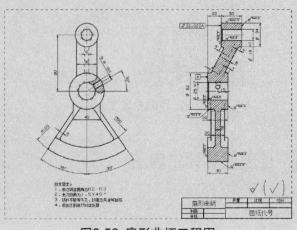

图8-59 扇形曲柄工程图

8.3.1 ▶ 相关知识点

1. 添加全剖视图

全剖视图是以一个假想平面为剖切面，对视图进行整体的剖切操作。当零件的内部形状比较复杂、外形比较简单，或者外形已在其他视图上表达清楚时，可以利用全剖视图工具对零件进行剖切。要创建全剖切视图，选择"视图"→"剖视图"选项 ，打开"剖视图"对话框，如图8-60所示。

图8-60 "剖视图"对话框

在该对话框中单击"设置"按钮 ，在打开的"设置"对话框中可以设置剖切线箭头的大小、样式、颜色、线型、线宽以及剖切符号名称等参数。设置完上述参数后，选择要剖切的基本视图，然后拖动鼠标，在工作区放置适当位置即可完成，如图8-61所示。

2. 添加尺寸标注

尺寸标注用于标识对象的尺寸大小。由于UG工程图模块和三维实体造型模块是完全关联的，因此，在工程图中进行标注尺寸就是直接引用三维模型真实的尺寸，具有实际的含义，因此无法像二维软件中的尺寸可以进行改动，如果要改动零件中的某个尺寸参数需要在三维实体中修改。如果三维被模型修改，工程图中的相应尺寸会自动更新，从而保证了工程图与模型的一致性。

选择"插入"→"尺寸"子菜单下的相应选项，或在"尺寸"中单击相应的按钮，系统将弹出各自的"尺寸标注"对话框，都可以对工程图进行尺寸标注，其"尺寸"子菜单如图8-62所示。

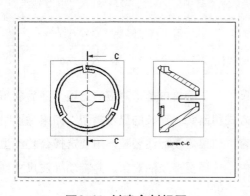

图8-61 创建全剖视图

图8-62 "尺寸"子菜单

"尺寸"子菜单中共包含了20种尺寸类型。该子菜单用于选取尺寸标注的标注样式和标注符号。在标注尺寸前，先要选择尺寸的类型。各尺寸选项的含义和使用方法见表8-1。

表8-1 尺寸选项的含义和使用方法

选项	含义和使用方法
快速	由系统自动推断出选用哪种尺寸标注类型进行尺寸标注
水平	用于标注工程图中所选对象间的水平尺寸
竖直	用于标注工程图中所选对象间的竖直尺寸
平行	用于标注工程图中所选对象间的平行尺寸
垂直	用于标注工程图中所选点到直线（或中心线）的垂直尺寸
倒斜角	用于标注45°倒角的尺寸，暂不支持对其他角度的倒角进行标注
角度	用于标注工程图中所选两直线之间的角度
圆柱形	用于标注工程图中所选圆柱对象之间的直径尺寸
孔	用于标注工程图中所选孔特征的尺寸
直径	用于标注工程图中所选圆或圆弧的直径尺寸
半径	用于标注工程图中所选圆或圆弧的半径尺寸
过圆心的半径	用于标注圆弧或圆的半径尺寸。与"半径"工具不同的是，该工具从圆心到圆弧自动添加一条延长线
折叠半径	用于建立大半径圆弧的尺寸标注
厚度	用于标注两要素之间的厚度
弧长	用于创建一个圆弧长尺寸来测量圆弧周长
周长尺寸	用于创建周长约束以控制选定直线和圆弧的集体长度
水平链	用于将图形中的尺寸依次标注成水平链状形式。其中每个尺寸与其相邻尺寸共享端点
竖直链	用于将图形中的多个尺寸标注成竖直链状形式，其中每个尺寸与其相邻尺寸共享端点
水平基准线	用于将图形中的多个尺寸标注为水平坐标形式，其中每个尺寸共享一条公共基线
竖直基准线	用于将图形中的多个尺寸标注为竖直坐标形式，其中每个尺寸共享一条公共基线

标注尺寸时，根据所要标注的尺寸类型，先在"尺寸"子菜单中选择对应的选项，然后利用点和线位置选项设置选择对象的类型，再选择尺寸放置方式和箭头、延长的显示类型。如果需要附加文本，则还要设置附加文本的放置方式和输入文本内容，如果需要标注公差，则要选择公差类型和输入上下偏差。完成这些设置以后，将鼠标移到视图中，选择要标注的对象，并拖动标注尺寸到理想的位置，则系统即在指定位置创建一个尺寸的标注。

8.3.2 绘制步骤

1. 新建图纸页

01 打开本书配套素材中的"素材\第8章\8.3 扇形曲柄.prt"文件，选择"应用模块"→"设计"→"制图"选项，进入制图环境。

02 选择"主页"→"新建图纸页"选项 ，打开"工作表"对话框。在"大小"选项组中的"大小"下拉列表中选择"A3-297×420"选项，其余保持默认设置，如图8-63所示。

图8-63 "工作表"对话框

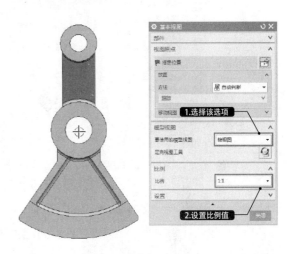

图8-64 创建基本视图

2. 添加视图

01 选择"主页"→"视图"→"基本视图"选项 ，打开"基本视图"对话框。在"模型视图"选项组中的"要使用的模型视图"下拉列表中选择"俯视图"选项，设置比例为1:1，在工作区中合适位置放置俯视图，如图8-64所示。

02 选择"主页"→"视图"→"剖视图"选项 ，打开"剖视图"对话框。在"定义"下拉列表中选择"动态"，在"方法"下拉列表中选择"简单剖/阶梯剖"选项，在视图中选择剖切线位置，然后在合适位置放置剖视图即可，创如图8-65所示。

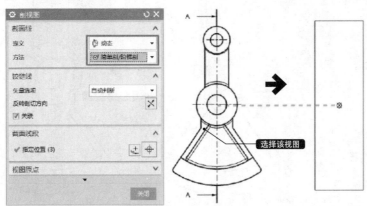

图8-65 创建全剖视图

> **提 示**
>
> 若投影的剖切视图和预想的方向相反，则需要重新创建一个剖切视图。在"剖视图"对话框中单击"反转剖切方向"按钮 ，即可创建与预想方向一致的全剖视图。

03 在图纸中选择基本视图，单击鼠标右键，在弹出的快捷菜单中选择"活动草图视图"选项，在视图中绘制封闭的样条曲线，即局部剖切线，如图8-66所示。

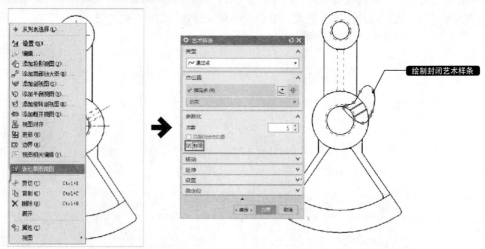

图8-66 绘制局部剖切线

> **提 示**
>
> 若在选项卡中找不到"艺术样条"选项 ，则需要添加"曲线"选项到活动草图视图中。添加方法为：在任意选项卡的空白处单击鼠标右键，在弹出的快捷菜单中选择"曲线"选项即可。

04 选择"主页"→"视图"→"局部剖"选项 ，打开"局部剖"对话框。在工作区中的选择步骤 **01** 创建的视图，然后在图纸中选择剖切孔的中心，在对话框中单击"选择曲线"按钮 ，选择步骤 **03** 所绘制的样条曲线，单击"确定"按钮，即可创建出局部剖视图，如图8-67所示。

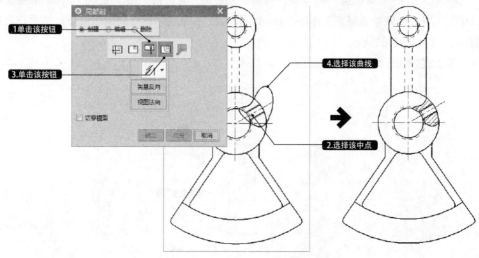

图8-67 创建局部剖视图

3. 标注线性尺寸

01 选择"主页"→"尺寸"→"线性"选项，打开"线性尺寸"对话框。在工作区中选择连板的外侧面线和轴孔座的端面线，在"方法"下拉列表中选择"垂直"，然后放置尺寸线到合适位置即可，如图8-68所示。

02 按照上节中标注线性尺寸的方法，标注其他的水平、竖直尺寸，如图8-69所示。

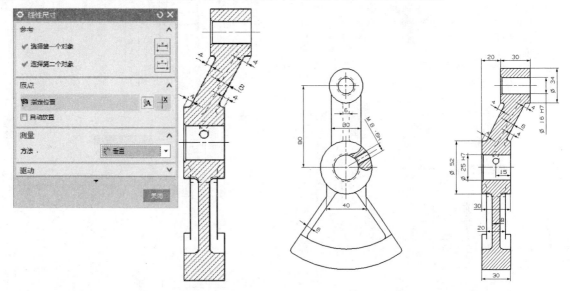

图8-68 标注垂直尺寸　　　　　　　图8-69 标注水平和竖直尺寸

03 选择"主页"→"尺寸"→"角度"选项，打开"角度尺寸"对话框。在工作区中选择孔的中心线和水平中心线，放置尺寸线到合适位置即可，如图8-70所示。

4. 标注圆弧尺寸

选择"主页"→"尺寸"→"径向"选项，打开"径向尺寸"对话框。在工作区中选择扇形块的圆弧，放置半径尺寸线到合适位置即可，如图8-71所示。

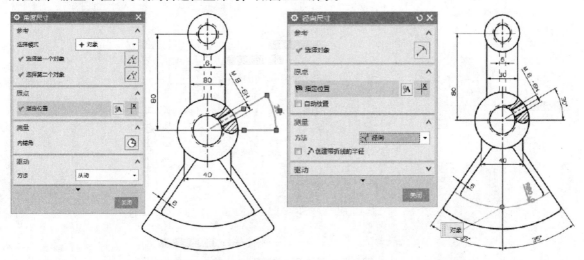

图8-70 标注角度尺寸　　　　　　　图8-71 标注径向尺寸

5. 标注几何公差

01 选择"主页"→"注释"→"基准特征符号"选项,打开"基准特征符号"对话框。在"基准标识符"选项组中的"字母"文本框中输入A,单击"指引线"选项组中的按钮🖼,选择工作区中轴孔座端面,最后放置基准特征符号到合适位置即可,如图8-72所示。

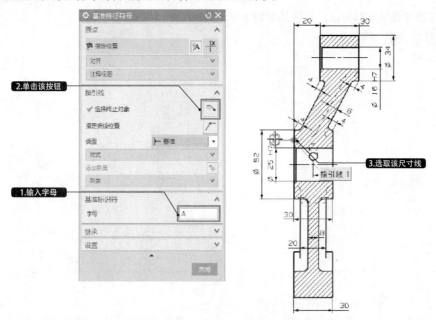

图8-72 标注基准特征符号

02 选择"主页"→"注释"→"注释"🅰选项,打开"注释"对话框。在"符号"选项组的"类别"下拉列表中选择"几何公差"选项,依次单击对话框中的按钮🔲、🔲、🅰,在"文本输入"文本框中输入0.02,按照图8-73所示的方法标注平行度几何公差。

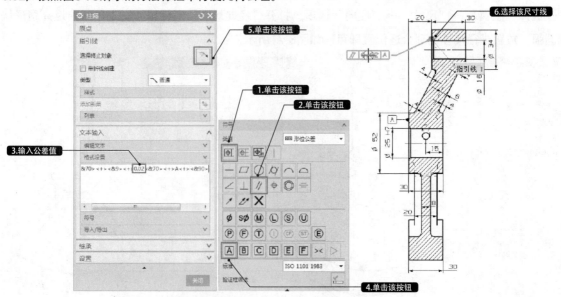

图8-73 标注平行度几何公差

6. 标注表面粗糙度

01 选择"主页"→"注释"→"表面粗糙度符号"选项，打开"表面粗糙度"对话框。在"除料"下拉列表中选择"修饰符，需要除料"选项，在"切除（f1）"文本框中输入Ra6.3。在"样式"中设置"字符大小"为2.5，选择工作区中轴孔座端面，放置表面粗糙度即可，如图8-74所示。

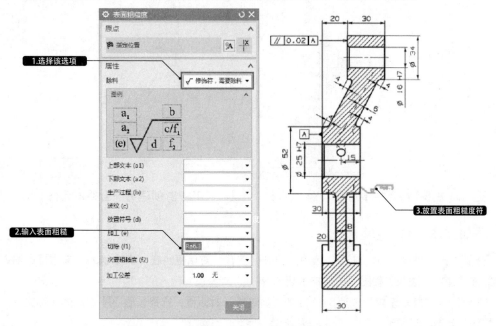

图8-74 标注表面粗糙度

02 按照同样的方法设置"表面粗糙度"对话框各参数，选择合适的放置类型和指引线类型，标注其他的表面粗糙度，如图8-75所示。

7. 插入并编辑表格

01 选择"主页"→"表"→"表格注释"选项，工作区中的光标即会显示为矩形框，选择工作区右下方，放置表格即可，如图8-76所示。

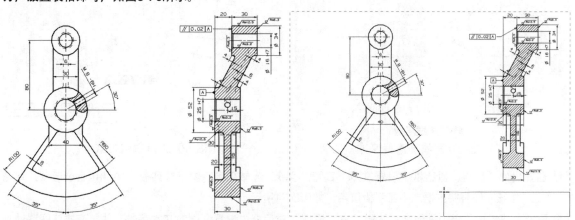

图8-75 标注其他的表面粗糙度　　　　图8-76 插入表格

02 选择表格中的第一个单元格，按住鼠标左键，拖动到第二行第二列所在的单元格，选择的表格为桔红色高亮显示。单击鼠标右键，选择"合并单元格"选项，合并单元格，如图8-77所示。按照同样的方法创建另一合并单元格，如图8-78所示。

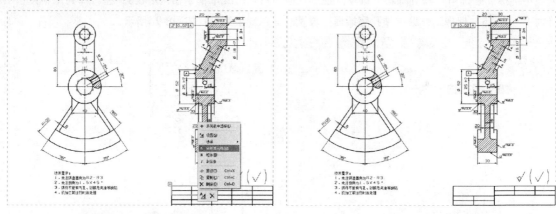

图8-77 合并单元格　　　　　　　　图8-78 创建另一合并单元格

8. 添加文本注释

01 选择"主页"→"注释"→"注释"选项，打开"注释"对话框。在"文本输入"文本框中输入如图8-79所示的注释文本，添加工程图相关的技术要求。

02 选择"主页"→"编辑设置"选项 ，打开"类选择"对话框。选择步骤 **01** 添加的注释文本，单击"确定"按钮，如图8-80所示。

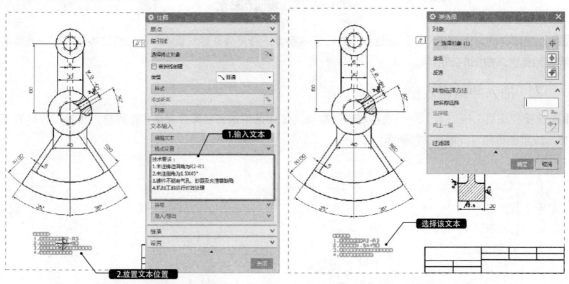

图8-79 添加注释文本　　　　　　　　图8-80 选择编辑样式

03 在弹出的"设置"对话框中设置文本"高度"为5，选择文字字体下拉列表中的chinesef选项，单击"确定"按钮，即可将方框文字显示为汉字，如图8-81所示。

04 重复上述步骤，添加其他文本注释。在"设置"对话框中设置合适的文本参数，并将文本注释移动到合适位置，如图8-82所示。

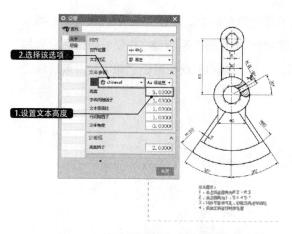

图8-81 适中文本参数

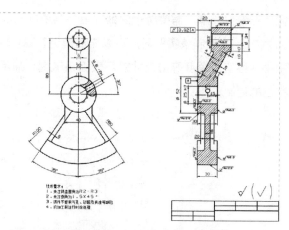

图8-82 添加其他文本注释

8.3.3 ▷扩展实例：绘制螺纹拉杆工程图

原始文件：	素材\第8章\8.3.3 螺纹拉杆.prt
最终文件：	素材\第8章\8.3.3 螺纹拉杆-OK.prt

本实例绘制一个螺纹拉杆工程图，如图8-83所示。该螺纹拉杆由螺纹杆、锥形块和定位板组成。该工程图图纸大小为A3，绘图比例为2:1。在绘制该实例时，可以首先创建基本视图，再创建基本视图上螺纹孔的局部剖视图，以及向右端投影的全剖视图；然后添加水平、竖直、角度等的尺寸，以及添加表面粗糙度；最后添加注释文本和图纸标题栏，即可完成该螺纹拉杆工程图的绘制。

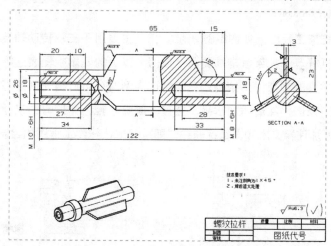

图8-83 螺纹拉杆工程图

8.3.4 ▷扩展实例：绘制旋钮工程图

原始文件：	素材\第8章\8.3.4 旋钮.prt
最终文件：	素材\第8章\8.3.4 旋钮-OK.prt

本实例绘制一个旋钮工程图，如图8-84所示。该旋钮中间有阶梯孔，侧面钻有定位螺栓孔。旋

钮外形看似简单，需要两个全剖视图将其中的孔的结构表达清楚。该工程图图纸大小为A4，绘图比例为2:1。在绘制该实例时，可以先创建出1个基本视图和2个剖视图，再将基本视图隐藏；然后添加水平、竖直、角度等的尺寸以及表面粗糙度；最后添加注释文本和图纸标题栏，即可完成该旋钮工程图的绘制。

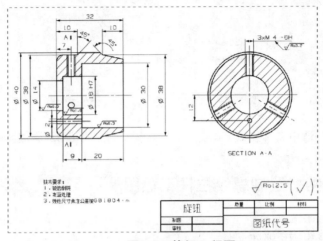

图8-84 旋钮工程图

8.3.5 扩展实例：绘制托架工程图

原始文件：素材\第8章\8.3.5 托架.prt
最终文件：素材\第8章\8.3.5 托架-OK.prt

本实例绘制一个托架工程图，如图8-85所示。托架主要用于支承传动轴及其他零件，一般包括支架、拔叉、连杆及杠杆等。托架常常需要两个或两个以上的基本视图表达零件的主要形状，且要利用全剖视图等表达零件的局部详细结构。在绘制该实例时，可以首先创建基本视图，再创建基本视图上向右投影的全剖视图；然后添加水平、竖直、圆弧半径、角度等的尺寸，以及添加几何公差和表面粗糙度；最后添加注释文本和图纸标题栏，即可完成该托架工程图的绘制。

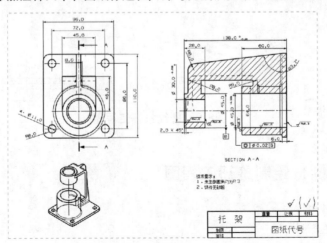

图8-85 托架工程图

8.4 绘制调整架工程图

原始文件：素材\第8章\8.4 调整架.prt
最终文件：素材\第8章\8.4 调整架-OK.prt
视频文件：视频教程\第8章\8.4绘制调整架工程图.avi

　　本实例绘制一个调整架工程图，如图8-86所示。该调整架由螺栓板、轴孔座、连接板等组成。在绘制该实例时，可以首先创建基本视图，再将基本视图向下投影得到旋转投影视图；然后添加水平、垂直、竖直、半径、直径、角度等的尺寸，以及添加形位公差和表面粗糙度；最后添加注释文本和图纸标题栏，即可完成该调整架工程图的绘制。

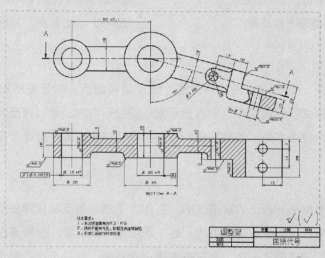

图8-86 调整架工程图

8.4.1 相关知识点

1. 添加局部剖视图

　　局部剖视图是用剖切平面局部地剖开机件所得的视图。局部剖视图是一种灵活的表达方法，用剖视图的部分表达机件的内部结构，不剖的部分表达机件的外部形状。对一个视图采用局部剖视图表达时，剖切的次数不宜过多，否则会使图形过于破碎，影响图形的整体性和清晰性。局部剖视图常用于轴、连杆及手柄等实心零件上有小孔、槽或凹坑等局部结构需要表达其类型的零件。

　　选择"主页"→"视图"→"局部剖视图"选项，打开"局部剖"对话框，如图8-87所示。该对话框中主要选项的含义如下所述。

　　» 选择视图

　　打开"局部剖"对话框后，"选择视图"选项自动被激活。此时，可在工作区中选择已建立局部剖视边界的视图作为视图。

　　» 指定基点

　　基点是用于指定剖切位置的点。选择视图后，"指定基点"选项被激活。此时可选择一点来指定局部剖视的剖切位置。但是，基点不能选择局部剖视图中的点，而要选择其他视图中的点，如图8-88所示。

图8-87 "局部剖"对话框1

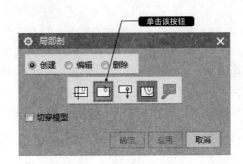

图8-88 "局部剖"对话框2

》指出拉伸矢量

指定了基点位置后，此时"指出拉伸矢量"选项被激活，对话框的视图列表框会变成如图8-88所示的矢量选项形式。这时工作区中会显示默认的投影方向，可以接受方向，也可用矢量功能选项指定其他方向作为投影方向，如果要求的方向与默认方向相反，则可选择"矢量方向"选项使之反向。

》选择曲线

这里的曲线指的是局部剖视图的剖切范围。在指定了剖切基点和拉伸矢量后，"选择曲线"选项被激活。此时，用户可选择对话框中的"链"选项选择剖切面，也可直接在图形中选取。当选择错误时，可利用"取消选择上一个"选项来取消一次选择。如果选择的剖切边界符合要求，单击"确定"按钮后，则系统会在选择的视图中创建局部剖视图，效果如图8-89所示。

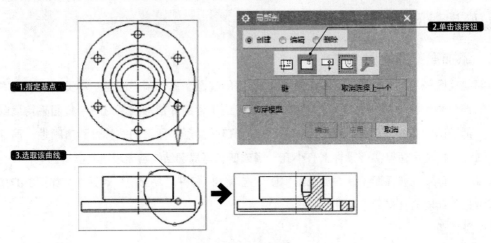

图8-89 创建局部剖视图

》修改边界曲线

选择局部剖视边界后，"修改边界曲线"选项被激活，选择其相关选项（包括"捕捉构造线"复选框和"切透模型"选项)来修改边界和移动边界位置。完成边界编辑后,则系统会生成新的局部剖视图。

2. 添加旋转剖视图

用两个成一定角度的剖切面(两平面的交线垂直于某一基本投影面)剖开机件,以表达具有回转特征机件的内部形状的视图,称为旋转剖视图。旋转剖视图可以包含1~2个支架,每个支架可由若干个剖切段、弯折段等组成。它们相交于一个旋转中心点,剖切线都围绕同一个旋转中心旋转,而且所有的剖切面将展开在一个公共平面上。该功能常用于生成多个旋转截面上的零件剖切结构。

选择"主页"→"视图"→"旋转剖视图"选项,打开"旋转剖视图"对话框。此时,若选取要剖切的视图,将打开"旋转剖视图"对话框。

要添加旋转剖视图,首先在绘图区中选择要剖切的视图后,在视图中选择旋转点,并在旋转点的一侧指定剖切的位置和剖切线的位置。再用矢量功能指定铰链线,然后在旋转点的另一侧设置剖切位置,完成剖切位置的指定后,拖动鼠标将剖视图放置在适当的位置即可,其效果如图8-90所示。

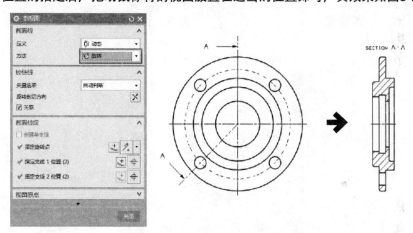

图8-90 创建旋转剖视图

8.4.2 绘制步骤

1. 新建图纸页

01 打开本书配套素材中的"素材\第8章\8.4 调整架.prt"文件,选择"开始"→"制图"选项,进入制图模块。

02 选择"主页"→"新建图纸页"选项,打开"工作表"对话框。在"大小"选项组中选择"定制尺寸"选项,设置"高度"为350,"长度"为480,其余保持默认设置,如图8-91所示。

2. 添加视图

01 选择"主页"→"视图"→"基本视图"选项,打开"基本视图"对话框。在"模型视图"选项组中的"要使用的模型视图"下拉列表中选择"前视图"选项,设置比例为2:1,在工作区中合适位置放置俯视图,如图8-92所示。

02 在图纸中选择步骤 **01** 创建的基本视图，单击鼠标右键，在弹出的快捷菜单中选择"活动草图视图"选项，如图8-93所示。

图8-91 "工作表"对话框

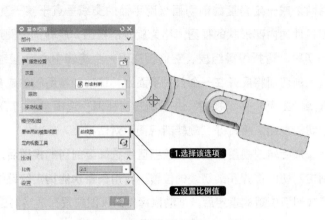

图8-92 创建基本视图

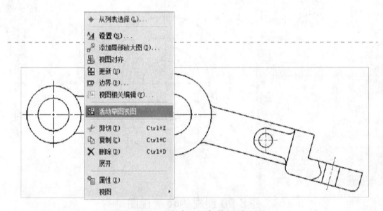

图8-93 创建活动草图视图

03 选择"主页"→"直接草图"→"艺术样条"选项 ⁓，在"艺术样条"对话框中设置"次数"为5，启用"封闭"复选框，在视图中绘制包络孔在内的封闭曲线，即剖面线，如图8-94所示。

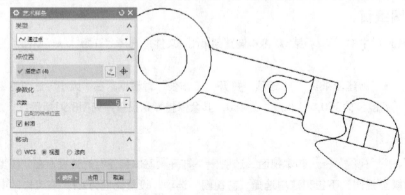

图8-94 绘制剖面线

04 选择"主页"→"视图"→"局部剖"选项 ，打开"局部剖"对话框。在工作区中选择步骤 **01** 创建的视图，然后在图纸中选择剖切孔的中心；在对话框中单击"选择曲线"按钮 ，选择步骤 **03** 所绘制的样条曲线，单击"确定"按钮，即可创建出局部剖视图，如图8-95所示。

05 选择"主页"→"视图"→"旋转剖视图"选项 ，打开"旋转剖视图"对话框。在工作区中选择步骤 **01** 创建的基本视图，然后依次选择旋转的中心、起始剖切线、终止剖切线，放置旋转剖视图到适合的位置即可，如图8-96所示。

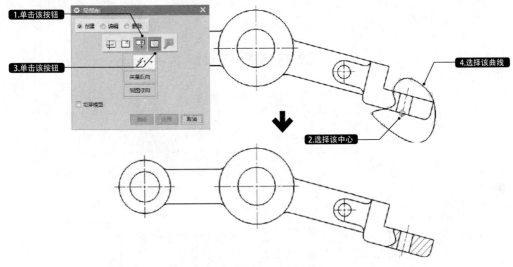

图8-95 创建局部剖视图

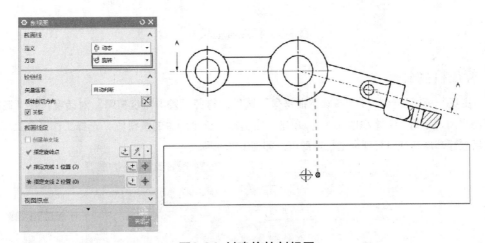

图8-96 创建旋转剖视图

3. 标注尺寸

01 选择"主页"→"尺寸"→"快速"选项，打开"快速尺寸"对话框。在工作区中选择两个轴孔的中心，在对话框中"值"的下拉列表中，选择"1.00±.05"选项，然后放置尺寸线到合适位置即可，如图8-97所示。

02 按照上节中标注尺寸同样的方法，选择"水平""竖直""垂直""角度""半径""直径"等尺寸标注工具，标注其他尺寸，如图8-98所示。

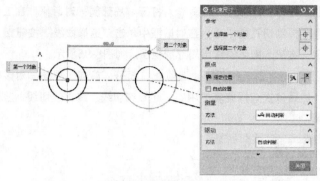

图8-97 标注水平尺寸

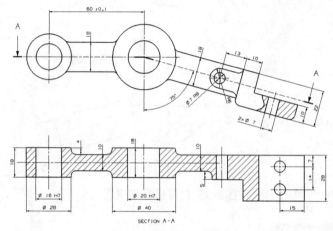

图8-98 标注其他尺寸

4. 标注机会公差

01 选择"主页"→"注释"→"基准特征符号"选项，打开"基准特征符号"对话框。在"基准标识符"选项组中的"字母"文本框中输入B，单击"指引线"选项组中的按钮 ，选择工作区中上端套筒尺寸线，最后放置基准特征符号到合适位置即可，如图8-99所示。

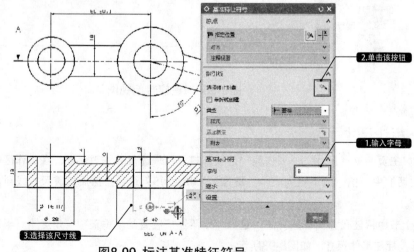

图8-99 标注基准特征符号

02 选择"主页"→"注释"→"注释"选项 $\boxed{A}$，打开"注释"对话框。在"符号"选项组的"类别"下拉列表中选择"公差"选项，依次单击对话框中的按钮 $\boxed{田}$、$\boxed{//}$、$\boxed{\varnothing}$、$\boxed{B}$，在"文本输入"文本框中输入 0.02，按照图8-100所示的方法标注平行度几何公差。

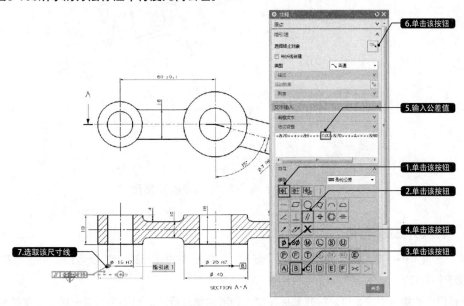

图8-100 标注平行度几何公差

6. 标注表面粗糙度

01 选择"主页"→"注释"→"表面粗糙度符号"选项，打开"表面粗糙度"对话框。在"除料"下拉列表中选择"修饰符，需要除料"选项，在"切除（f1）"文本框中输入Ra6.3，在"样式"中设置"字符大小"为2.5，选择工作区中轴孔座的端面，放置表面粗糙度即可，如图8-101所示。

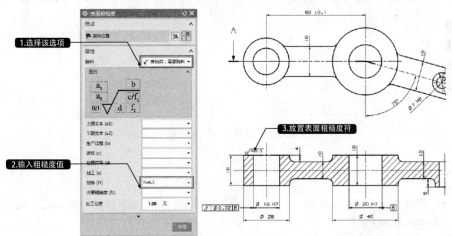

图8-101 标注表面粗糙度

02 按照同样的方法设置"表面粗糙度"对话框中的各参数，选择合适的放置类型和指引线类型，标注其他的表面粗糙度，如图8-102所示。

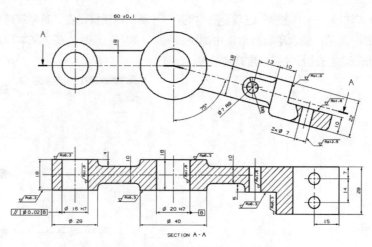

图8-102 标注其他的表面粗糙度

7. 插入并编辑表格

01 选择"主页"→"表"→"表格注释"选项，工作区中的光标即会显示为矩形框，选择工作区右下方，放置表格即可。

02 选择表格中的第一个单元格，按住鼠标左键，拖动到第二行第二列所在的单元格，选中的表格为桔红色高亮显示。单击鼠标右键，在弹出的快捷菜单中选择"合并单元格"选项，合并单元格如图8-103所示。

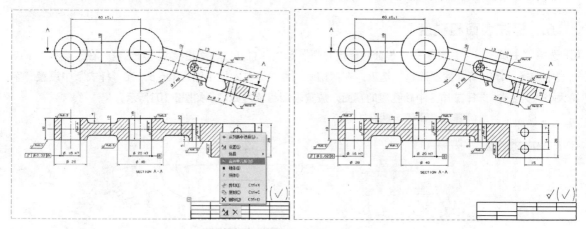

图8-103 合并单元格

8. 添加文本注释

01 选择"主页"→"注释"→"注释"选项，打开"注释"对话框。在"文本输入"文本框中输入工程图相关的技术要求，如图8-104所示。

02 选择"主页"→"编辑设置"选项 ⚙️，打开"类选择"对话框。选择步骤 **01** 添加的注释文本，在弹出的"设置"对话框中设置文本"高度"为5，选择文字字体下拉列表中的chinesef选项，单击"确定"按钮，即可将方框文字显示为汉字，如图8-105所示。

03 重复上述步骤，添加其他文本注释，在"设置"对话框中设置合适的文本参数，并将注释文本移动到合适位置，如图8-86所示。

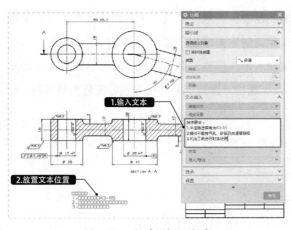

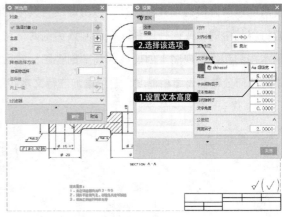

图8-104 添加注释文本　　　　　　　　　图8-105 设置文本参数

8.4.3 ▶扩展实例：绘制法兰盘工程图

原始文件：素材\第8章\8.4.3 法兰盘.prt

最终文件：素材\第8章\8.4.3 法兰盘-OK.prt

　　本实例绘制一个法兰盘工程图，如图8-106所示。法兰盘通常用于管件连接处固定并密封，在各种管道连接处常常见到。在绘制该实例时，可以首先创建基本视图，再创建基本视图的旋转剖视图；然后添加水平、竖直、圆弧半径、直径等的尺寸，以及添加几何公差和表面粗糙度；最后添加注释文本和图纸标题栏，即可完成该法兰盘工程图的绘制。

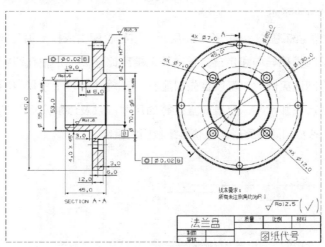

图8-106 法兰盘工程图

8.4.4 ▶扩展实例：绘制弧形连杆工程图

原始文件：素材\第8章\8.4.4 弧形连杆.prt

最终文件：素材\第8章\8.4.4 弧形连杆-OK.prt

　　本实例绘制一个弧形连杆工程图，如图8-107所示。该弧形连杆由弧形杆、轴孔座、夹紧座组成。

夹紧座设有开口的轴孔和螺孔,可用螺栓将其中的轴或连接杆夹紧。轴孔座上有埋头螺孔,可用紧定螺钉将其中的轴或连杆压紧。在绘制该实例时,可以首先创建基本视图和向下投影的投影视图,再在基本视图和投影视图上创建孔的局部剖视图;然后添加水平、竖直、圆弧半径、直径等的尺寸,以及添加几何公差和表面粗糙度;最后添加注释文本和图纸标题栏,即可完成该弧形连杆工程图的绘制。

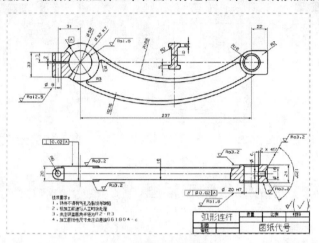

图8-107 弧形连杆工程图

8.4.5 ▶扩展实例:绘制导轨座工程图

原始文件:素材\第8章\8.4.5 导轨座.prt

最终文件:素材\第8章\8.4.5 导轨座-OK.prt

本实例绘制一个导轨座工程图,如图8-108所示。该导轨座由底板、轴孔座、导轨座、定位块组成。导轨座一般用于轴的精确导向和定位,要求加工精度比较高,在轴孔和定位块上都要标注平行度和垂直度公差。在绘制该实例时,可以首先创建1个基本视图和3个投影视图,再在这些视图上创建孔的局部剖视图;然后添加水平、竖直、直径等的尺寸,以及添加几何公差和表面粗糙度;最后添加注释文本和图纸标题栏,即可完成该导轨座工程图的绘制。

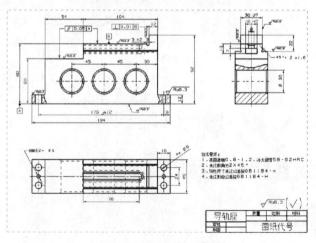

图8-108 导轨座工程图

8.5 绘制阶梯轴工程图

原始文件: 素材\第8章\8.5 阶梯轴.prt

最终文件: 素材\第8章\8.5 阶梯轴-OK.prt

视频文件: 视频教程\第8章\8.5绘制阶梯轴工程图.avi

本实例绘制一个阶梯轴工程图，如图8-109所示。该阶梯轴由轴段、键槽、退刀槽、倒角等组成。轴一般用于齿轮传动，两端的轴段有圆度公差要求。在绘制该实例时，可以首先创建一个基本视图，再对关键的轴段投影全剖视图。对于全剖视图上多余的线段，可以通过"视图相关编辑"工具将其擦除。退刀槽通过放大视图表达其结构。然后添加水平、竖直、直径、半径等的尺寸，以及添加几何公差和表面粗糙度。最后添加注释文本和图纸标题栏，即可完成该阶梯轴工程图的绘制。

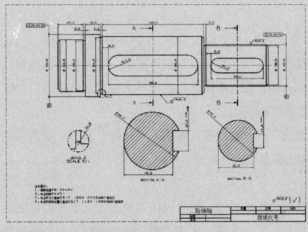

图8-109 阶梯轴工程图

8.5.1 相关知识点

1. 添加放大视图

当机件上某些细小结构在视图中表达不够清楚或者不便标注尺寸时，可将该部分结构用大于原图的比例画出，得到的图形称为局部放大图。局部放大图的边界可以定义为圆形，也可以定义为矩形，主要用于机件上细小工艺结构的表达，如退刀槽、越程槽等。

选择"主页"→"视图"→"局部放大图"选项 ，打开"局部放大图"对话框，如图8-110所示。

要创建局部放大图，首先在"局部放大图"对话框中定义放大视图边界的类型；然后在视图中指定要放大处的中心点，接着指定放大视图的边界点；最后设置放大比例并在工

图8-110 "局部放大图"对话框

作区中适当的位置放置视图即可，如图8-111所示。

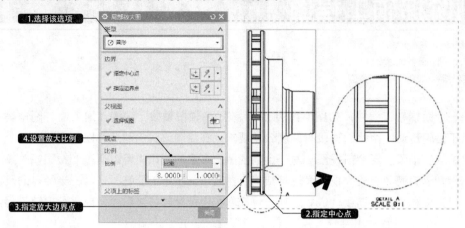

图8-111 创建局部放大图

2. 视图相关编辑

视图相关编辑是对视图中图形对象的显示进行编辑，同时不影响其他视图中同一对象的显示。与上述介绍的有关视图操作相类似。不同之处是：有关视图操作是对工程图的宏观操作，而视图相关编辑是对工程图做更为详细的编辑。

选择"主页"→"视图"→"视图相关编辑"选项 ，打开"视图相关编辑"对话框。该对话框"添加编辑"选项组中主要选项的含义如下所述。

》擦除对象

该选项用于擦除视图中选择的对象。选择视图对象时该选项才会被激活。可在视图中选择要擦除的对象，完成对象选择后，系统会擦除所选对象。擦除对象不同于删除操作，擦除操作仅仅是将所选择的对象隐藏起来不进行显示，效果如图8-112所示。

 提示

利用该选项进行擦除视图对象时，无法擦除有尺寸标注和与尺寸标注相关的视图对象。

》编辑完全对象

该选项用于编辑视图或工程图中所选整个对象的显示方式，编辑的内容包括颜色、线型和线宽。单击该按钮，可在"线框编辑"选项组中设置颜色、线型和线宽等参数，设置完成后，单击"应用"按钮；然后在视图中选择需要编辑的对象；最后单击"确定"按钮，即可完成对图形对象的编辑，如图8-113所示。

》编辑着色对象

该选项用于编辑视图中某一部分的显示方式。单击该按钮后，可在视图中选择需要编辑的对象；然后在"着色编辑"选项组中设置颜色、局部着色和透明度，设置完成后单击"应用"选项即可。

》编辑对象段

该选项用于编辑视图中所选对象的某个片段的显示方式。单击该按钮后，可先在"线框编辑"

选项组中设置对象的颜色、线型和线宽选项，设置完成后根据系统提示单击"确定"按钮即可，如图8-114所示。

»编辑剖视图的背景

该选项用于编辑剖视图的背景。单击该按钮，并选择要编辑的剖视图；然后在打开的"类选择"对话框中单击"确定"按钮，即可完成剖视图的背景的编辑，如图8-115所示。

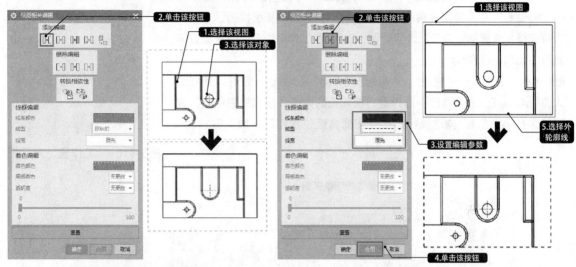

图8-112 擦除孔特征效果　　　　图8-113 将外轮廓线显示为点线

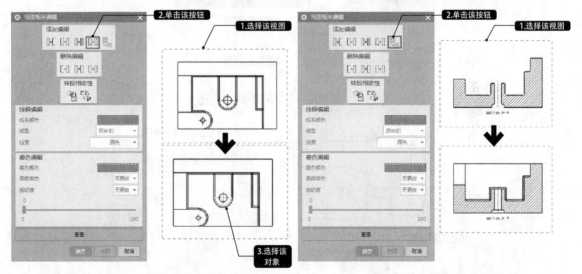

图8-114 编辑外轮廓线为点划线显示　　　　图8-115 断面图编辑成为剖视图

8.5.2 » 绘制步骤

1. 新建图纸页

01 打开本书配套素材中的"素材\第8章\8.5 阶梯轴.prt"文件，选择"应用模块"→"设计"→"制图"选项，进入制图环境。

02 选择 "主页" → "新建图纸页" 选项 ，打开 "工作表" 对话框。在 "大小" 选项组中的 "大小" 下拉列表中选择 "A2-420×594" 选项，其余保持默认设置，如图8-116所示。

2. 添加视图

01 选择 "主页" → "视图" → "基本视图" 选项 ，打开 "基本视图" 对话框。在 "模型视图" 选项组中的 "要使用的模型视图" 下拉列表中选择 "右视图" 选项，设置比例为2:1，在工作区中合适位置放置俯视图，如图8-117所示。

02 选择 "主页" → "视图" → "局部放大图" 选项 ，打开 "局部放大图" 对话框。在工作区中选择退刀槽圆弧的中心为局部视图中心，设置放大比例为5:1，拖动鼠标放置视图到合适位置即可，如图8-118所示。

图8-116 "工作表" 对话框

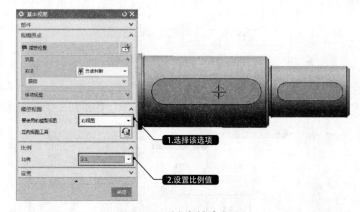

图8-117 创建基本视图

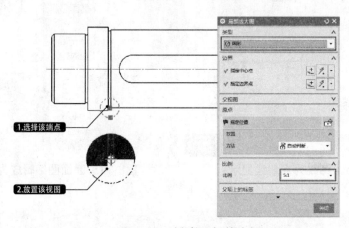

图8-118 创建局部放大图

03 选择 "主页" → "视图" → "剖视图" 选项 ，打开 "剖视图" 对话框。在 "定义" 下拉列表中选择 "动态"，在 "方法" 下拉列表中选择 "简单剖/阶梯剖" 选项，在视图中选择键槽侧面边缘线中心，向左拖动视图放置到空白处，然后拖动剖视图到主视图的下方，如图8-119所示。

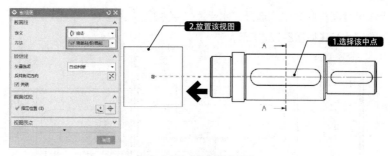

图8-119 创建剖视图

04 选择"主页"→"视图"→"视图相关编辑" 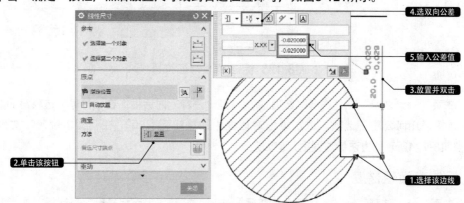 选项，打开"视图相关编辑"对话框。在工作区中选择要编辑的视图，单击"擦除对象"按钮 ，在视图中选择要擦除的曲线即可，创建方法如图8-120所示。

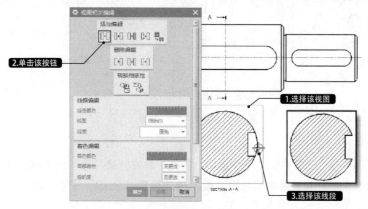

图8-120 编辑视图

3. 标注尺寸

01 选择"主页"→"尺寸"→"快速"选项，打开"快速尺寸"对话框。在工作区中选择键槽的上、下侧面，在"方法"下拉列表中选择"竖直"。放置尺寸后双击该尺寸，打开"文本编辑器"对话框，在对话框中选择"公差值" 下拉列表中的"双向公差"选项，在 文本框中设置公差的"上限"和"下限"值。单击"确定"按钮，然后放置尺寸线到合适位置即可，如图8-121所示。

图8-121 标注水平尺寸

02 按照8.3节中标注尺寸同样的方法，选择"水平""竖直""垂直""半径""直径"等尺寸标注工具标注其他尺寸，完成尺寸标注如图8-122所示。

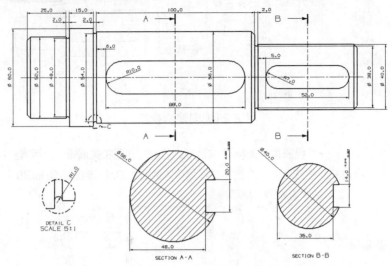

图8-122 完成尺寸标注

4. 标注几何公差

01 选择"主页"→"注释"→"基准特征符号"选项，打开"基准特征符号"对话框。单击"指引线"选项组中的按钮，选择工作区中上轴端面的尺寸线，最后放置基准特征符号到合适位置即可，如图8-123所示。

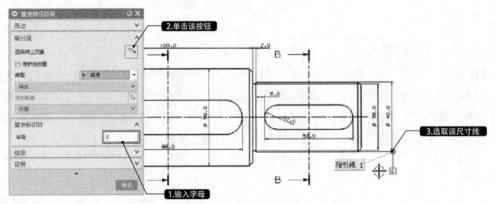

图8-123 标注基准特征符号

02 选择"主页"→"注释"→"注释"选项 Ａ，打开"注释"对话框。在"符号"选项组的"类别"下拉列表中选择"几何公差"选项，依次单击对话框中的按钮、，在"文本输入"文本框中输入0.01，按照图8-124所示的方法标注圆度几何公差。

5. 标注表面粗糙度

01 选择"主页"→"注释"→"表面粗糙度符号"选项，打开"表面粗糙度"对话框。在"除料"下拉列表中选择"修饰符，需要除料"选项，在"切除（f1）"文本框中输入Ra3.2。在"样式"中设置"字符大小"为2.5，选择工作区中套筒端面，放置表面粗糙度即可，如图8-125所示。

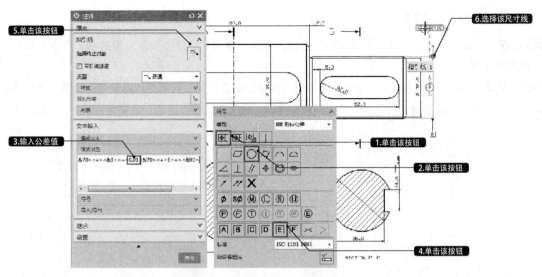

图8-124 标注圆度几何公差

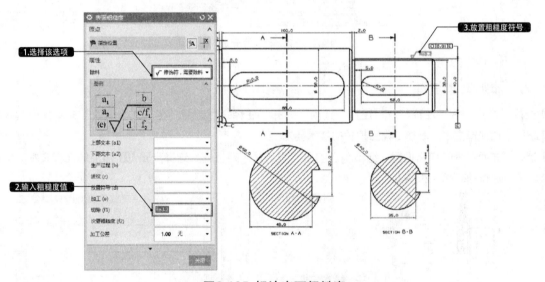

图8-125 标注表面粗糙度

02 按照同样的方法设置"表面粗糙度"对话框中的各参数,选择合适的放置类型和指引线类型,标注其他的表面粗糙度,如图8-126所示。

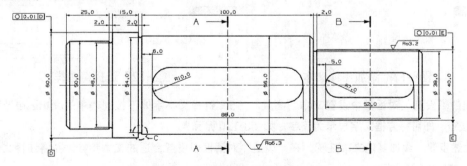

图8-126 标注其他的表面粗糙度

6. 插入并编辑表格

01 选择 "主页" → "表" → "表格注释" 选项，工作区中的光标即会显示为矩形框，选择工作区右下方放置表格即可。

02 选择表格中的第一个单元格，按住鼠标左键，拖动到第二行第二列所在的单元格，选择的表格为桔红色高亮显示。单击鼠标右键，在弹出的快捷菜单中选择 "合并单元格" 选项，合并单元格如图8-127所示。

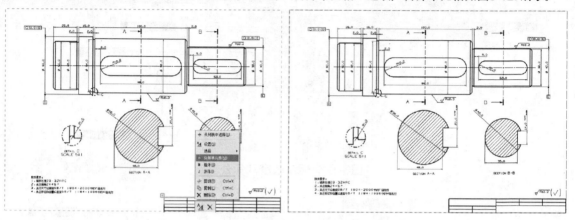

图8-127 合并单元格

7. 添加文本注释

01 选择 "主页" → "注释" → "注释" 选项，打开 "注释" 对话框。在 "文本输入" 文本框中输入图8-128所示的注释文本，添加工程图相关的技术要求。

02 选择 "主页" → "编辑设置" 选项 🗛，打开 "类选择" 对话框。选择步骤 **01** 添加的注释文本，单击 "确定" 按钮，如图8-129所示。

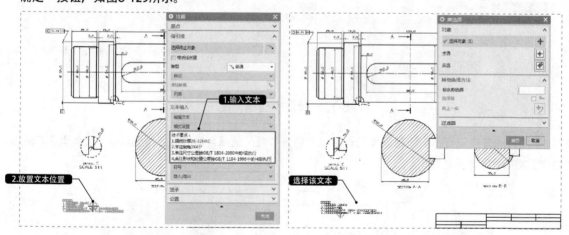

图8-128 添加注释文本　　　　　　图8-129 选择编辑样式

03 在弹出的 "设置" 对话框中设置文本 "高度" 为5，选择文字字体下拉列表中的chinesef选项，单击 "确定" 按钮，即可将方框文字显示为汉字，如图8-130所示。

04 重复上述步骤，添加其他文本注释。在 "设置" 对话框中设置合适的文本参数，并将注释文本移动到合适位置，如图8-131所示。

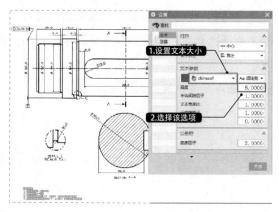

图8-130 设置文本参数　　　　　　　　图8-131 添加文本注释效果

8.5.3 ▶ 扩展实例：绘制空心传动轴工程图

原始文件：	素材\第8章\8.5.3 空心传动轴.prt
最终文件：	素材\第8章\8.5.3 空心传动轴-OK.prt

本实例绘制一个空心传动轴工程图，如图8-132所示。该空心传动轴由轴段、键槽、退刀槽、倒角、螺纹等组成。该空心轴通过螺纹固定在其他旋转体上，中间的锥孔用于链接其他轴，所以这两处均有圆跳动公差。在绘制该实例时，可以首先创建一个基本视图，再对基本视图投影得到全剖视图，退刀槽部分可以通过放大视图表达其结构；然后添加水平、竖直、直径、半径、角度等的尺寸，以及添加几何公差和表面粗糙度；最后添加注释文本和图纸标题栏，即可完成该阶空心传动轴工程图的绘制。

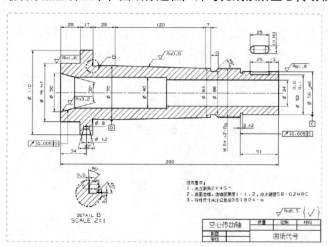

图8-132 空心传动轴工程图

8.5.4 ▶ 扩展实例：绘制端盖工程图

原始文件：	素材\第8章\8.5.4 端盖.prt
最终文件：	素材\第8章\8.5.4 端盖-OK.prt

本实例绘制一个端盖工程图，如图8-133所示。端盖属于盘类零件，它主要由底座、导向套、密

封槽、防尘槽以及固定孔等组成。端盖一般用于箱体或缸体的密封，所以在安装面有同轴度和垂直度公差要求。在绘制该实例时，可以首先创建一个基本视图，再对基本视图投影得到全剖视图，退刀槽部分可以通过放大视图表达其结构；然后添加水平、竖直、锥度、半径等的尺寸，以及添加几何公差和表面粗糙度；最后添加注释文本和图纸标题栏，即可完成该端盖工程图的绘制。

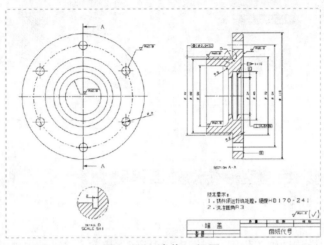

图8-133 端盖工程图

8.5.5 ▶扩展实例：绘制连接杆工程图

原始文件：素材\第8章\8.5.5 连接杆.prt

最终文件：素材\第8章\8.5.5 连接杆-OK.prt

本实例绘制一个连接杆工程图，如图8-134所示。该连接杆由单孔座、双孔座和连杆组成。该连接杆用于连接两端的轴和杆，对于双孔座的两个轴孔有平行度公差要求。在绘制该实例时，可以首先创建一个基本视图，再对基本视图向下投影得到全剖视图，连杆中间部分结构也可以通过全剖视图来表达；然后添加水平、竖直、直径、半径等的尺寸，以及添加几何公差和表面粗糙度；最后添加注释文本和图纸标题栏，即可完成该连接杆工程图的绘制。

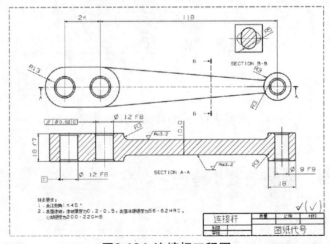

图8-134 连接杆工程图

8.6 绘制蜗轮箱工程图

原始文件：素材\第8章\8.6 蜗轮箱.prt

最终文件：素材\第8章\8.6 蜗轮箱-OK.prt

视频文件：视频教程\第8章\8.6绘制蜗轮箱工程图.avi

　　本实例绘制一个蜗轮箱工程图，如图8-135所示。该蜗轮箱可分为腔体和底板两大部分，腔体的内、外结构形状复杂，4个侧面和上、下面均有孔和凸台。在绘制该实例时，可以首先创建一个基本视图，再对基本视图向上投影得到半剖视图，以及对半剖视图投影得全剖视图，以表达其腔体内的结构；然后添加水平、竖直、直径、半径等的尺寸，以及添加几何公差和表面粗糙度；最后添加注释文本和图纸标题栏，即可完成该蜗轮箱工程图的绘制。

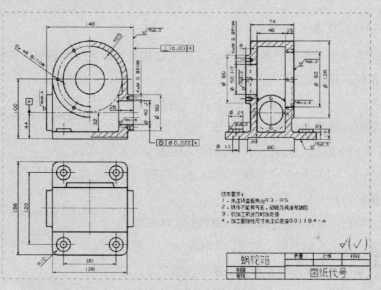

图8-135 蜗轮箱工程图

8.6.1 相关知识点

1. 添加半剖视图

　　半剖视图指当零件具有对称平面时，向垂直于对称平面的投影面上投影所得到的图形。由于半剖视图既充分地表达了机件的内部形状，又保留了机件的外部形状，所以常采用它来表达内外部形状都比较复杂的对称机件。当机件的形状接近于对称，且不对称的部分已另有图形表达清楚时，也可以利用半剖视图来表达。

　　选择"主页"→"视图"→"半剖视图"选项，打开"半剖视图"对话框。此时，若单击要剖切的工程图，则打开"剖视图"对话框，如图8-136所示。

　　要创建半剖视图，首先在工作区选取要进行剖切的父视图；然后用矢量功能指定铰链线，接着指定半剖视图的剖切位置；最后拖动鼠标将其半剖视图放置到图纸中的理想位置即可，如图8-136所示。

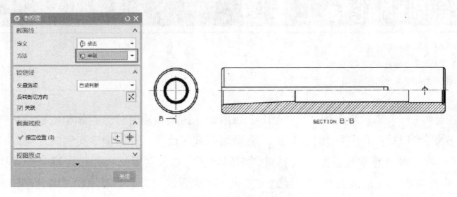

图8-136 创建半剖视图

2. 标注与编辑文本

标注与编辑文本用于工程图中零件基本尺寸的表达和各种技术要求的有关说明，以及用于表达特殊结构尺寸、定位部分的制图符号和几何公差等。

》标注文本

标注文本主要是对图纸上的相关内容做进一步说明，如零件的加工技术要求、标题栏中的有关文本注释以及技术要求等。选择"主页"→"注释"→"注释"选项 ，打开"注释"对话框，如图8-137所示。

在标注文本注释时，要根据标注内容，首先对文本注释的参数选项进行设置，如文本的字形、颜色、字体的大小，粗体或斜体的方式、文本角度、文本行距和是否垂直放置文本；然后在"文本输入"选项组输入文本的内容。此时，若输入的内容不符合要求，可在编辑文本区对输入的内容进行修改。输入文本注释后，在"注释"对话框下方选择一种定位文本的方式，按该定位方法，将文本定位到视图中即可。

图8-137 "注释"对话框

》编辑文本

编辑文本是对已经存在的文本进行编辑和修改，通过编辑文本使文本符合注释的要求。其上述介绍的"注释"对话框中的"文本编辑"区只能对已存在的文本做简单的文本编辑。

当需要对文本做更为详细的编辑时，可选择"主页"→"注释"→"编辑文本"选项 ，打开"文本"对话框，如图8-138所示。此时，若单击该对话框中的"编辑文本"按钮 ，将打开如图8-139所示的对话框。

"文本编辑器"对话框的文本编辑按钮及选项，用于文本类型的选择、文本高度的编辑等操作。编辑文本框是一个标准的多行文本输入区，使用标准的系统位图字体，用于输入文本和系统规定的控制字符。文本符号选项卡中包含了5种类型的选项卡，用于编辑文本符号。

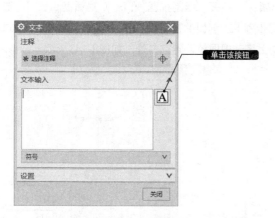

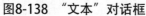

图8-138 "文本"对话框

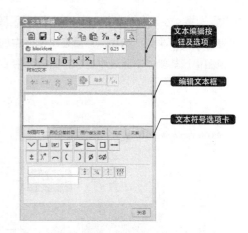

图8-139 "文本编辑器"对话框

8.6.2 绘制步骤

1. 新建图纸页

01 打开本书配套素材中的"素材\第8章\8.6 蜗轮箱.prt"文件,选择"应用模块"→"设计"→"制图"选项,进入制图环境。

02 选择"主页"→"新建图纸页" 选项,打开"工作区"对话框。在"大小"选项组中的"大小"下拉列表中选择"A3-297×420"选项,其余保持默认设置,如图8-140所示。

2. 添加视图

01 选择"主页"→"视图"→"基本视图"选项 ,打开"基本视图"对话框。在"模型视图"选项组中的"要使用的模型视图"下拉列表中选择"俯视图"选项,设置比例为2:3,在工作区中合适位置放置俯视图,如图8-141所示。

02 选择图纸中的俯视图,单击鼠标右键,在弹出的快捷菜单中选择"设置"选项,打开"设置"对话框。在"角度"文本框中输入180,单击"确定"按钮,将视图旋转90度,如图8-142所示。

图8-140 "工作表"对话框

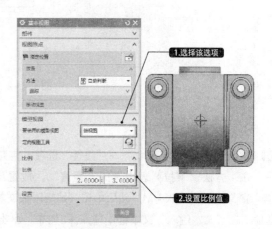

图8-141 创建基本视图

03 选择"主页"→"视图"→"半剖视图"选项⬚，打开"半剖视图"（一）对话框。在"方法"下拉列表中选择"半剖"选项，然后在工作区中的选择步骤 **01** 创建的视图，打开"半剖视图"（二）对话框，在视图中选择箱体侧面线中心和正面轴孔中心，向上拖动视图放置到空白处，如图8-143所示。

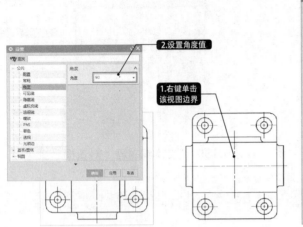

图8-142 旋转基本视图

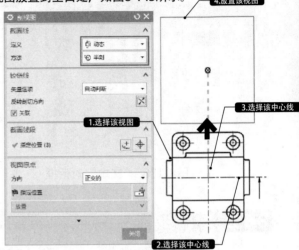

图8-143 创建半剖视图

04 选择"主页"→"视图"→"剖视图"选项⬚，打开"剖视图"（一）对话框，在工作区中的选择步骤 **03** 创建的视图，打开"剖视图"（二）对话框，在视图中选择轴孔的中心，向右拖动视图放置到空白处，创建方法如图8-144所示。

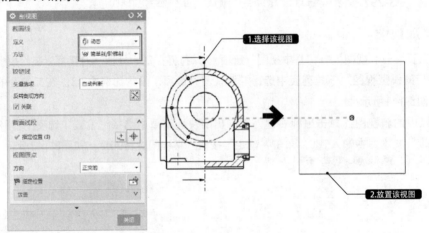

图8-144 创建剖视图

3. 标注尺寸

01 选择"主页"→"尺寸"→"线性"选项，打开"线性尺寸"对话框。在工作区中选择螺孔的上下边缘，在"方法"下拉列表中选择"竖直"。放置尺寸后双击该尺寸，打开"文本编辑器"对话框。在 x.xx 前文本框中输入4-M，然后单击"编辑附加文本"按钮⬚，选择"格式设置"下拉列表中的chinesef选项，在"文本输入"文本框中输入深8均布。单击"确定"按钮，然后放置尺寸线到合适位置即可，如图8-145所示。

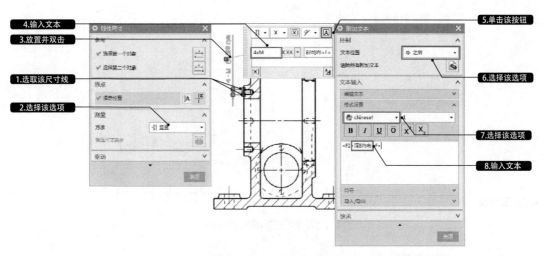

图8-145 标注竖直尺寸

02 按照8.3节中标注尺寸同样的方法，选择"水平""竖直""垂直""角度""半径""直径"等尺寸标注工具，标注其他尺寸，完成尺寸标注如图8-146 所示。

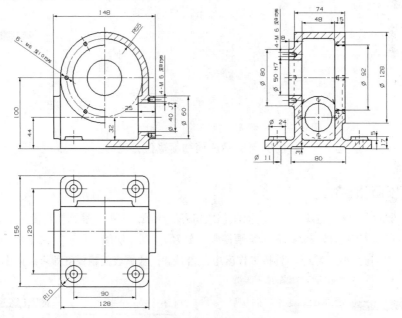

图8-146 完成尺寸标注

4. 标注形位公差

01 选择"主页"→"注释"→"基准特征符号"选项，打开"基准特征符号"对话框。在"基准标识符"选项组中的"字母"文本框中输入A，单击"指引线"选项组中的按钮，选择工作区中轴孔的中心线，放置基准特征符号到合适位置即可，如图8-147所示。

02 选择"主页"→"注释"→"注释"选项，打开"注释"对话框。在"符号"选项组的"类别"下拉列表中选择"几何公差"选项，依次单击对话框中的按钮、、、，在"文本输入"文本框中输入0.022，按照图8-148所示的方法标注同轴度几何公差。

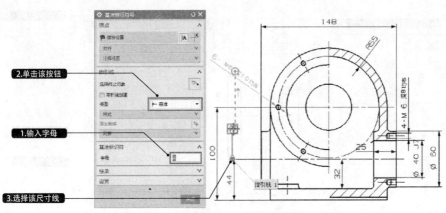

图8-147 标注基准特征符号

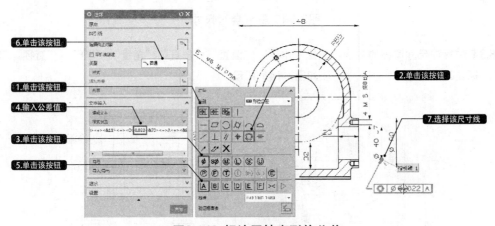

图8-148 标注同轴度形位公差

5. 标注表面粗糙度

01 单击选项卡"主页"→"注释"→"表面粗糙度符号"选项，打开"表面粗糙度"对话框。在对话框中的"除料"下拉列表中选择"修饰符，需要除料"选项，在"切除（f1）"文本框中输入Ra6.3，在"样式"中设置"字符大小"为2.5，选择工作区中凸台端面，放置表面粗糙度即可，如图8-149所示。

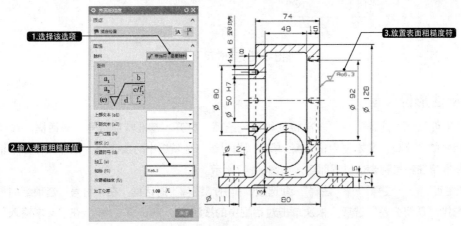

图8-149 标注表面粗糙度

02 按照同样的方法设置"表面粗糙度"对话框中的各参数，选择合适的放置类型和指引线类型，标注其他的表面粗糙度，如图8-150所示。

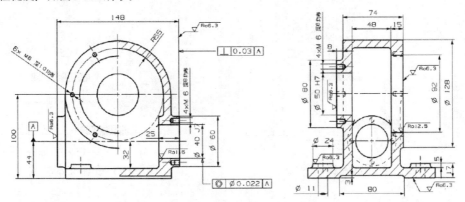

图8-150 标注其他的表面粗糙度

6. 插入并编辑表格

01 选择"主页"→"表"→"表格注释"选项，工作区中的光标即会显示为矩形框，选择工作区右下方放置表格即可。

02 选择表格中的第一个单元格，按住鼠标左键，拖动到第二行第二列所在的单元格，选择的表格为桔红色高亮显示。单击鼠标右键，在弹出的快捷菜单中选择"合并单元格"选项，合并单元格如图8-151所示。

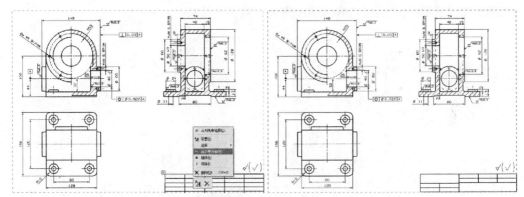

图8-151 合并单元格

7. 添加文本注释

01 选择"主页"→"注释"→"注释"选项，打开"注释"对话框。在"文本输入"文本框中输入工程图相关的技术要求，如图8-152所示。

02 选择"主页"→"编辑设置"选项✎，打开"类选择"对话框。选择步骤 **01** 添加的文本，在弹出的"设置"对话框中设置文本"高度"为5，选择文字字体下拉列表中的chinesef选项，单击"确定"按钮，即可将方框文字显示为汉字，如图8-153所示。

03 重复上述步骤，添加其他文本注释。在"设置"对话框中设置合适的文本参数，并将注释移动到合适位置，如图8-135所示。

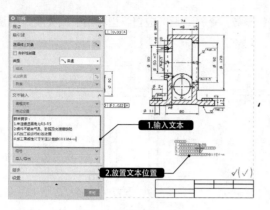

图8-152 添加注释

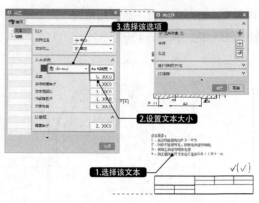

图8-153 设置文本参数

8.6.3 扩展实例：绘制轴架工程图

原始文件：素材\第8章\8.6.3 轴架.prt

最终文件：素材\第8章\8.6.3 轴架-OK.prt

本实例绘制一个轴架工程图，如图8-154所示。该轴架由轴孔套、连接板、肋板、埋头螺孔等结构组成。轴架用于固定两根轴与中间轴平行，所以在它们之间有平行度公差要求。在绘制该实例时，可以首先创建一个基本视图，再对基本视图投影得到半剖视图，对埋头螺孔以及斜孔可以通过局部视图来表达；然后添加水平、竖直、直径、角度等的尺寸，以及添加几何公差和表面粗糙度；最后添加注释文本和图纸标题栏，即可完成该轴架工程图的绘制。

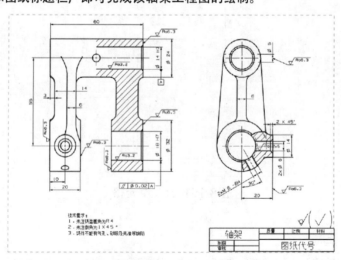

图8-154 轴架工程图

8.6.4 扩展实例：绘制导向板工程图

原始文件：素材\第8章\8.6.4 导向板.prt

最终文件：素材\第8章\8.6.4 导向板-OK.prt

本实例绘制一个导向板工程图，如图8-155所示。该导向板由底板、固定孔、键槽、导轨槽等结构组成。其中，导向板上表面需要固定其他零件，所以相对于底面有平行度公差要求。在绘制该实例时，可以首先创建一个基本视图，再对基本视图向右投影得到全剖视图；然后添加水平、竖直、直径等的尺寸，以及添加几何公差和表面粗糙度；最后添加注释文本和图纸标题栏，即可完成该导向板工程图的绘制。

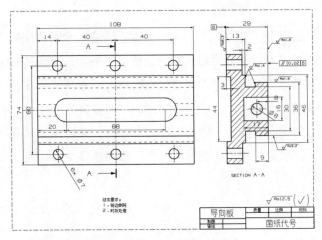

图8-155 导向板工程图

8.6.5 扩展实例：绘制圆锥齿轮工程图

原始文件：素材\第8章\8.6.5 圆锥齿轮.prt

最终文件：素材\第8章\8.6.5 圆锥齿轮-OK.prt

本实例绘制一个圆锥齿轮工程图，如图8-156所示。圆锥齿轮的轮齿是在圆锥面上制出的，根据轮齿方向，圆锥齿轮分为直齿、斜齿、人字齿等。本实例为直齿圆锥齿轮，齿轮用于圆周传动，所以其齿面对轴中心有圆跳动公差要求。在绘制该实例时，可以首先创建一个基本视图，再对基本视图向左投影得到全剖视图；然后添加水平、竖直、直径、半径、角度等的尺寸，以及添加几何公差和表面粗糙度；最后添加注释文本和图纸标题栏，即可完成该圆锥齿轮工程图的绘制。

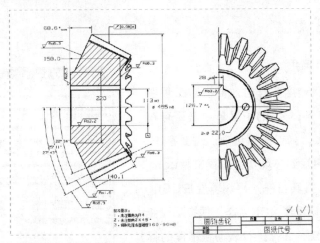

图8-156 圆锥齿轮工程图

8.7 绘制尾座工程图

原始文件：素材\第8章\8.7 尾座.prt
最终文件：素材\第8章\8.7 尾座-OK.prt
视频文件：视频教程\第8章\8.7绘制尾座工程图.avi

　　本实例绘制一个尾座工程图，如图8-157所示。该尾座是在一个类似扇形块的材料上通过切削轴孔、滑槽、螺栓孔而形成的，可以通过全剖视图来表达清楚轴孔、滑槽及螺栓孔的结构和尺寸。尾座上定位其他的轴，而尾座通过螺孔夹紧两侧定位在机体上，对其两个侧面有平行度公差要求，对轴孔有圆柱度公差和垂直度公差要求。在绘制该实例时，可以首先创建一个基本视图，再对基本视图投影得到全剖视图，以及对全剖视图投影得到旋转剖视图；然后添加水平、竖直、直径、半径、角度等的尺寸，以及添加形位公差和表面粗糙度；最后添加注释文本和图纸标题栏，即可完成该尾座工程图的绘制。

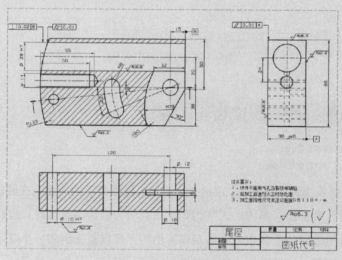

图8-157 尾座工程图

8.7.1 相关知识点

1. 标注表面粗糙度

　　在首次使用表面粗糙度符号时，要检查工程图模块中的"插入"→"符号"的子菜单中是否存在"表面粗糙符号"选项。如没有该选项，需要在UG安装目录的UGII目录中找到环境变量设置文件ugii_env_ug.dat,用记事本将其打开，将环境变量UGII_SURFACE_FINISH的默认设置为ON状态。保存环境变量后，重新进入UG系统，才能进行表面粗糙度的标

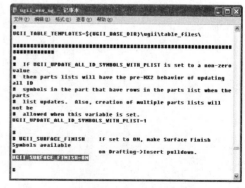

图8-158 修改环境变量

注操作，如图8-158所示。

标注表面粗糙度时，当选择"插入"→"符号"→"表面粗糙度符号"选项时，将会打开如图8-159所示的"表面粗糙度"对话框。该对话框用于在视图中对所选对象进行表面粗糙度的标注。

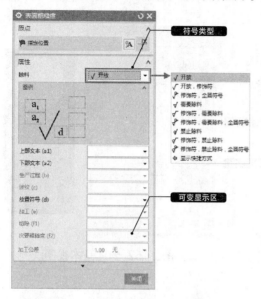

图8-159 "表面粗糙度"对话框

图8-160 "几何公差符号"选项卡

在进行表面粗糙度标注时，首先在对话框中的"除料"下拉列表中选择表面粗糙度符号类型，然后在可变显示区中依次设置该粗糙度类型的单位、文本尺寸和相关参数。如果因设计需要，还可以在"设置"选项组中选择"样式"选项进行设置，最后在工作区中选择指定类型的对象，确定标注粗糙度符号的位置，即可完成表面粗糙度符号的标注。

2. 标注几何公差

几何公差是将几何、尺寸和公差符号组合在一起形成的组合符号，它用于表示标注对象与参考基准之间的位置和形状关系。在创建单个零件或装配体等实体的工程图时，一般都需要对基准、加工表面进行有关基准或形位公差的标注。

在"文本编辑器"对话框中选择"几何公差符号"选项卡，如图8-160所示。当要在视图中标注几何公差时，首先要在"几何公差符号"选项卡中选择公差框架格式；然后选择几何公差符号，并输入公差值和选择公差的标准。如果标注的是位置公差，还应选择隔离线和基准符号。设置后的公差框会在预览窗口中显示出来，若不符合要求，可在编辑窗口中进行修改。

8.7.2 绘制步骤

1. 新建图纸页

01 打开本书配套素材中的"素材\第8章\8.7 尾座.prt"文件，选择"应用模块"→"设计"→"制图"选项，进入制图环境。

02 选择"主页"→"新建图纸页"选项 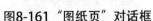，打开"工作表"对话框。在"大小"选项组中的"大小"下拉列表中选择"A3-297×420"选项，其余保持默认设置，如图8-161所示。

图8-161 "图纸页"对话框

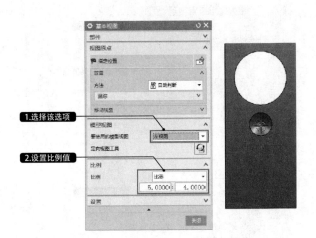

图8-162 创建基本视图

2. 添加视图

01 选择"主页"→"视图"→"基本视图"选项 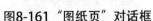，打开"基本视图"对话框。在"模型视图"选项组中的"要使用的模型视图"下拉列表中选择"左视图"选项，设置比例为5:4，在工作区中合适位置放置俯视图，如图8-162所示。

02 选择"主页"→"视图"→"剖视图"选项 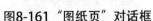，打开"剖视图"对话框。在"定义"下拉列表中选择"动态"，在"方法"下拉列表中选择"简单剖/阶梯剖"选项，在视图中选择轴孔的中心，向左拖动视图放置到空白处，创建剖视图，如图8-163所示。

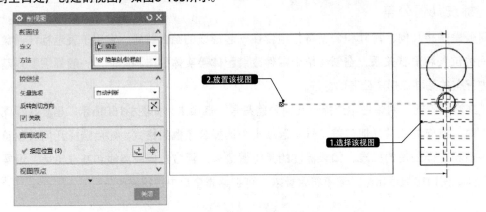

图8-163 创建剖视图

03 选择"主页"→"视图"→"旋转剖视图"选项 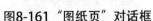，打开"旋转剖视图"（一）对话框。在工作区中选择步骤 **01** 创建的基本视图，然后依次选择旋转的中心、起始剖切线、终止剖切线，放置旋转剖视图到适合的位置即可，如图8-164所示。

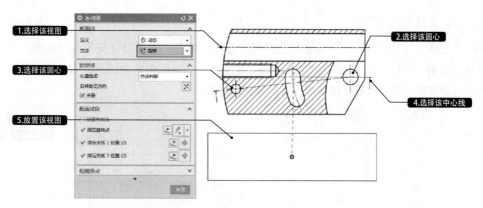

图8-164 创建旋转剖视图

3. 标注尺寸

01 选择"主页"→"尺寸"→"径向"选项，打开"径向尺寸"对话框。在工作区中选择R75的圆弧，在"径向尺寸"对话框"值"选项组"标称值-x"下拉列表中选择选项 [图]，放置尺寸线到合适位置即可，如图8-165所示。

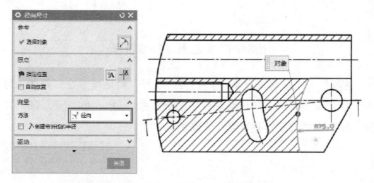

图8-165 标注半径尺寸

02 按照8.3节中标注尺寸同样的方法，选择"水平""竖直""垂直""角度""半径""直径"等尺寸标注工具，标注其他尺寸，完成尺寸标注，如图8-166所示。

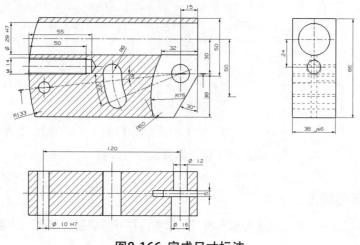

图8-166 完成尺寸标注

4. 标注几何公差

01 选择 "主页" → "注释" → "基准特征符号" 选项，打开 "基准特征符号" 对话框。在 "基准标识符" 选项组中的 "字母" 文本框中输入B，单击 "指引线" 选项组中的按钮，在工作区中选择下轴孔的中心线，放置基准特征符号到合适位置即可，如图8-167所示。

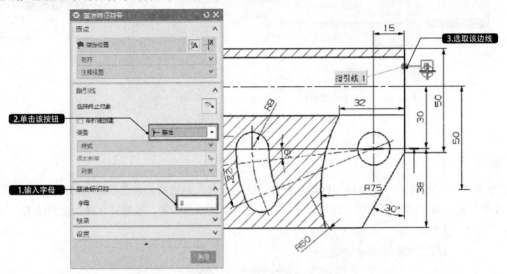

图8-167 标注基准特征符号

02 选择 "主页" → "注释" → "注释" 选项，打开 "注释" 对话框。在 "符号" 选项组的 "类别" 下拉列表中选择 "几何公差" 选项，依次单击对话框中的按钮，在 "文本输入" 文本框中输入0.022，按照图8-168所示的方法标垂直度几何公差。

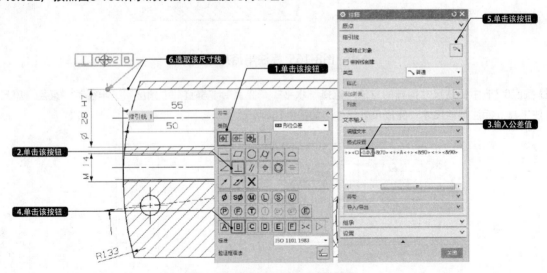

图8-168 标注垂直度几何公差

5. 标注表面粗糙度

01 选择 "主页" → "注释" → "表面粗糙度符号" 选项，打开 "表面粗糙度" 对话框。在对话框中的

"除料"下拉列表中选择"修饰符，需要除料"选项，在"切除（f2）"文本框中输入Ra0.8。在"样式"中设置"字符大小"为2.5，选择工作区中尾座的端面，放置表面粗糙度即可，如图8-169所示。

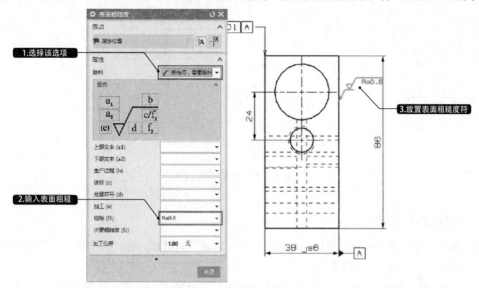

图8-169 标注表面粗糙度

02 按照同样的方法设置"表面粗糙度"对话框中的各参数，选择合适的放置类型和指引线类型，标注其他的表面粗糙度，如图8-170所示。

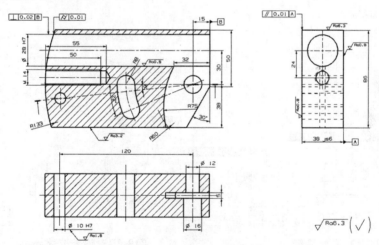

图8-170 标注其他的表面粗糙度

6. 插入并编辑表格

01 选择"主页"→"表"→"表格注释"选项，工作区中的光标即会显示为矩形框，选择工作区右下方放置表格即可。

02 选择表格中的第一个单元格，按住鼠标左键，拖动到第二行第二列所在的单元格，选择的表格为桔红色高亮显示。单击鼠标右键，在弹出的快捷菜单中选择"合并单元格"选项，合并单元格如图8-171所示。

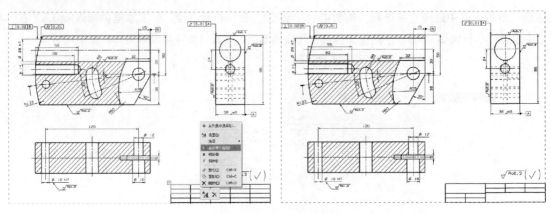

图8-171 合并单元格

7. 添加文本注释

01 选择"主页"→"注释"→"注释"选项，打开"注释"对话框。在"文本输入"文本框中输入工程图相关的技术要求，如图8-172所示。

02 选择"主页"→"编辑设置" 🖋 选项，打开"类选择"对话框。选择步骤 **01** 添加的文本，在弹出的"设置"对话框中设置文本"高度"为5，选择文字字体下拉列表中的chinesef选项，单击"确定"按钮，即可将方框文字显示为汉字，如图8-173所示。

03 重复上述步骤，添加其他文本注释。在"设置"对话框中设置合适的文本参数，并将注释移动到合适位置，如图8-157所示。

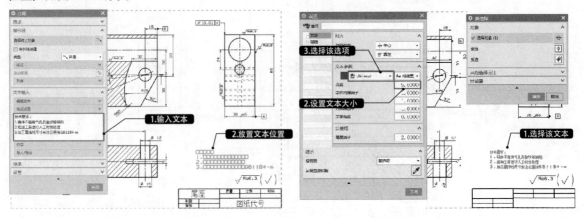

图8-172 添加注释　　　　　　　　图8-173 设置文本参数

8.7.3 ▶扩展实例：绘制升降机箱体工程图

原始文件：素材\第8章\8.7.3 升降机箱体.prt

最终文件：素材\第8章\8.7.3 升降机箱体-OK.prt

　　本实例绘制一个升降机箱体工程图，如图8-174所示。该升降机箱体由底座、水平缸体和竖直缸体组成。其水平缸体的轴中心相对底座有垂直度公差和平行度公差要求。在绘制该实例时，可以首先创建一个基本视图，再对基本视图投影得到全剖视图，以及对全剖视图投影得到右侧的剖视图；

然后添加水平、竖直、直径、半径等的尺寸，以及添加几何公差和表面粗糙度；最后添加注释文本和图纸标题栏，即可完成该升降机箱体工程图的绘制。

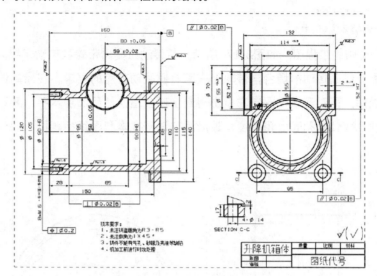

图8-174 升降机箱体工程图

8.7.4 扩展实例：绘制蜗杆端盖工程图

> 原始文件：素材\第8章\8.7.4 蜗杆端盖.prt
> 最终文件：素材\第8章\8.7.4 蜗杆端盖-OK.prt

本实例绘制一个蜗杆端盖工程图，如图8-175所示。该蜗杆端盖由底座、密封槽、防尘槽以及固定孔等结构组成。在绘制该实例时，可以首先创建一个基本视图，再对基本视图向左投影得到全剖视图；然后添加水平、竖直、直径等的尺寸，以及添加几何公差和表面粗糙度；最后添加注释文本和图纸标题栏，即可完成该蜗杆端盖工程图的绘制。

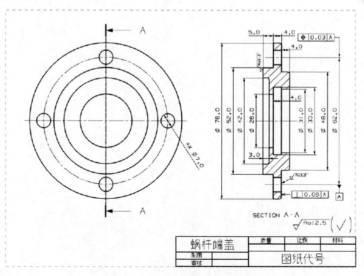

图8-175 蜗杆端盖工程图

8.7.5 ▷扩展实例：绘制带轮工程图

原始文件：素材\第8章\8.7.5 带轮.prt

最终文件：素材\第8章\8.7.5 带轮-OK.prt

本实例绘制一个带轮工程图，如图8-176所示。带传动主要由带轮和传动带组成，主要用于传动中心距较大而不需要精确传动的场合。带轮外表面有圆跳动公差的要求。在绘制该实例时，可以首先创建一个基本视图，再对基本视图向左投影得到全剖视图；然后添加水平、竖直、直径、锥度等的尺寸，以及添加几何公差和表面粗糙度；最后添加注释文本和图纸标题栏，即可完成该带轮工程图的绘制。

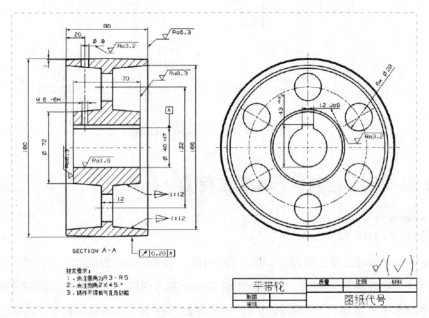

图8-176 带轮工程图